Joachim Schultz / Rhythmen der Sterne

Rhythmen der Sterne

Erscheinungen und Bewegungen von Sonne, Mond und Planeten

Joachim Schultz

Herausgegeben von der
Mathematisch-Astronomischen Sektion am Goetheanum
Bearbeitet von Suso Vetter

Philosophisch-Anthroposophischer Verlag
Goetheanum Dornach / Schweiz

Beiträge zur Erfassung des Kosmos als Organismus

3. Auflage 1985
Fotomechanischer Nachdruck

Einbandentwurf von Walther Roggenkamp

Zobrist & Hof AG, CH-4410 Liestal

ISBN 3-7235-0179-6

Inhalt

		Seite
	Geleitwort zur zweiten Auflage	7
	Vorbemerkungen des Herausgebers zur ersten Auflage	8
	Vorwort	10
	Einleitung	11
I	Astronomische Erscheinungslehre	15
	Erscheinungen, Bewegungen und Rhythmen der Fixsternsphäre	
II	Der Sternenhimmel und seine tägliche Bewegung	17
III	Der Tierkreis und seine tägliche Bewegung	27
	Erscheinungen, Bewegungen und Rhythmen der Sonne	
IV	Der Sonnenlauf im Tag und im Jahr	36
V	Der Sonnenlauf durch Sternbilder und Zeichen des Tierkreises	44
VI	Gesetzmäßigkeiten der Auf- und Untergänge	47
VII	Die drei Sonnen und die Zeitgleichung	55
VIII	Periodische Erscheinungen auf der Sonne	61
IX	Das Wandern des Frühlingspunktes und das Weltenjahr	65
	Erscheinungen, Bewegungen und Rhythmen des Mondes	
X	Synodischer und siderischer Umlauf des Mondes. Metonischer Zyklus	70
XI	Der Mond als Zeitenspiegel	78
XII	Die Mondknoten. Erdnähe und Erdferne des Mondes	81
XIII	Die Sonnen- und Mondfinsternisse	87
	Erscheinungen, Bewegungen und Rhythmen der Planeten	
XIV	Das Gemeinsame der Erscheinungen bei Saturn, Jupiter und Mars	104
XV	Die Rhythmen des Saturn und Jupiter	108
XVI	Die Rhythmen des Mars	114
XVII	Saturn, Jupiter und Mars im Fernrohr. Ring und Monde	120
XVIII	Die Schleifenbildungen bei Saturn, Jupiter und Mars. Zusammenschau	125

XIX Das Gemeinsame der Erscheinungen bei Venus und Merkur . . 133
XX Die Rhythmen der Venus 136
XXI Die Venusbewegung um die Sonne 144
XXII Die Rhythmen des Merkur 153
XXIII Die Merkurbewegung um die Sonne 158
XXIV Venus- und Merkur-Durchgänge 166
XXV Die Schleifenbildungen bei Venus und Merkur. Zusammenschau 170
XXVI Zusammenschau der beiden Planetengruppen 176
XXVII Uranus, Neptun und Pluto 182
XXVIII Die Planetoiden 186

XXIX Die drei Arten der Konjunktionsbestimmungen 189
XXX Rhythmen der Planetenkonjunktionen. Insbesondere zwischen Jupiter und Saturn 195

Nachwort. Hinweis auf den geozentrischen und heliozentrischen Weltaspekt 198

Zusammenstellungen und Tabellen

Sonne 200
Mond 202
Planeten 207
Kalendarische Hinweise 221
Astronomische Zeichen und Abkürzungen 222
Stichwortverzeichnis 223
Tafeln 225

Geleitwort zur zweiten Auflage

Die vorliegenden Darstellungen von Joachim Schultz haben seit ihrem ersten Erscheinen einen vielfältigen Anklang gefunden. Und so möchte diese zweite Auflage weiterhin den Blick für die Himmelserscheinungen öffnen und eine Anregung sein, deren Fruchtbarkeit jeder erleben wird, der den angedeuteten Weg aktiv beschreitet.

Mehr denn je besteht heute eine Kluft zwischen dem allgemeinen Wissenschaftsstreben und dem tieferen Wesen des Menschen. Die «Verwissenschaftlichung des Menschenlebens» ist so weit fortgeschritten, daß der Ruf nach einer «Vermenschlichung der Wissenschaft», nach einem Bezug der Wissenschaft zum Menschen, ertönt. Was haben die vielen Entdeckungen interessanter Einzelheiten im Kosmos für eine Bedeutung für den Menschen selbst? Wo liegt der tiefere Sinn? Spricht nicht dieses Forschen nur den Intellekt an, der über den Egoismus in das soziale Chaos führt?

Die Wissenschaft bedarf einer ergänzenden Erweiterung: Und diese muß völlig vorurteilsfrei bei den reinen Naturphänomenen beginnen. Wir müssen wieder lernen, uns den Naturerscheinungen in ruhiger Betrachtung zu öffnen unter Hintanstellung alles dessen, was wir «schon wissen». — Goethe sprach von der «sinnlich-sittlichen Wirkung» der Farben, die durchaus nicht etwas Subjektives ist. Diese Frage nach der «sinnlich-sittlichen Wirkung» muß auf alle Naturphänomene ausgedehnt werden. Ein rundes Blatt der Sumpfdotterblume zum Beispiel regt, indem man seiner Form nachgeht, eine ganz andere Seelen-«Stimmung» an wie ein stark ausziseliertes des Hahnenfuß. Ebenso entsteht eine andere «Seelendynamik» beim betrachtenden Anschauen und inneren Nachvollziehen der Saturnschleifen oder der Marsschleifen. Ein solches Vorgehen bedeutet gleichzeitig eine Willensstärkung. Der Mensch wird in allen drei Seelenbereichen, im Denken, im Fühlen und im Wollen, zur Harmonie aufgerufen. — Es ist so der Aufstieg begonnen von einem zunächst gegebenen äußerlich quantitativen zu einem qualitativen Erfassen der Welterscheinungen, in das der Mensch seinem tieferen Wesen nach voll einbezogen werden kann. Wer dies immer wieder übend vollzieht, wird mit gesteigerten Kräften und Fähigkeiten im Naturgeschehen und im sozialen Leben stehen.

Ein herzlicher Dank sei John Meeks und Christian Maclean ausgesprochen, die bei der Durchsicht der neuen Auflage behilflich waren und sich der großen Arbeit unterzogen, die Finsternistabellen und die zeitlichen Planetentabellen entsprechend den fortgeschrittenen Jahren zu erneuern. — Die farbigen Tafeln der Planetenbahnen wurden gleich der ersten Auflage belassen, da das Grundsätzliche des Dargestellten sich nicht verändert.

Suso Vetter

Engelberg, Johanni 1977

Vorbemerkungen des Herausgebers zur ersten Auflage

Joachim Schultz, der vom Frühjahr 1928 bis zu seinem Tode im Juli 1953 am Goetheanum, der Freien Hochschule für Geisteswissenschaft, für die Mathematisch-Astronomische Sektion wirkte, verfügte im Jahre 1941 über ein nahezu druckfertiges Manuskript zu einem Astronomie-Buch. Es kam jedoch damals nicht zum Druck.

Schon von Kindheit an fühlte sich Joachim Schultz mit der Sternenwelt verbunden. Im Jahre 1920 kam er achtzehnjährig mit der Anthroposophie in Berührung und verband sich mit dieser Geistesströmung. Von da an arbeitete er während dreiunddreißig Jahren — zunächst neben dem Studium — mit ganzem Einsatz auf geisteswissenschaftlich-naturwissenschaftlichem, insbesondere astronomischem Felde. Die Frucht dieser Jahre wollte er in einer geistgemäßen Darstellung der astronomischen Tatsachen zusammenfassen. So entstand in der Pfingstzeit 1953 ein detaillierter Plan für einen zweiten und dritten Teil zu obigem Manuskript mit ausführlichen Notizen zu dem auf den folgenden Seiten abgedruckten Vorwort, der Einleitung zum Gesamtwerk und derjenigen zum ersten Teil. Das wesentliche war für Joachim Schultz dabei, die Phänomenologie des ersten Teiles durch den zweiten und dritten Teil in umfassendere Zusammenhänge einzugliedern, in die auch der Mensch voll einbezogen ist. Denn die geisteswissenschaftliche Erkenntnis, daß der Mensch als Mikrokosmos und der Makrokosmos eine untrennbare Einheit sind und einer nur durch den anderen wirklich verstanden werden kann[1], war ihm zur Gewißheit geworden.

Wenn trotzdem der Druck des ersten Teiles zunächst allein erfolgt, so hat dies verschiedene Gründe: einmal kann eine so geartete Darstellung in der heutigen Zeit als eine dringende Forderung erkannt werden. Dies zeigen ständige Nachfragen. Sie ist auch die Grundlage einer geistgemäßen Weltbetrachtung. Zum anderen wird durch die Beifügung der Einleitung zum Gesamtplan dieser erste Band in einen umfassenderen Rahmen hineingestellt.

Es sei hier schon ausdrücklich betont, daß sich Joachim Schultz für den ersten Teil seines Gesamtplanes ein ganz bestimmtes, in Vorwort, Einleitung und «Astronomische Erscheinungslehre» bezeichnetes astronomisches Feld zur Behandlung vorgenommen hatte. Mit den anderen Forschungsbereichen der Astronomie, z. B. der Spektralanalyse, hatte er sich ebenfalls beschäftigt. Doch liegen darüber keine zusammenfassenden Darstellungen vor.

Das Manuskript wurde gründlich überarbeitet, wobei insbesondere die in den Jahren nach 1940 von Joachim Schultz über einzelne astronomische Themen

[1] Vgl. z. B. von Rudolf Steiner «Die Geheimwissenschaft im Umriß» (1909), «Entsprechungen zwischen Mikrokosmos und Makrokosmos» (1920), und «Das Verhältnis der verschiedenen naturwissenschaftlichen Gebiete zur Astronomie» (1921).

geschriebenen Aufsätze Berücksichtigung fanden. Sachliche Änderungen wurden nur insofern vorgenommen, als die weit zurückliegenden Beispiele durch neuere ersetzt sind. Bei der Betrachtung der Planeten und in den Tabellen sind die neueren Erkenntnisse berückichtigt worden. Der Übersichtlichkeit halber wurden große Kapitel in kleinere gegliedert, was gewisse Umstellungen erforderte. Die Folge der Planetenbesprechung ist umgestellt und mit Saturn begonnen, während ursprünglich Merkur und Venus am Anfange standen. Uranus, Neptun, Pluto und die Planetoiden sind am Ende belassen worden, weil sie nur mit dem Fernrohr zu beobachten sind. — Kleinere Ergänzungen wurden an verschiedenen Stellen eingefügt; größere sind im Text gekennzeichnet (* . . . *). Die Kapitel über «Der Mond als Zeitenspiegel» und die «Zusammenschau der beiden Planetengruppen» sind ganz neu. Als Schlußkapitel hatte Joachim Schultz ursprünglich geplant «Der geozentrische und der heliozentrische Aspekt der Planetenbewegungen». Hierzu lag kein Manuskript vor. Da die Behandlung dieses Themas später von ihm für den zweiten Teil vorgesehen war, wurden in Form eines Nachwortes lediglich einige grundsätzliche Bemerkungen dazu angefügt. Sie können gleichzeitig als Überleitung zum zweiten Bande betrachtet werden.

Um ein möglichst anschauliches Bild der beschriebenen Himmelserscheinungen zu vermitteln, wurde die Anzahl der Abbildungen auf über das Doppelte erhöht. Einige Figuren, besonders in den ersten Kapiteln, sind nicht nach einem einheitlichen Rißverfahren, sondern teilweise symbolisch gezeichnet.

Das Vorwort und die Einleitung mit der Gesamtgliederung lagen teils ausführlich, teils nur in Stichworten vor. In die Einleitung sind drei Abschnitte über Phänomenologie aus einem früheren Manuskript eingearbeitet. Sehr aphoristisch war der Abschnitt zur astronomischen Erscheinungslehre; er wurde fast ganz so belassen.

Der Titel für das Gesamtwerk lag in Form einer Notiz vor. Die definitive Formulierung eines solchen für den ersten Teil war nicht vorhanden.

Bei der Überarbeitung des Manuskriptes kam mir zugute, was sich in Gesprächen mit Joachim Schultz in den Jahren 1948—1953 und später Frau Schultz ergeben hatte. Auch Herrn Dr. Walther Bühler bin ich für Hinweise im Jahre 1947 dankbar.

An dieser Stelle sei auch in Dankbarkeit Prof. Dr. Louis Locher-Ernst erwähnt, der sich für die Herausgabe dieses Buches besonders einsetzte.

Herrn Wolfgang Marquardt sei für die gute Ausführung der Zeichnungen, die für das Buch so wichtig sind, herzlich gedankt.

Es wird mein Anliegen sein, den zweiten und dritten Teil des Gesamtplanes von Joachim Schultz gemäß den vorhandenen Unterlagen herauszugeben.

Suso Vetter

Dornach, Februar 1963

Vorwort

Nachstehendes ist in mehr als zwanzigjähriger Arbeit im Rahmen der Mathematisch-Astronomischen Sektion am Goetheanum in Vorträgen, Kursen und Aufsätzen vorgebracht worden und hier überarbeitet zusammengefaßt. Ein solches Unternehmen bedeutet einen Versuch und ein Wagnis.

Das Ziel ist, eine Einführung und Behandlung der astronomischen Erscheinungen sowie einen Einblick in die astronomisch-irdischen Verhältnisse zu geben, die den ganzen Menschen einzubeziehen suchen.

Im Gegensatz zu zahlreich vorhandenen und in ihrer Art oft ausgezeichneten Werken soll hier nicht das in mathematische Vorstellungen gekleidete *Bild* der astronomischen Wirklichkeit im Vordergrund stehen, sondern es werden Wege einer Einführung gesucht und beschritten, die zum *Erleben* der *astronomischen Wirklichkeit* führen können.

Joachim Schultz

Einleitung

Es hängt mit den besonderen methodischen Gesichtspunkten zusammen, unter denen dieses Buch stehen soll, daß die Mathematik fast vollständig außer Betracht bleibt. Darin darf jedoch keineswegs eine Unterschätzung oder Nichtachtung der Bedeutung dieses Elementes für die astronomische Erkenntnis gesehen werden. Im Gegenteil, eine über die grobsinnliche, angenäherte Beschreibung der astronomischen Erscheinungsabläufe hinaus gegebene Darstellung kann nur mit Hilfe der mathematisch gereinigten und geläuterten Begriffsbildungen und Vorstellungen exakt sein. So sind manche der im Folgenden einbezogenen Tatsachen das Resultat von mathematisch durchgeführten Untersuchungen und Forschungen.

Auch historisch ist die Entwicklung der Mathematik aufs engste mit der Geschichte der Astronomie verknüpft. Dabei ist einerseits der entscheidende Anteil, den die mathematischen Methoden an der Ausbildung und Förderung, ja am Zustandekommen der Astronomie als Wissenschaft überhaupt seit der frühgriechischen Zeit hatte, zu berücksichtigen; ohne die mathematische Gedankenbasis wäre die moderne Astronomie undenkbar. Andererseits wurde die Mathematik ihrerseits von der Astronomie angeregt, gefördert und entwickelt. Ganze Gebiete des mathematischen Denkens verdanken der Astronomie ihre Ausbildung. Am Quell des Kosmos gezeugt und genährt, hat die Mathematik als Dienerin der Astronomie zur quantitativen Beschreibung und Erfassung der astronomischen Erscheinungswelt, sowie zur begrifflichen Zusammenfassung Entscheidendes beigetragen.

Aber die Mathematik hat dem Kosmos als Realität, als Ganzheit gegenüber nur eine begriffliche Darstellung der Erscheinungsseite ermöglicht. Und das nicht vollständig, da die kosmischen Abläufe nur begrenzt der abschließenden Berechnung zugänglich sind und diese, wie wir zeigen werden, an wesentlichen Punkten der kosmischen Wirklichkeit gegenüber sich als unzulänglich, als nur annähernd erweist.

Darin kommt die wichtige Tatsache zum Ausdruck, daß die Wirklichkeit des Kosmos keine Weltenmaschine ist, die voll berechenbar mit Geometrie und Mathematik bis ins Letzte erfaßt werden kann. Sie erweist sich vielmehr als ein kosmischer Organismus mit Eigenentwicklung und lebendig sich wandelnder Rhythmik. Dieser ist in einer Evolution begriffen, die nur in der Gegenwartsphase ihrer Entwicklung weitgehend in die Sphäre des Berechenbaren untergetaucht ist.

Die Mathematik hat daher höchste Bedeutung für das stufenweise Erringen von zusammenfassenden Vorstellungen der astronomischen Einzelerscheinungen in gesetzmäßig erfaßbare Systembilder und für das begriffliche Erfassen der Raum-Verhältnisse, der *quantitativen* Beziehungen. Aber es darf nicht vergessen werden, daß damit nur eine, die *äußere* Seite, erfaßt wird. Eine *Qualitäten-* und *Wesenslehre* ist mit diesen Mitteln nicht möglich.

Durch die astronomischen Bewegungserscheinungen impulsiert und durch die darin gestellten Aufgaben angeregt, hat die Mathematik der astronomisch-wissenschaftlichen Erfassung gewaltigen Aufschwung gegeben; sie hat sich als geeignetes Werkzeug für das Erfassen der quantitativen Bezüge erwiesen. Eine Beschreibung der Wirkenszusammenhänge muß darüber hinausgehen und nicht nur mathematische Gedankenbilder, sondern geisteswissenschaftliche Einsichten, wie sie durch Rudolf Steiner erschlossen und vermittelt wurden, einbeziehen.

Bei der heutigen Tendenz zu *nur* mathematischer Behandlung der Himmelsphänomene verblaßt die farbige Erscheinungswelt, das *sinnlich Gegebene,* von dem ursprünglich ausgegangen wurde, zu grauen Schemen. Und es wird dabei die mannigfaltige Geistwelt, die *geistige Realität* der Wirksamkeiten und der Wesen nicht erreicht. Man bleibt unverbindlich in einem Zwischenreich und verliert die Realität des astronomischen Geschehens in innerer und äußerer Offenbarung.

Es erscheint daher als eine notwendige Forderung unserer Zeit, das Augenmerk wieder mehr auf die reinen Himmelserscheinungen zu richten.

Die phänomenologische Darstellung im Sinne einer goetheschen Methode versucht die Urphänomene herauszuschälen. Sie ordnet die einzelnen Erscheinungen gemäß ihrer sinnvollen Zusammenhänge. Bei einer rein den Phänomenen folgenden Beschreibung tritt das Prinzip der Metamorphose, der Wandlung, hervor. Der Kosmos ist ein Leuchte- und Bewegungszusammenhang, der sich in stets wandelnden Rhythmen auf- und abflutender Phänomenfolgen darlebt. Großartige Beispiele für das Prinzip der Metamorphose der Erscheinungen bieten sich bei den Gesetzen der Finsternisse oder der Planetenschleifen.

Folgt man in Ruhe und Muße solcher Darstellungsart, so treten viele, zuerst unbeachtete Tatsachen ins Bewußtsein. Das Buch enthält zahlreiche solche Zusammenhänge, die zum Teil selbstverständlich erscheinen können, die aber im Rahmen der angewandten Methode vielfach Neues bringen und an Wert gewinnen, wenn sie in ihrer Tatsachen-Bilder-Sprache *gelesen* werden.

Die *Erscheinung* wird heute im allgemeinen zum «Schein» herabgewürdigt. Sie muß wieder als physiognomischer Ausdruck gewertet werden, der etwas ausspricht. In der Erscheinung bekundet sich das Gesetz, in der Erscheinungsfolge offenbart sich Wesen und Wirken. Mit anderen Worten: *das Relative kann als Relation erkannt und gewertet werden,* denn in dem Verhältnis von Erde und Mensch, Kosmos und Erde oder Kosmos und Mensch, das an den Erscheinungen abgelesen werden kann, äußert sich Reales. Es ist die Aufgabe, an den individuellen Erscheinungsfolgen die kosmischen Real-Wirksamkeiten abzulesen.

In der bloßen Formel der mathematisch allgemeinen Behandlung liegt die «allgemeine Lösung» der Planetenbewegungen vor, aus der nach Bedarf durch Einsetzen der «Konstanten» die Bahnen der einzelnen Planeten als Spezialfall abgeleitet werden können.

Für die hier versuchte Betrachtungsweise soll der Abstrahierungsprozeß rückgängig gemacht und das Hauptgewicht auf die konkret verwirklichten Einzelfälle gerichtet werden. Gerade die Variationen, die verschiedene Art der Metamorphosen, *wie* Saturn, Jupiter, Mars usw. die allgemeine Bewegungsformel der Planeten erfüllen, offenbaren Wesenszüge ihres Charakters.

So führt diese Darstellungsart wie von selbst dazu, daß die astronomischen Erscheinungen etwas auszusprechen beginnen, physiognomische Gesten werden, in denen gesetzliche, ja weisheitsvolle Ordnung sichtbar wird und diese als eine Wesenhaftes andeutende Sprache, als eine *Wesenskunde* erscheint. Es wurde daher versucht, das *Qualitative* der Erscheinungen überall, auch in den Abbildungen, hervortreten zu lassen.

Die einzelnen und zusammenfassenden Erscheinungs-Bilder-Folgen erfahren durch die geisteswissenschaftlichen Einsichten eine Ergänzung nach der Wesensseite hin. Dadurch kann der Tatsache des Kosmos als eines Organismus, eines geordneten Ganzen, einer Wesensäußerung entsprochen werden. Die Geisteswissenschaft gibt neue Einsichten in die Kosmologie, von denen einige Aspekte vorgebracht seien.

Damit ergeben sich für den Gesamtplan drei Teile:

I. *Erscheinungslehre — Empirie*

Die astronomische Erscheinungsseite des Kosmos, das sinnlich Gegebene.

Erscheinungen
Bewegungen
Rhythmen

II. *Bildlehre — Mathematik*

Skizzierte Darstellung der Entwicklung der Weltbilder als gestufter Versuch, gedanklich-mathematisch zusammenfassende Bilder des astronomischen Geschehens zu entwerfen. Die Beteiligung und Bedeutung der Geometrie und der Mathematik an der Ausgestaltung der Weltbilder tritt hervor.

Die Stufenentwicklung des astronomischen Weltbildes:

Babylonisch-ägyptische Bilder
Pythagoras
Eudoxus
Ptolemäus
Mittelalter
Cusanus
Kopernikus
Tycho de Brahe
Kepler
Newton
Bessel — Laplace
Himmelsmechanik — Astrophysik
(Bewegung) (Licht)

III. *Wesenslehre — Geisteswissenschaft*
Eine Darstellung kosmologischer und kosmogonischer Verhältnisse, der Wesensseite des Kosmos. In qualitativer Betrachtung werden an Einzelbeispielen die Beziehungen der verschiedenen astronomischen Rhythmen zum Menschen-Leben und Erleben des Menschen (Gestaltbildung, Leben, Erleben, Empfinden und Bewußtsein), sowie zum Pflanzen- und Tierreich behandelt.

Zunächst vorgesehene Themen:

Sehmensch, Bewegungsmensch
Rhythmen von Tag, Jahr und Weltenjahr
Frühlingspunkt — Weltenjahr, ihr Wirken
Mensch und Fixsternwelt, Sternbild-Mythen
Sarosrhythmik, 18jährige Periode
Kalenderwesen, Sonne — Mond
Osterregel
Dreiunddreißigjähriger Rhythmus
Pflanze — Planeten — Goldener Schnitt
Pflanze zwischen Sonne und Erde
Jupiter — Saturn — Konjunktions-Trigone
Tycho de Brahe — Joh. Kepler, Sternenschrift
Anthroposophie — Astrologie
Entwicklung der Systeme
Zur Lemniskate
Mars-Impulse

ERSTER TEIL

I

Astronomische Erscheinungslehre

Die astronomischen Erscheinungen umgeben uns allseitig, wir sind ganz von ihnen umschlossen. Sie sind jedoch nur in rhythmischer Folge erlebbar (tageszeitlich, jahreszeitlich, sonstige Perioden); das heißt, sie haben einen räumlichen und einen zeitlichen Aspekt.

Es handelt sich hier nicht um ein starr photographisches Festhalten des Einzelnen und dessen Wiedergabe, sondern um «gereinigte» Phänomene, um *Phänomenzusammenhänge.* Diese dürfen nicht in eine willkürliche Anordnung und Aneinanderreihung gebracht werden, sondern in Folgen, die sachlich gerechtfertigt sind, das heißt es soll eine *rationelle Beschreibung* gegeben werden. Das *gegenwärtige Bild* einer Sternstellung, eines Leuchtglanzhöhepunktes, einer Sichtbarkeitsperiode, ist in einen Zeitenorganismus hineinzustellen, das heißt, durch vergangene und künftige Stadien, durch *Erinnerungsbild* und *Vorschau,* zu ergänzen und zu erweitern. Das ist nur dem Menschen im Denken möglich.

Mit der Forderung, das Einzelphänomen in seine Ordnung als Glied, als Symptom hineinzustellen, hängt zusammen, daß die Astronomie schon als Sinnenwissenschaft nur übend zu erfassen ist.

Die astronomischen Erscheinungen werden vom Menschen in drei Stufen erlebt: als

Licht, optischer Eindruck, Schein, Glanz,
Funkeln der Himmelslichter,
Bewegung dieser Himmelslichter,
Rhythmus, Bewußtwerden der in Licht und Bewegung
offenbar werdenden, sich äußernden Rhythmen.

Die Himmelserscheinungen lassen sich nach der Licht- und Bewegungsseite hin verfolgen. Doch in beiden liegen Rhythmen,

Rhythmen der optischen Erscheinungsfolgen – Lichtperioden,
Rhythmen der räumlichen Stellungen – Bewegungsperioden.

Die Betrachtungsart des Himmels ist eine doppelte: einerseits optisch-flächig und andererseits bewegungs-richtungshaft.

Der Grieche wandte sich der aktiven Seite, den Bewegungen der Himmelserscheinungen zu. Zweitausend Jahre war die Astronomie eine kosmische *Bewegungslehre.* Diese geht in der Durchdringung mit dem physikalischen Denken der beginnenden Neuzeit in die «*Himmelsmechanik*» über. Erst im vergangenen Jahrhundert tritt die optische Seite, das *Licht* der Himmelserscheinungen in den Bereich der Wissenschaft ein. Sie gibt sich rezeptiv empfangend, passiv sich exponierend dem Lichte hin: «*Astrophysik*».

Eine *Rhythmenlehre* als selbständiges höheres Wirkensgebiet fehlt aber ganz. Doch in ihr liegt der Schlüssel zur Wirksamkeit, zur Kosmologie und zur Kosmogonie. — Die Rhythmen, an der Grenze des Raum-Zeitlichen hervortretend, sind das ordnende Gestaltungsprinzip der raum-zeitlichen Abläufe.

Erscheinungen, Bewegungen und Rhythmen der Fixsternsphäre

II

Der Sternenhimmel und seine tägliche Bewegung

Der Sonnenaufgang gegen Osten, der Sonnenhöchststand im Süden und der Sonnenuntergang gegen Westen kennzeichnen am Himmel die Tageszeiten von Morgen, Mittag und Abend. Faßt man die verschiedenen Sonnenstände der einzelnen Tageszeiten zusammen, so ergibt sich das Bild eines Tagesbogens, den die Sonne vor und um uns am Himmelsgewölbe beschreibt (Fig. 1).

Nach dem Verklingen der Abenddämmerung leuchten die Sterne, gemäß ihrer verschiedenen Helligkeit, nacheinander am Nachthimmel auf. Im Süden, in derselben Himmelsgegend, in der sich tagsüber der Sonnenlauf vollzog, zeigt sich bald eine allgemeine Verschiebung des sichtbaren Sternenhimmels. Die Bewegung erfolgt von links nach rechts, in ost-westlicher Richtung. Jeder einzelne Stern beschreibt dabei einen ähnlichen Bewegungsbogen wie die Sonne am Tage (Fig. 2). Bei der Vielzahl von Sternen sind gleichzeitig Gestirnsaufgänge am östlichen Horizont, Gestirnsuntergänge am westlichen Horizont und Gestirnskulminationen (Höchststände) in der Südrichtung zu beobachten. Ständig erscheinen im Laufe der Nacht neue Sterngruppen am Osthimmel und steigen schräg nach rechts gegen Süden herauf, während die am Westhimmel sichtbaren Sternbilder schräg abwärts zum Horizont sinken und verschwinden.

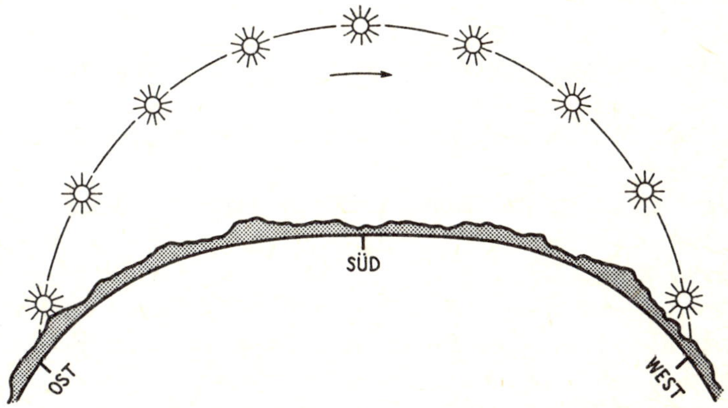

Fig. 1 Ein Tagbogen der Sonne über dem Horizont (zu Frühlings- oder Herbstbeginn). Der Pfeil gibt die Bewegungsrichtung von Ost über Süd nach West an.

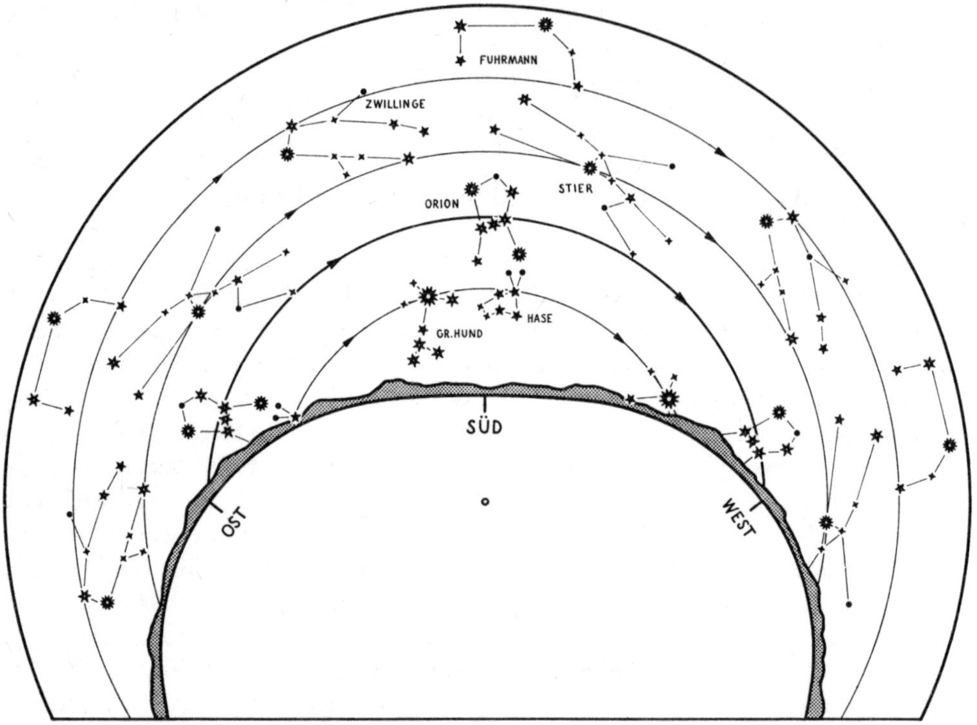

Fig. 2 Bewegung des Sternhimmels über dem südlichen Horizont. Dieselben Sternbilder in drei Situationen; z. B. Mitte: 24. Dezember, 24 Uhr; links: 24. Dezember, 19 Uhr, und rechts: 25. Dezember, 5 Uhr. ——— = Himmelsäquator. Der kleine Kreis unter dem Südpunkt gibt die Lage des Himmels-Südpoles an.

Die Bewegungsbögen der einzelnen Sterne verlaufen parallel zueinander (Himmelsparallelkreise); sie unterscheiden sich dadurch, daß sie im Süden verschieden hoch emporsteigen und so auf ihrem Wege unterschiedlich große Teile des Firmamentes umspannen (Fig. 2).

Im Norden zeigt sich in der unteren Hälfte des Himmelsgewölbes ebenfalls eine Links-Rechtsverschiebung der Sternkonfigurationen, was hier jedoch west-östlich bedeutet. Zudem ist die Bewegungstendenz ein nach oben geöffneter Bogen. Werden größere Bereiche des Nordhimmels ins Auge gefaßt, ergeben sich Kreisbewegungen der einzelnen Gestirne, in deren Mitte der *Himmelsnordpol* liegt; in seiner unmittelbaren Nähe steht der *Polarstern* (Fig. 3). — Auf der nördlichen Erdhälfte ist dieser Himmelspol senkrecht über dem Nordpunkt des Landschaftshorizontes zu suchen. Die Winkelhöhe entspricht der geographischen Breite des Beobachtungsortes. In Mitteleuropa steht der Polarstern daher etwa in halber Höhe von 45°—54° über dem

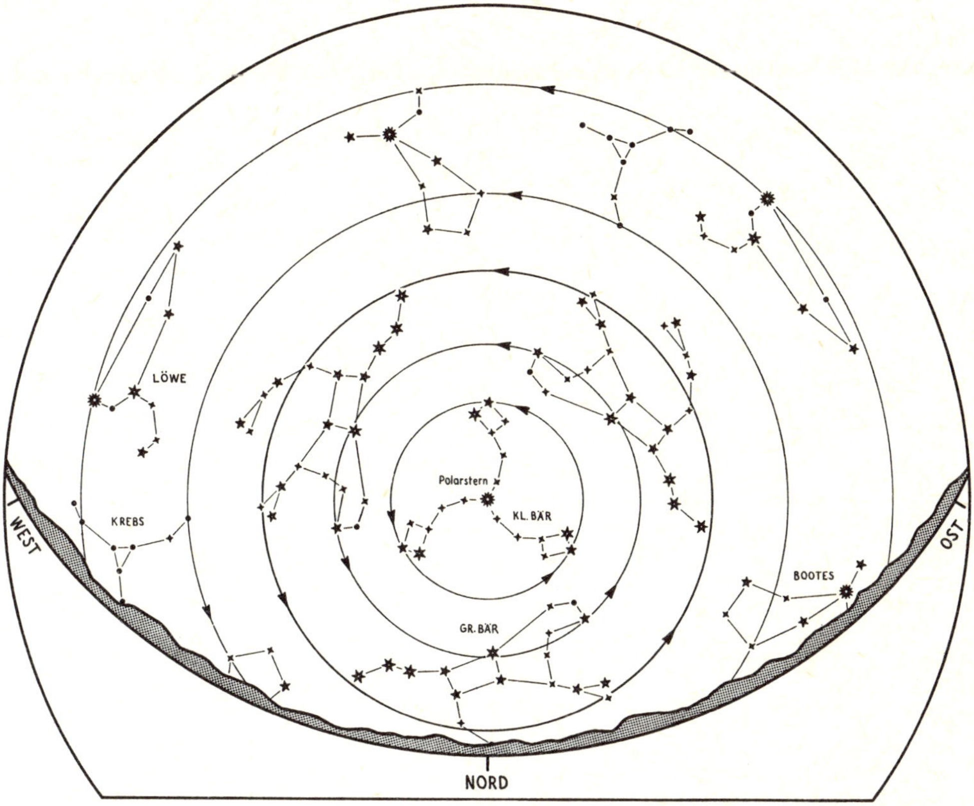

Fig. 3 Bewegung des Sternhimmels über dem nördlichen Horizont. Dieselben Sternbilder in drei Situationen; z. B. Mitte unten: 20. September, 24 Uhr; links: 20. September, 16 Uhr, und rechts: 21. September, 8 Uhr. ——— = Bereich der Zirkumpolarsterne.

nördlichen Horizont. Umgekehrt ermöglicht der Polarstern während der Nacht unmittelbar die Bestimmung der Nordrichtung und damit auch die Feststellung der übrigen Himmelsrichtungen.

Wird die Blickrichtung zum Himmelsnordpol nach rückwärts verlängert, so führt sie zum entgegengesetzten Punkt der Himmelssphäre, zum *Himmelssüdpol* (Fig. 2). Er bildet den Mittelpunkt aller gegen Süden beobachteten Bewegungskreise der Gestirne. Auf der nördlichen Erdhälfte ist dieser Himmelspol senkrecht unter dem Südpunkt des Landschaftshorizontes zu denken. Die Winkeltiefe entspricht wiederum der geographischen Breite des Beobachtungsortes; in Mitteleuropa also 45°—54°.

Mit der Richtung zu den beiden Himmelspolen ist zugleich die Richtung der *Himmelsachse* gefunden, um welche die tägliche Drehung der ganzen sichtbaren Sternensphäre von Ost nach West erfolgt.

Die täglichen Bewegungskreise der einzelnen Gestirne sind der Himmelsachse so

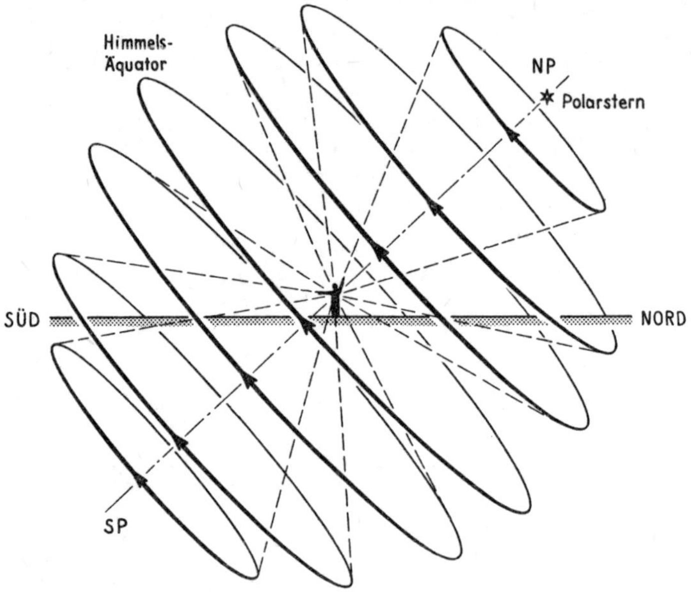

Fig. 4 Verschiedene Kegel, welche sich beim Verfolgen der Sternbewegungen mit ausgestrecktem Arm ergeben. — Waagerecht Horizontebene, NP = Himmels-Nordpol; SP = Himmels-Südpol; NP — SP = Himmelsachse.

zugeordnet, wie es Fig. 4 andeutet. Angenommen, ein Mensch habe sich, nach Süden oder Norden blickend, die Himmelsachse vergegenwärtigt. Mit ausgestrecktem Arm folgt er den verschiedenen im Tageslauf möglichen Sternbewegungen und zeichnet sie in den Raum um sich herum nach. Der weisende Arm hat bei polnahen Sternen dabei eine Kegelbewegung von geringer Öffnung zu beschreiben. Wird als Achse der Bewegung die Richtung zum Süd- oder Nordpol festgehalten und die Kegelöffnung der Armbewegung vergrößert, so wird jeweils einer der Kreise beschrieben, denen die verschiedenen Sterne an der Himmelssphäre folgen.

Entsprechend der schrägen Lage der Bewegungskreise zum Horizont ergeben sich für Sterne am südlichen Himmel Tagebögen, welche sich nur wenig über den Horizont erheben und deren größerer Teil unter dem Horizont verbleibt. Die Auf- und Untergangsorte aller Kreise liegen symmetrisch zum Südpunkt des Horizontes in östlicher bzw. westlicher Abweichung. Mit wachsender Kegelöffnung entstehen höhere Bewegungsbögen. Endlich geht der Kegel in eine Ebene über, welche den Beobachter senkrecht zur Himmelsachse schneidet und die ganze Sphäre zwischen den Polen in eine nördliche und südliche Himmels-Halbkugel teilt. Der zugehörige Großkreis ist der *Himmelsäquator* (Äquator = Gleicher), der von beiden Polen 90° entfernt ist.

Auch beim Blick gegen den nördlichen Himmel wird das Erfassen der verschiedenen Bewegungskreise durch das Verfolgen mit dem ausgestreckten Arm erleich-

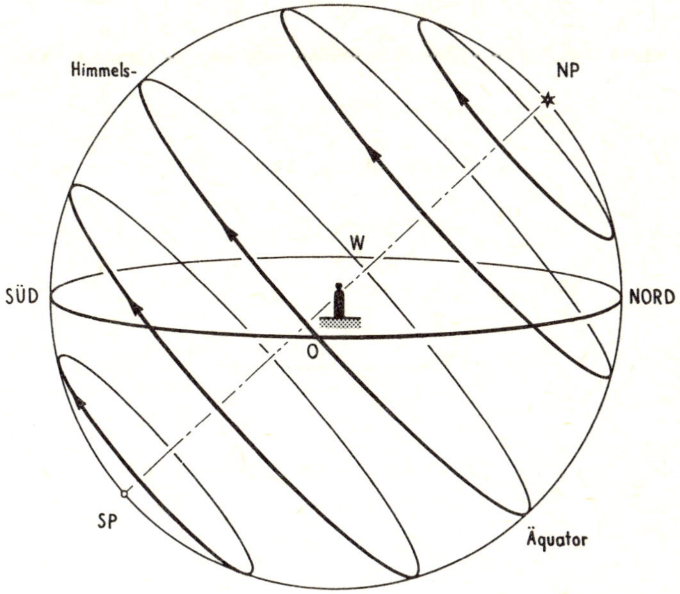

Fig. 5 Sphärische Darstellung der täglichen Bewegungskreise der Fixsterne.
Nord-Ost-Süd-West = Horizontebene.

tert. Wieder kann vom Pol ausgehend der Übergang durch immer weiter geöffnete kegelförmige Bewegungen bis zur ausgezeichneten Ebene des Himmelsäquators durchgeführt werden. So läßt sich für jeden Stern vergegenwärtigen, wie er sich im Laufe einer Nacht weiter verschiebt und in welche Lage zum Horizont er im Ablaufe von 24 Stunden kommen kann.

Wie die Lage der einzelnen Orte auf der Erde durch die geographischen Parallel- oder Breitenkreise von 0° bis ± 90° bestimmt wird, so werden auch die Orte der Gestirne an der Himmelssphäre durch ihre Winkelabweichung oder *Deklination* vom Himmelsäquator von 0° bis ± 90° angegeben. So hat der Polarstern eine nördliche Deklination von fast + 90° (+ 89° 02′); die Gürtelsterne des Orion in unmittelbarer Nähe des Himmelsäquators haben eine Deklination von annähernd 0°; der südlicher stehende Sirius eine südliche Deklination von — 17°, usw.

Die sphärisch-geometrischen Verhältnisse in Fig. 5 zeigen, daß unter allen Tageskreisen allein der Himmelsäquator genau zur Hälfte über und zur Hälfte unter der Horizontebene[2] des Beobachters verläuft. Gestirne und Sternbilder in der Nähe

[2] Man unterscheidet zwischen dem *Landschaftshorizont*, der durch die jeweilige Landschaft mit ihren Bergen, Tälern, Bäumen, Häusern usw. gebildet wird und der *Horizont-Linie*, die durch den Schnitt zwischen dem Himmelsgewölbe und einer durch die Augen des Beobachters gehenden horizontalen Ebene gegeben ist. Diese fällt in bezug auf das Himmelsgewölbe mit dem *mathematischen Horizont* durch den Erdmittelpunkt zusammen.

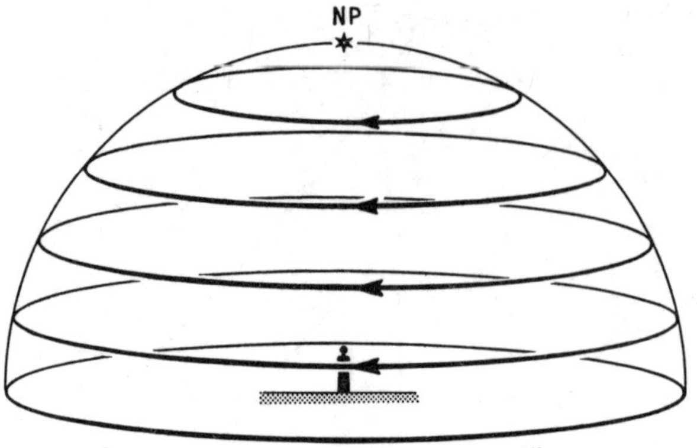

Fig. 6 Bewegungskreise der Sterne am Nordpol.

des Himmelsgleichers werden sich daher bei ihrer Tagesbewegung immer 12 Stunden über dem Horizont und 12 Stunden unter ihm befinden. Da der Himmelsäquator an jedem Erdenort den Horizont immer exakt in seinem Ost-und Westpunkt schneidet, kann auch umgekehrt von Gestirnen, die genau im Osten auf- und im Westen untergehen, auf ihre Lage am Himmelsäquator geschlossen werden.

Sterne mit südlicher Deklination vom Gleicher bleiben bei ihrem täglichen Himmelsumlaufe jeweils mehr als 12 Stunden unter dem Horizont. Mit wachsender nördlicher Deklination liegen dagegen die täglichen Gestirnskreise zunehmend über dem Horizont. Die am nördlichen Himmel nicht mehr untergehenden Sterne werden als *Zirkumpolarsterne* bezeichnet. Ihre Bewegungskreise (Fig. 3, 4 und 5) verlaufen ganz oberhalb des Horizontes; das Kreisen um den Polarstern tritt bei ihnen besonders deutlich hervor.

Wird der Beobachtungsort in der Nord-Südrichtung verändert, so ergeben sich in den verschiedenen Erdgebieten charakteristische Unterschiede in der täglichen Bewegung des Sternenhimmels. Wie erwähnt, entspricht die Höhe des Polarsterns der geographischen Breite des Beobachters. Daher erhebt sich der Himmelsnordpol bei einer Wanderung nordwärts zu immer größerer Höhe; gleichzeitig schneiden die täglichen Bewegungsbögen der einzelnen Sterne den Horizont zunehmend flacher. Das Entgegengesetzte tritt bei einer Wanderung südwärts ein: der Himmelsnordpol senkt sich gegen den Nordhorizont und die Sternenbahnen schneiden den Horizont steiler.

Die polnahen Gegenden der Erde sind in bezug auf den täglichen Himmelsumlauf durch das sehr flache Auf- und Untergehen aller Sterne charakterisiert. Stundenlang anhaltende und farbenreiche Dämmerungszeiten bilden hier den Übergang zwischen Tag und Nacht.

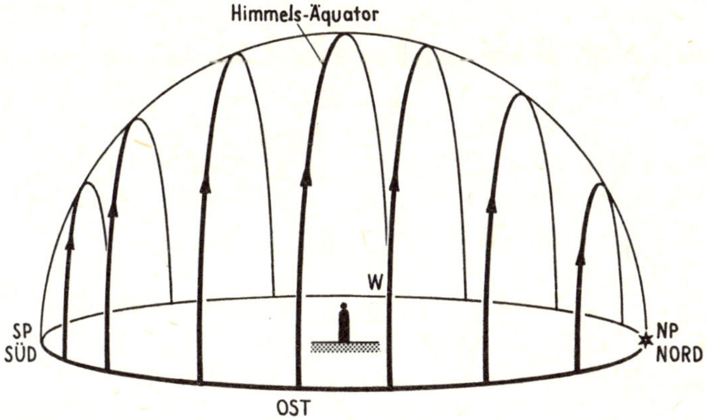

Fig. 7 Bewegungsbögen der Sterne am Äquator. Nord-Ost-Süd-West = Horizont.

Am *Erdnordpol* selbst gibt es überhaupt keinen täglichen Auf- und Abstieg des Sternenhimmels mehr, sondern nur noch ein Herumkreisen der Sterne in gleicher Höhe (Fig. 6). Der Himmelspol steht senkrecht über dem Beobachter und der Himmelsäquator fällt mit dem Horizont zusammen.

So ist das tägliche Bewegungsbild des Himmels in der Arktis und entsprechend der Antarktis ganz von einem Kreisen beherrscht, welches parallel zum Horizont verläuft. Das sichtbare Gebiet des Sternenhimmels bleibt dabei immer das gleiche. Es umfaßt am Erdnordpol nur die nördliche Hälfte des Himmels. Entsprechend ist am Südpol der Erde nur die südliche Himmelshalbkugel sichtbar.

Am *Erdäquator* fällt für den Beobachter die Himmelsachse mit der Nord-Südrichtung seines Horizontes zusammen (Fig. 7). Hier ist das senkrechte Aufsteigen und Absteigen der Gestirne charakteristisch. Es ergeben sich dadurch besonders kurze Dämmerungszeiten und ziemlich abrupte Übergänge zwischen Tag und Nacht. Der Himmelsäquator verläuft hier vom Ost- zum Westpunkt durch den Zenit[3] des Himmelsgewölbes, senkrecht über dem Beobachter, und durch seinen Gegenpunkt, den Nadir, senkrecht unter ihm.

Im Gegensatz zu der Einförmigkeit an den Erdpolen herrscht in den tropischen Gebieten hinsichtlich der täglichen Bewegungserscheinungen des Sternenhimmels die größtmögliche Mannigfaltigkeit und der stärkste Wechsel bezüglich des Auf- und Untergehens der Sterne. Die Sternbilder der gesamten Himmelssphäre kommen hier innerhalb von 24 Stunden einmal über den Horizont herauf. Nur Sterne in

[3] Als *Zenit* wird jeweils der Himmelsort senkrecht über dem Beobachter bezeichnet. Das Wort stammt aus dem Arabischen und bedeutet «Richtung des Kopfes». Sein Gegenpunkt auf der Himmelskugel heißt *Nadir* und bedeutet «gegenüber».

der Nähe der Himmelspole, also auch zum Beispiel der Polarstern, bleiben ständig im Dunstkreis des Horizontes.

In den *gemäßigten Zonen* der Erde herrscht gegenüber den Extremen der Pol- und Äquatorgebiete eine Mittelsituation: Es gibt Sterne, welche immer über dem Horizont kreisen (die Zirkumpolarsterne), dann den großen Reigen der im Tageslaufe auf- und untergehenden Gestirne, und schließlich solche Himmelslichter, welche nie über dem Horizont erscheinen.

Der tägliche Umlauf des Sternenhimmels, welcher überall auf der Erde in metamorphosierter Art in Erscheinung tritt, wird als ein *Sterntag* bezeichnet. Nach seinem Ablauf erreichen dieselben Sterne wieder ihren Höchststand oder die obere Kulmination über dem Südhorizont. Für den Astronomen bildet der Rhythmus des Sterntages die Grundlage der exakten Zeitmessung und Zeitbestimmung. Die Länge eines Sterntages läßt sich mit dem Fernrohr aus den aufeinander folgenden Kulminationen des gleichen Sternes sehr genau bestimmen. Man benutzt dabei besondere Instrumente, die Meridiankreise, die auf einer genau ost-westlich eingestellten Achse montiert sind und die nach Süden gerichtet nur im Meridian auf- und abbewegt werden können. Aus diesen Messungen ergibt sich der Sterntag zu $23^h\,56^m\,04^s$. Die aus der Fixsternbewegung abgeleitete Zeitangabe wird als Sternzeit (s.t. = siderial time) bezeichnet. (Die Abweichung gegenüber vollen 24 Stunden wird später besprochen werden.)

Mit der Bestimmung der Meridiandurchgänge ergibt sich für die einzelnen Sterne zugleich auch eine Charakterisierung ihrer gegenseitigen räumlichen Lage an der Himmelssphäre. Alle Sterne, welche gleichzeitig kulminieren, haben ein gemeinsames Merkmal: sie liegen auf demselben Himmelsmeridian. Und Sterne, welche zum Beispiel genau 6, 12 oder 18 Sterntagsstunden später zur Kulmination kommen, liegen sinngemäß auf Himmelsmeridianen, die von dem zuerst festgelegten sphärisch um 90°, 180° und 270°, oder um ¼, ½ und ¾ des Himmelsumfanges entfernt liegen. Sämtliche Himmelsmeridiane schneiden einander im Nord- und Südpol des Himmels. So läßt sich die Position der einzelnen Sterne längs oder parallel des Himmelsäquators genau kennzeichnen, und zwar entweder durch Angabe eines Winkels oder durch ein entsprechendes Zeitmaß von Stunden, Minuten und Sekunden. Diese Lagebezeichnung heißt *Rektaszension* (AR = ascensio recta = gerade Aufsteigung vom Himmelsäquator) eines Sternes. Es entsprechen dabei im Zeit- und Winkelmaß:

$24^h = 360°$	$60^m = 15°$
$12^h = 180°$	$40^m = 10°$
$6^h = 90°$	$20^m = 5°$
$2^h = 30°$	$4^m = 1°$
$1^h = 15°$	$1^m = 0°\,15'$

Als Anfangspunkt für die in west-östlicher Richtung laufende Rektaszensionszählung längs des Himmelsäquators dient der Frühlingspunkt (der Ort der Sonne am 21. März auf dem Himmelsgleicher). Der durch ihn hindurchgehende Meridian trägt die Bezeichnung 0^h bzw. $0°$ und/oder $360°$.

Da der sphärische Abstand eines Sterns senkrecht zum Himmelsäquator durch eine bestimmte *Deklination* (δ = Abweichung) in nördlicher oder südlicher Richtung von $0°$ bis $\pm 90°$ angegeben wird, so ist die Lage eines Sterns bezüglich des Himmelsäquators und damit an der Himmelssphäre überhaupt bestimmt, wenn die Zahlenwerte seiner Rektaszension und Deklination bekannt sind. Diese Werte können auf jeder genaueren Sternkarte abgelesen werden. Als Beispiel seien die folgenden Gestirne angeführt:

Stern	Rektaszension	Deklination	Stern	Rektaszension	Deklination
Frühlingspunkt	$0^h\ 00^m$	$0°\ 00'$	Herbstpunkt	$12^h\ 00^m$	$0°\ 00'$
Hamal	$2^h\ 05^m$	$+23°\ 16'$	Mizar	$12^h\ 22^m$	$+55°\ 08'$
Aldebaran	$4^h\ 34^m$	$+16°\ 26'$	Spica	$13^h\ 23^m$	$-10°\ 57'$
Capella	$5^h\ 14^m$	$+45°\ 58'$	Arkturus	$14^h\ 13^m$	$+19°\ 23'$
Beteigeuze	$5^h\ 53^m$	$+7°\ 24'$	Antares	$16^h\ 27^m$	$-26°\ 21'$
Sirius	$6^h\ 43^m$	$-16°\ 40'$	Wega	$18^h\ 36^m$	$+38°\ 45'$
Castor	$7^h\ 32^m$	$+31°\ 59'$	Atair	$19^h\ 49^m$	$+8°\ 46'$
Prokyon	$7^h\ 37^m$	$+5°\ 20'$	Deneb	$20^h\ 40^m$	$+45°\ 08'$
Regulus	$10^h\ 06^m$	$+12°\ 10'$	Formalhaut	$22^h\ 54^m$	$-32°\ 45'$

* Mit Rektaszension und Sternzeit ist eine große Himmelssternenuhr gegeben. Die Teilung von 0^h bis 24^h geht von West nach Ost (links herum); das Sternenzifferblatt dreht sich von Ost nach West (rechts herum). Wenn am 21. März um 12 Uhr mittags der Frühlingspunkt kulminiert, ist 0^h Sternzeit. Im weiteren Verlauf gibt jeweils der kulminierende Meridian (Stundenkreis) die Sternzeit an. Bei bekannter Rektaszension eines Sterns (zum Beispiel Sirius $6^h\ 43^m$), kann also bei dessen Kulmination die Sternzeit unmittelbar angegeben werden.

Für eine überschlägige Errechnung der Sternzeit, jeweils für Monatsmitte um Mitternacht, kann folgende kleine Formel dienen:

$$2 \cdot m + 5 = s.t.\ (= \text{Sternzeit})$$

wobei m die Zahl des gewünschten Monats bedeutet.

Beispiele: Mitternacht Mitte April $2 \cdot 4 + 5 = 13^h$ s.t.
Mitternacht Mitte November $2 \cdot 11 + 5 = 27^h = 3^h$ s.t.

Für Monatsanfang ist von den sich so ergebenden Werten 1 Stunde abzuziehen, für Monatsende 1 Stunde hinzuzuzählen.

Von der Mitternachtssituation aus kann die Sternzeit für jede Stunde des Tages errechnet werden. Ist um Mitternacht 3^h Sternzeit, so ist es 4 Stunden vorher, um 20 Uhr, 23^h Sternzeit und um 5 Uhr morgens 8^h Sternzeit.

Die Formel $2 \cdot m + 5 = s.t.$ gilt für 7½° östliche Länge; für 15° östliche Länge lautet sie $2 \cdot m + 6 = s.t.$

Es kann jedoch die Formel auch für 21 Uhr aufgestellt werden; sie heißt dann für 7½° östlicher Länge $2 \cdot m + 2 = s.t.$ Durch weitere Überlegungen kann für jeden Ort und jede Tageszeit eine solche Formel gefunden werden.

Zusammen mit der bekannten Rektaszension einiger Sterne kann hierdurch zu jeder Tages- und Nachtstunde die Lage des ganzen Himmelsgewölbes mit seinen Sternkonfigurationen ins Bewußtsein gehoben werden. — Es ist damit gleichzeitig das Prinzip gegeben, auf das jede drehbare Sternkarte aufgebaut ist.[4]

Innerhalb jedes Sternbildes werden die Sterne — unberücksichtigt von namentlichen Bezeichnungen — in der Folge ihrer Helligkeitsabstufungen mit den griechischen Buchstaben α, β, γ usw. bezeichnet. α ist also jeweils der hellste Stern eines Bildes, β der nächst schwächere usw. — Außerdem sind die Gestirne unabhängig von ihren Konfigurationen in Helligkeitsklassen eingeteilt, welche mit $+1^{mag}$ (Magnitudo), $+2^{mag}$ usw. bezeichnet werden. Größenklassen 0^{mag} und $+1^{mag}$ haben die bekanntesten hellsten Fixsterne; Klasse $+6^{mag}$ ist mit guten Augen bei klarem Himmel eben noch zu sehen. Genauere Untersuchung erforderte eine weitere Differenzierung der hellsten Sterne über $+1^{mag}$ hinaus in 0^{mag}, -1^{mag}, -2^{mag}. Bei den Planeten treten noch größere Minuswerte auf. — Die Folge der Größenklassen entspricht keinem linearen Maßstab, vielmehr unterscheiden sich die Stufen um den Faktor 2,512 ($= \sqrt[5]{100}$).

Mit bloßem Auge sind zirka 6780 Sterne sichtbar, mit dem Feldstecher etwa 68 000. In einem Fernrohr von 10 cm Objektivöffnung erhöht sich die Zahl auf rund 4 186 000 Sterne und mit den größten Instrumenten auf 10 000 000 Himmelslichter. Bei Verwendung der Fotografie geht die Zahl in hunderte von Millionen. *

[4] Zur Verdeutlichung nehme man die von Joachim Schultz entworfene «Drehbare Sternkarte Zodiak» der Mathematisch-Astronomischen Sektion (Philosophisch-Anthroposophischer Verlag am Goetheanum) zur Hilfe.

III

Der Tierkreis und seine tägliche Bewegung

Die Gestirne des Fixsternhimmels behalten — wie der Name sagt — ihre gegenseitige Anordnung bei. Sonne, Mond und Planeten erscheinen jedoch in verschiedenen Lagebeziehungen, so daß der Eindruck einer gegenüber dem Fixsternhimmel selbständigen Bewegung entsteht. Den Sternbildern, durch welche sich diese Bewegungen vollziehen, wurde seit jeher eine besondere Beachtung geschenkt. Es sind dies die zwölf Sternbilder des Tierkreises: *Widder* (♈), *Stier* (♉), *Zwillinge* (♊), *Krebs* (♋), *Löwe* (♌), *Jungfrau* (♍), *Waage* (♎), *Skorpion* (♏), *Schütze* (♐), *Steinbock* (♑), *Wassermann* (♒) und *Fische* (♓). Sie umspannen das Himmelsgewölbe entlang eines Großkreises, der durch die Jahresbewegung der Sonne gegeben ist und gliedern dadurch die ganze Himmelssphäre ebenso in zwei Hälften, wie dies durch den Himmelsäquator geschieht. Sonnenbahn und Himmelsgleicher sind gegeneinander um 23½° geneigt und schneiden sich an zwei gegenüberliegenden Punkten des Himmels. Sie werden als Äquinoktialpunkte oder als Frühlings- und Herbstpunkt bezeichnet. (Diese Benennungen beziehen sich auf den Sonnenstand, vgl. nächstes Kapitel.)

Infolge der Neigung des Tierkreises beschreiben seine einzelnen Sternbilder bei ihrer Tagesbewegung ganz verschieden gelegene Bewegungskreise. Sie unterscheiden sich sowohl durch die Kulminationshöhen, welche sie über dem Südpunkt des Horizontes erreichen, wie durch die Richtungen, in denen sie am Horizont auf- und untergehen (Fig. 8).

In der Umgebung der Schnittstellen mit dem Himmelsäquator liegen die beiden Sternbilder *Fische* und *Jungfrau;* sie haben als täglichen Bewegungskreis den Himmelsgleicher selbst. Beide Tierkreisbilder gehen daher im Osten auf, im Westen unter und befinden sich in jedem Tageslauf 12 Stunden über und 12 Stunden unter dem Horizont. Dies gilt für alle Orte der Erde mit Ausnahme der Pole.

Fünf Sternbilder des Tierkreises, nämlich *Widder, Stier, Zwillinge, Krebs* und *Löwe* stehen in nördlicher Deklination vom Himmelsäquator. Ihre täglichen Bewegungsbögen erheben sich abgestuft zu verschieden großer Höhe am Südhimmel. Die Aufgangsorte liegen zwischen Osten und Nordosten, die Untergangsorte zwischen Westen und Nordwesten. Daraus erhellt, daß diese Gruppe von Tierkreisbildern im Tagesumlauf jeweils länger über als unter dem Horizont steht. Am ausgeprägtesten gilt dies für den Stier und die Zwillinge, welche sich in mitteleuropäischer Breite zwei Drittel des 24stündigen Tages, also zirka 16 Stunden, über dem Horizont bewegen.

Die polare Gruppe der fünf Sternbilder *Waage, Skorpion, Schütze, Steinbock* und *Wassermann* zeigt durch ihre Lage südlich des Himmelsgleichers die entgegengesetzten Verhältnisse: wenig über den Südhorizont sich erhebende Tageskreise, deren Aufgangsstellen zwischen Osten und Südosten und deren Untergangsstellen

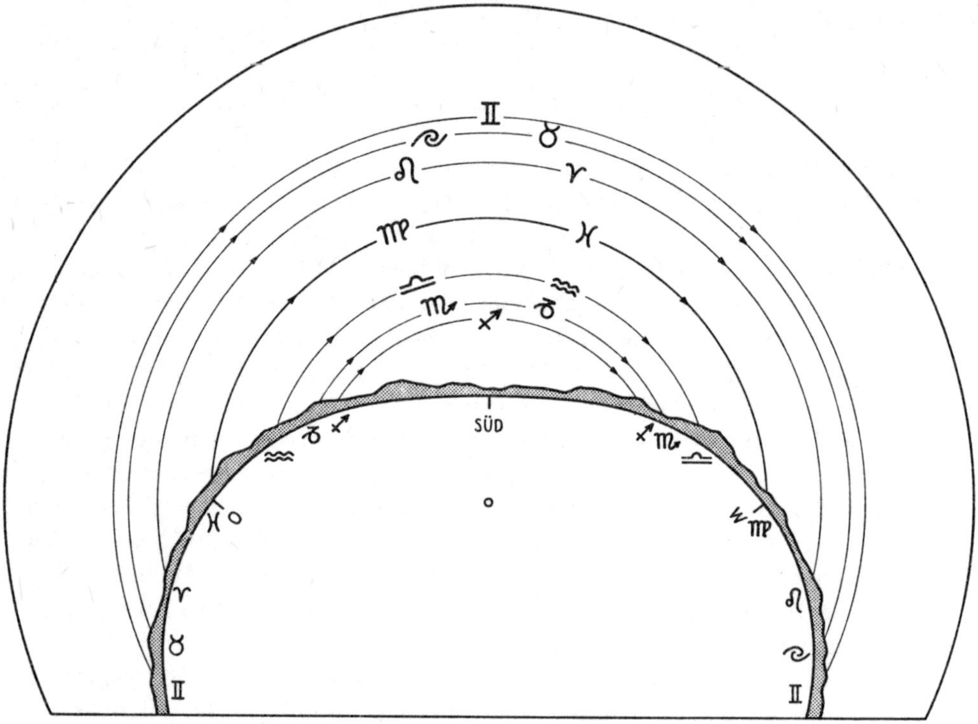

Fig. 8 Die täglichen Bewegungsbögen der zwölf Tierkreissternbilder über dem Horizont. ——— = Himmelsäquator; die Pfeile geben die Bewegungsrichtung an.

zwischen Westen und Südwesten liegen. Im Tagesgange sind diese Sternbilder jeweils länger unter als über dem Horizont. Die südlichsten, Skorpion und Schütze, erheben sich in Mitteleuropa täglich nur etwa 8 Stunden über den Horizont.

Im Einklang hiermit steht die alte Bezeichnung und Unterscheidung zwischen den oberen oder *«hellen»* Tierkreisbildern, die uns ihr Licht vorzugsweise direkt zusenden, und den unteren oder *«dunklen»* Bildern, welche uns auf der nördlichen Erdhälfte überwiegend von der Erde verdeckt bleiben. Diese Differenzierung tritt auch hervor, wenn die Tageskreise der einzelnen Sternbilder, wie früher erwähnt (S. 20), mit der ausgestreckten Hand verfolgt werden. Jedes obere Tierkreisbild vollendet in 24 Stunden bezüglich eines beliebigen Punktes auf der nördlichen Erdhälfte einen nach oben verschieden weit geöffneten Einstrahlungskegel. Dem gegenüber ist der tägliche Strahlungskegel bei den unteren Sternbildern nach unten geöffnet.

Die Sternbilder Fische und Jungfrau nehmen zwischen den beiden polaren Gruppen eine ausgezeichnete, mittlere Stellung ein. Der tägliche Strahlungskegel wird hier zu einer Einstrahlungsebene, die mit der Ebene des Himmelsäquators zusammenfällt. Auch zeitlich herrschen bezüglich der Dauer der Sichtbarkeit und Unsichtbarkeit bei diesen Bildern Verhältnisse des Ausgleiches und des Gleichmaßes.

Die Reihenfolge und die gegenseitige Lage der Tierkreisbilder ergibt sich aus der schematischen Zusammenstellung der Figur 9. Die Formen und die Ausdehnung sind aus der Sternkarte der Tafel I ersichtlich.

Die Figuren 10 bis 14 veranschaulichen die wechselnde Lage des Tierkreises über dem Horizont im Laufe eines Tages, wie sie sich aus den charakterisierten Bewegungsunterschieden der zwölf Sternbilder ergibt. Der sichtbare Teil des Zodiakus (Tierkreis) wölbt sich jeweils als ein Bogen über den südlichen Himmel. Dabei steht von ihm, als einem Himmelsgroßkreis, in jedem Augenblick eine Hälfte, also sechs Sternbilder, über dem Horizont. In Fig. 10 ist die Tierkreisstellung skizziert, in der die Zwillinge im Süden kulminieren. Stier, Widder und Fische gruppieren sich, ihren tiefer gelegenen Bewegungskreisen gemäß, anschließend im westlichen Himmelsquadranten, während am östlichen Himmel Krebs, Löwe und Jungfrau auf den ihnen zugeordneten täglichen Bahnen aufsteigen. Die Figuren 11, 12 und 13 geben die Stellung des Tierkreises jeweils 6 Stunden später wieder. Neue Sternbilder ziehen am Osthimmel herauf, andere gehen dafür im Westen unter, so daß andere Gruppierungen über dem Horizont sichtbar werden. Je nachdem, ob die oberen oder unteren Tierkreisbilder am sichtbaren Himmel stehen, wölbt sich der Zodiakus abwechselnd als steiler Bogen am Südhimmel (Fig. 10) oder 12 Stunden später als flacher, niedriger Bogen dicht über dem Südhorizont (Fig. 12). In Fig. 11 und 13 sind die Zwischenstellungen wiedergegeben, in welchen der Tierkreisbogen eine mittlere, aber gegenüber dem Südpunkt verschobene Lage einnimmt.

Das Maß der Höhenschwankungen des Tierkreises ist durch seine um $23\frac{1}{2}^\circ$ geneigte Lage gegenüber dem Himmelsäquator bestimmt. Die Höhe des Himmelsgleichers über dem Südpunkt des Horizontes ist zum Beispiel bei einer nördlichen geographischen Breite von $\varphi = 50^\circ$ nach den aus Fig. 5 leicht abzulesenden Richtungsbeziehungen $90^\circ - \varphi = 40^\circ$. In seiner steilsten Lage erhebt sich daher der Zodiakus in dieser Breite $40^\circ + 23\frac{1}{2}^\circ = 63\frac{1}{2}^\circ$, in seiner flachsten Stellung dagegen nur $40^\circ - 23\frac{1}{2}^\circ = 16\frac{1}{2}^\circ$ über dem Süden des Horizontes. Die Auf- und Abwärtsschwankungen des Tierkreises innerhalb von 24 Stunden sind also recht beträchtlich. Die Winkel von $63\frac{1}{2}^\circ$ und $16\frac{1}{2}^\circ$ bezeichnen gleichzeitig auch die Grenzen der Schräge, unter welcher der Tierkreis in 50° nördlicher Breite den östlichen und westlichen Horizont überschneidet.

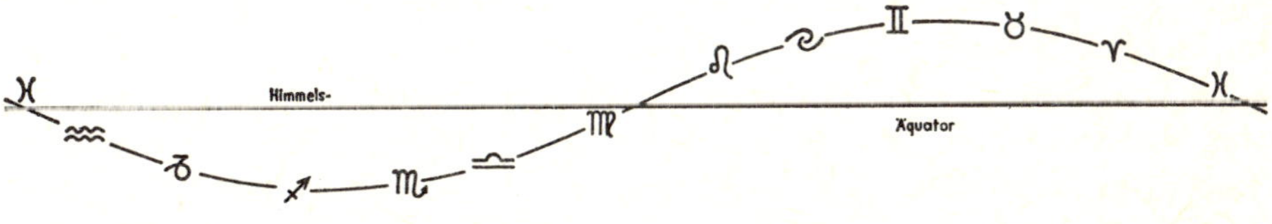

Fig. 9 Der Tierkreis in seiner Lage zum Himmelsäquator.

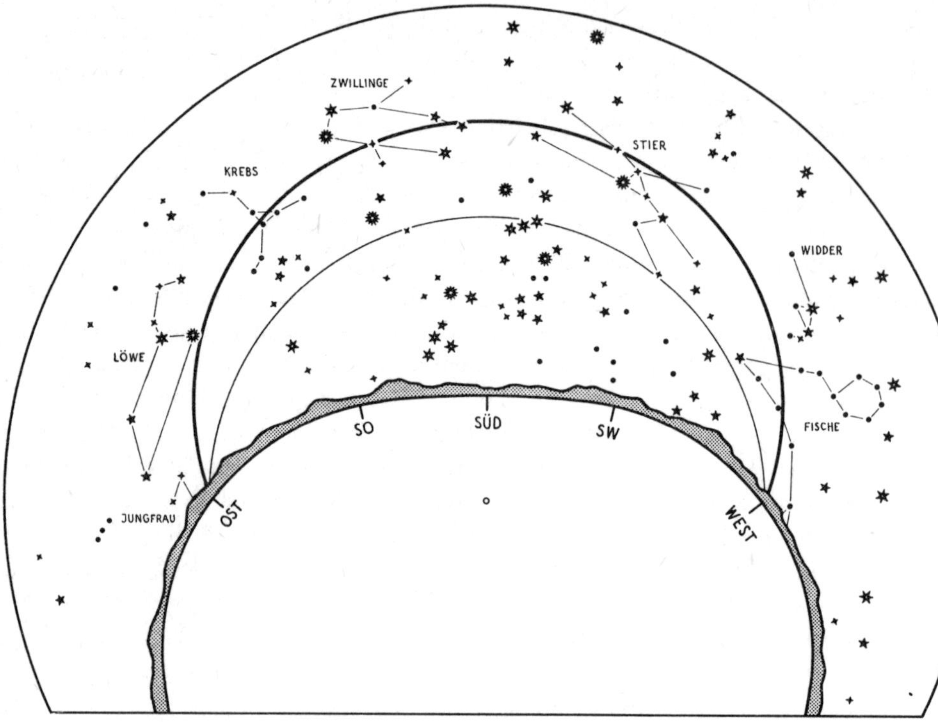

Fig. 10 Steile Tierkreisstellung.
21. März 18h 23. September 6h
21. Juni 12h 22. Dezember 24h
——— = Himmelsäquator; ——— = Sonnenbahn (Ekliptik).

Neben dem vertikalen Heben und Senken des Tierkreisbogens im Tageslauf findet auch ein horizontales Verschieben der Auf- und Untergangsstellen statt. Dabei ist zu beachten, daß die Punkte des Auf- und Unterganges für den Beobachter immer an zwei entgegengesetzten Horizontstellen liegen, zum Beispiel am Ost- und Westpunkt bei der höchsten und niedersten Tierkreislage oder annähernd auf den Richtungen Südost-Nordwest bzw. Nordost-Südwest bei den mittelhohen Tierkreisstellungen (Fig. 11 und 13). Diese Tatsache kann beim Aufsuchen des Zodiakus zunutze gemacht werden. Mit der Richtung eines aufgehenden oder untergehenden Tierkreissternbildes ist zugleich die Gegenrichtung zu dem im Tierkreis gegenüberliegenden Sternbild gegeben. Dasselbe Orientierungsprinzip kann auf jedes am Himmel sichtbare Tierkreisbild angewandt werden. Die Verlängerung der Blickrichtung nach rückwärts weist unmittelbar in die Richtung des entgegengesetzten Bildes unter dem Horizont. So kann vom Stier aus die Richtung zum Skorpion oder vom Löwen aus diejenige zum Wassermann gefunden werden. In dieser Art läßt

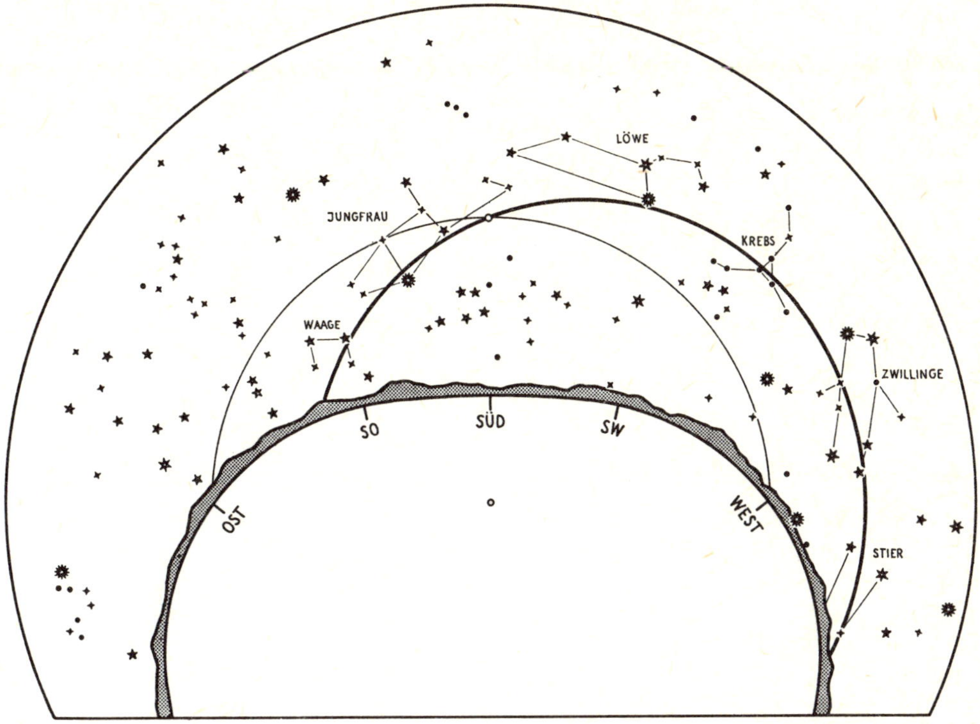

Fig. 11 Nach Westen verschobene, mittlere Tierkreisstellung.
21. März 24h 23. September 12h
21. Juni 18h 22. Dezember 6h
——— = Himmelsäquator; ——— = Sonnenbahn (Ekliptik).

sich leicht aus dem am Himmel sichtbaren Tierkreisbogen der unsichtbar unter dem Horizont befindliche Teil des Zodiakus seinen Bilderrichtungen nach bestimmen. Unter freiem Himmel ergibt sich auf diese Weise ein konkretes und vollständiges Bild der jeweiligen räumlichen Lage des Tierkreiskranzes.

Ein zusammenfassendes Bild der Verschiebungen, die der Tierkreis im Tageslaufe vollzieht, ist für zeitliche Intervalle von 2 zu 2 Stunden in Fig. 14 dargestellt. Die Art der Verlagerung, welche der Tierkreis dabei gegenüber dem Horizont durchführt, ist im Ganzen gesehen eine scherende Bewegung. Diese Bewegungsform kehrt bei einer ganzen Reihe von astronomischen Erscheinungen wieder. Es wird darauf später im Zusammenhang mit der Mondbahn und bei den Erscheinungen der Planeten zurückgekommen werden.

Die Bestimmung der Zeiten, wann die verschiedenen Stellungen des Tierkreises innerhalb des Tageslaufes und zu den verschiedenen Jahreszeiten eintreten, ergibt sich naturgemäß bei der Betrachtung des Sonnenlaufes.

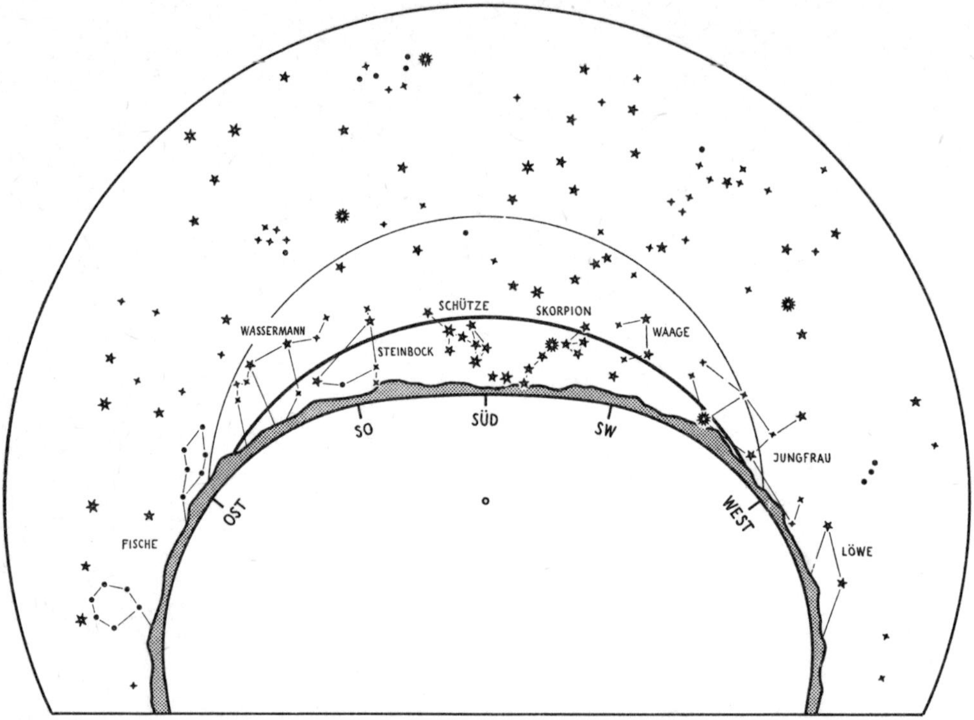

Fig. 12 Flache Tierkreisstellung.
21. März 6h 23. September 18h
21. Juni 24h 22. Dezember 12h
——— = Himmelsäquator; ——— = Sonnenbahn (Ekliptik).

Mit Hilfe der «Drehbaren Sternkarte» lassen sich die geschilderten Übergänge der Tierkreisstellungen ineinander anschaulich und kontinuierlich verfolgen, sowie die zugehörigen Stunden und Monatsdaten unmittelbar ablesen. Bei dieser Sternkarte ist der sichtbare Himmel auf zwei verschiedenen Tafeln dargestellt, welche den Anblick des Himmels gegen Norden und Süden getrennt wiedergeben. Dadurch kommt die scherende, auf- und niedergehende tägliche Gesamtbewegung des Zodiakus über dem Südhorizont, dem bildmäßigen Eindruck am Himmel entsprechend, zur Darstellung.

* Den Fig. 10—13 kann noch ein Weiteres entnommen werden. Da der tägliche Umschwung des Himmelsgewölbes parallel dem Himmelsäquator geschieht, so erhebt sich das Sternbild der Jungfrau steil über den Horizont; es braucht zirka 3 Stunden, bis es ganz erschienen ist. Die Fische hingegen werden viel flacher emporgeschoben und benötigen zum vollen Aufgang daher nur zirka 1 Stunde. Beim Unter-

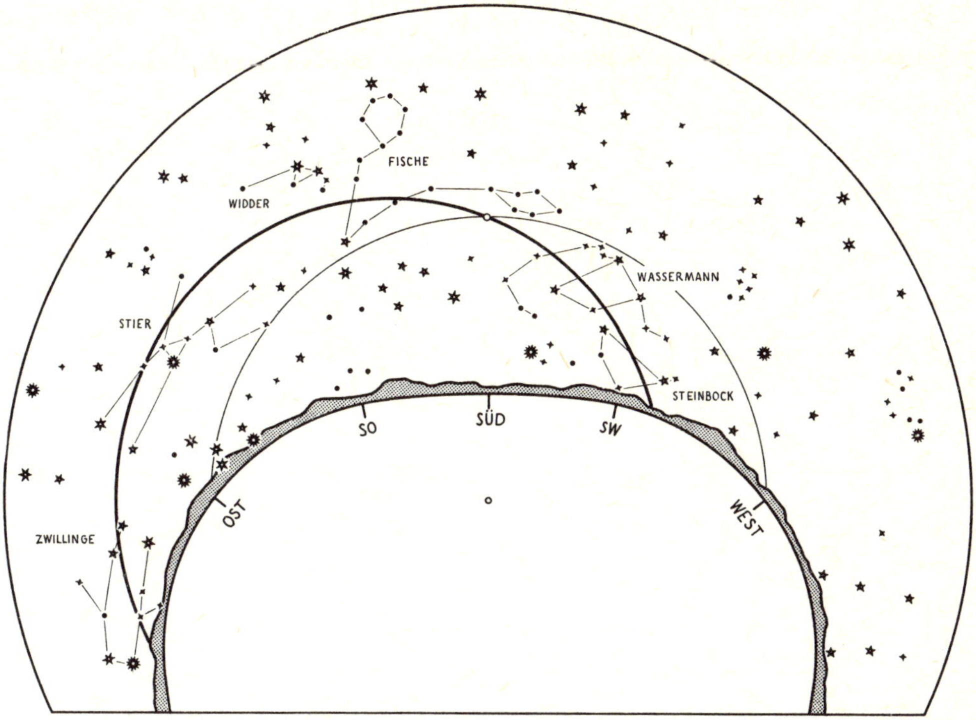

Fig. 13 Nach Osten verschobene, mittlere Tierkreisstellung.
21. März 12^h 23. September 24^h
21. Juni 6^h 22. Dezember 18^h
——— = Himmelsäquator; ——— = Sonnenbahn (Ekliptik).

gang ist es umgekehrt (vgl. auch Fig. 42, 43 und 48—51). Die anderen Tierkreis-Sternbilder nehmen Zwischenstellungen ein.

Es sei auch hier noch ein kurzer Blick auf die entsprechenden Verhältnisse an den Polen und am Erdäquator gerichtet.

Am *Nordpol* fällt der Himmelsäquator mit dem Horizont zusammen und die Gestirne beschreiben horizontale Kreise. Daraus ergibt sich, daß Frühlings- und Herbstpunkt im Horizont liegen, das heißt es ist immer nur der obere Tierkreisbogen sichtbar, Fische und Jungfrau teilweise. Die Neigung von 23½° gegenüber dem Himmelsgleicher wird hier besonders deutlich. Die Sternbilder Stier und Zwillinge beschreiben im Tageslauf in 23½° Höhe, Widder, Krebs und Löwe je etwas tiefer, einen horizontalen Kreis, Fische und Jungfrau am Horizont (Fig. 15). Am *Südpol* der Erde kreist dementsprechend nur der untere Tierkreisbogen in horizontaler Bewegung.

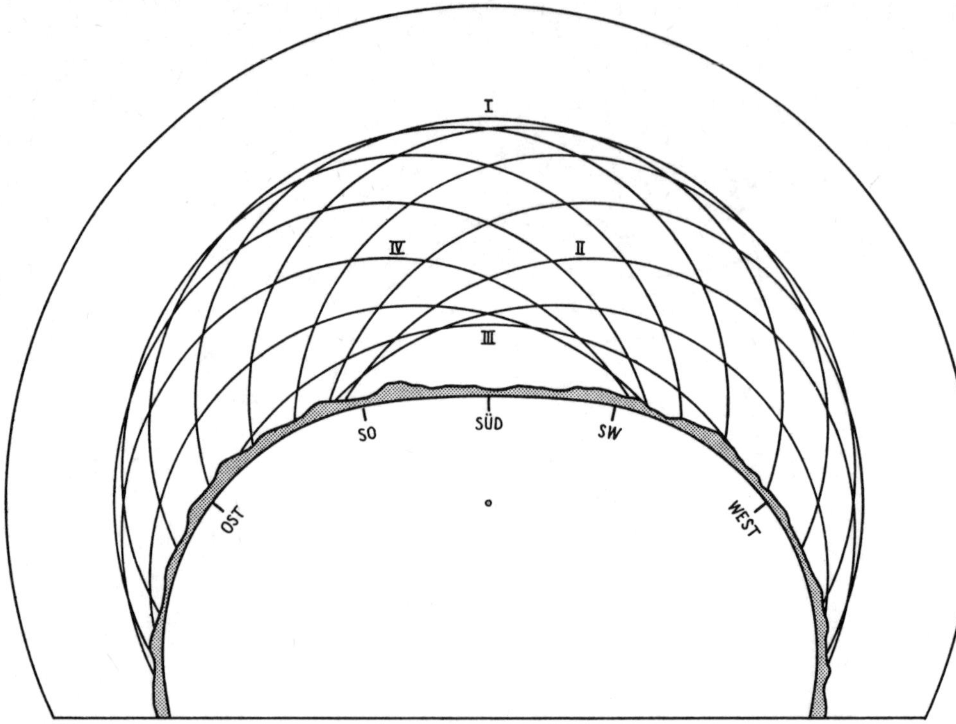

Fig. 14 Stellungen der Ekliptik über dem Horizont von zwei zu zwei Stunden. I, II, III, IV entsprechend Fig. 10, 11, 12, 13.

Am *Erdäquator* erhebt sich der Himmelsgleicher senkrecht vom Ost- bzw. Westpunkt des Horizontes zum Zenit empor. Stehen die Fische im Westen und die Jungfrau im Osten, so wölbt sich der obere Tierkreisbogen über der Landschaft. Die Sternbilder Stier und Zwillinge zeigen dann vom Zenit aus 23½° Neigung gegen Norden (Fig. 16). Wenn im Tagesumschwunge 12 Stunden später Fische und Jungfrau ihre Orte getauscht haben, dann steht der untere Tierkreisbogen mit einer Zenitabweichung von 23½° gegen Süden über der Erde (Fig. 17). Die verschobenen Zwischenstellungen lassen sich leicht vergegenwärtigen. Der Tierkreis schwingt also am Erdäquator in einem Bereiche von ± 23½° vom Zenit hin und her. Entsprechendes gilt für die Auf- und Untergangsorte. *

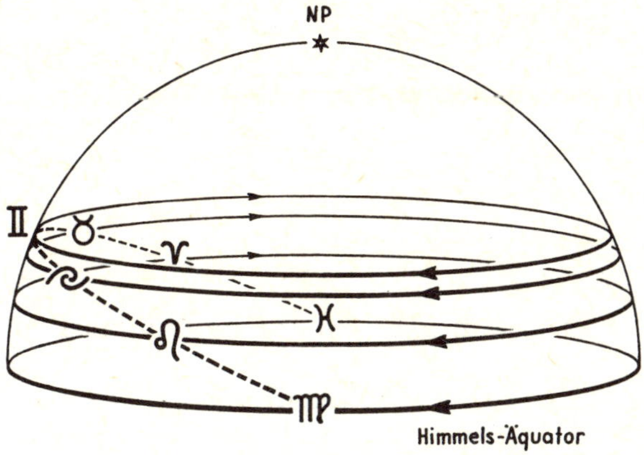

Fig. 15 Stellung und Bewegung des Tierkreisbogens am Nordpol.

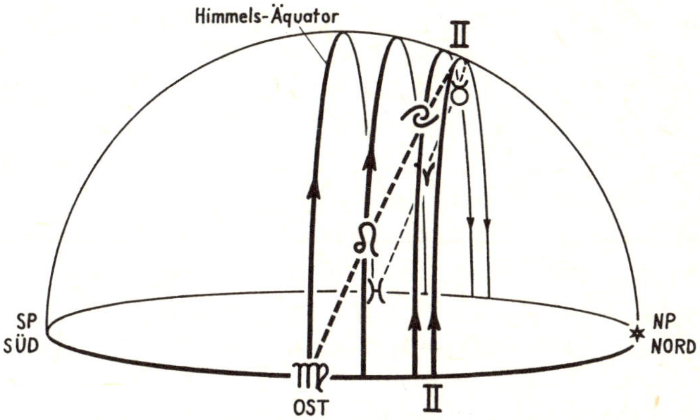

Fig. 16 Stellung und Bewegung des nördlichen Tierkreisbogens am Äquator.

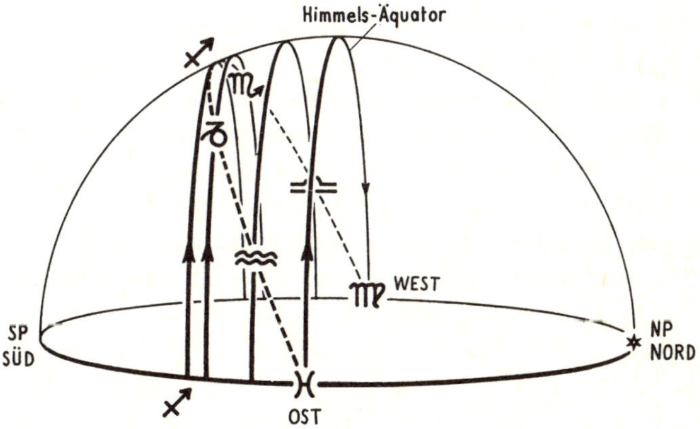

Fig. 17 Stellung und Bewegung des südlichen Tierkreisbogens am Äquator.

Erscheinungen, Bewegungen und Rhythmen der Sonne

IV

Der Sonnenlauf im Tag und im Jahre

Wird bei der Betrachtung der Himmelserscheinungen die Sonne zunächst außer Acht gelassen, wie es im Beschreiben der täglichen Bewegungen einzelner Sterne, der Sternbilder und des Tierkreises geschieht, so verbleibt einzig der tägliche vierundzwanzigstündige, im ganzen doch eintönige Umschwung des gesamten Sternenhimmels.

Die Sonne schenkt jedoch der Erde die großen Lebensrhythmen, den Wechsel von Tag und Nacht und den Ablauf der Jahreszeiten. Auch in bezug auf die Himmelserscheinungen ergibt sich Veränderlichkeit, Metamorphose und rhythmischer Wechsel zwischen polaren Verhältnissen, sobald das Tagesgestirn in seinen Stellungen und Bewegungen verfolgt wird. Die Sonne zählt vom Akpekte des unmittelbaren Erlebens zu den Wandelsternen, zu denen dann weiter der Mond und die verschiedenen Planeten gehören. Gegenüber den Fixsternen, welche am Himmel in nahezu unveränderter gegenseitiger Lage verbleiben und die Formen der Sternbilder durch Jahrtausende halten, sind die Wandelsterne dadurch ausgezeichnet, daß sich ihre Stellungen zwischen den Fixsternen verschieben. Sie wandern dabei alle in einer bestimmten Zone — im Kranz der zwölf Sternbilder des Tierkreises.

Die Erscheinungen des täglichen und jahreszeitlichen Sonnenlaufes sind hinsichtlich zahlreicher Einzelheiten jedem mehr oder weniger vertraut. Und doch ist es schwierig, die Tag für Tag sich um und über uns abspielenden Bewegungserscheinungen bewußt festzuhalten und zu einem klaren und beweglichen Gesamtbild zu vereinigen. Ein solcher Überblick gelingt nur stufenweise.

Andererseits liefert das an und für sich leicht durchzuführende Beobachten der Sonnenbewegung im Laufe des Tages und des Jahres viele Anhaltspunkte auch zum Verständnis des nächtlichen Sternenhimmels, z. B. für das Aufsuchen der Tierkreisbilder.

Figur 18 veranschaulicht die tägliche Sonnenbewegung während der verschiedenen Monate in unmittelbarer Anlehnung an das Beobachtungsbild am Südhimmel. Richtunggebend ist hier die symmetrische Lage aller Tageskreise der Sonne zum Meridian oder Mittagskreis. Je steiler die Sonne kulminiert, um so weiter spannt sich ihr Tagbogen über der Landschaft, und desto mehr verlagern sich die Auf- und Untergangsstellen am Ost- und Westhorizont in nördlicher Richtung. In einer geographischen Breite von $+ 50°$ verschiebt sich derart der Auf- und Untergangsort um zirka $90°$ und überstreicht damit etwa ein Viertel des Horizontumfanges.

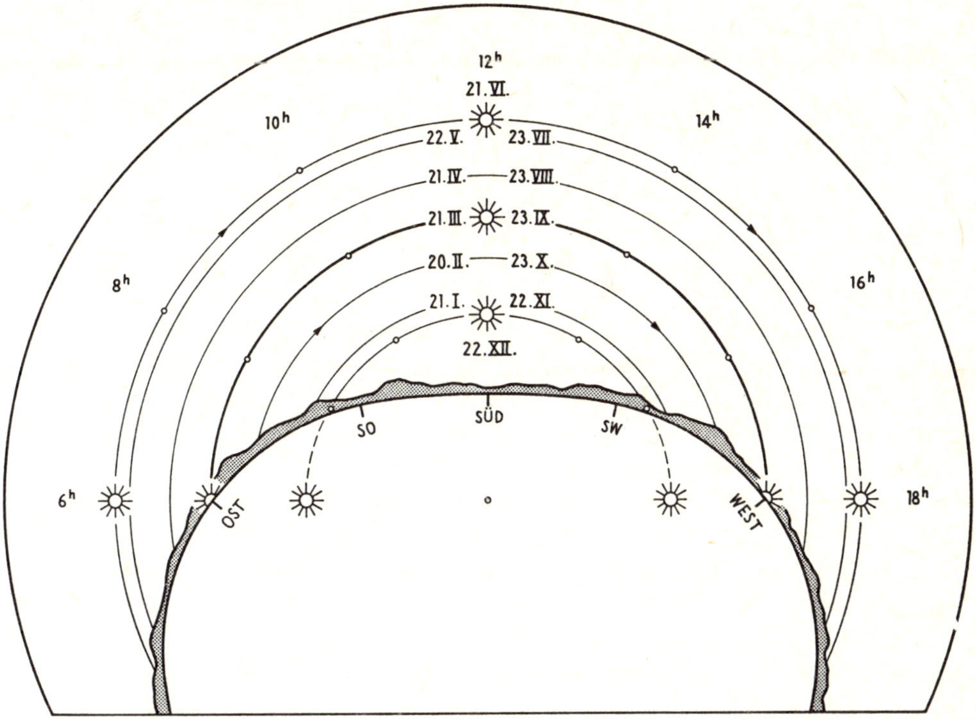

Fig. 18 Das Steigen und Fallen der Tagesbögen der Sonne während 12 gleich langer Jahresabschnitte.
——— = Himmelsäquator.

Das Steigen und Sinken der Tageskreise vollzieht sich in rhythmischem Auf- und Niedergehen nach einer harmonischen Sinus-Schwingung. Figur 18 zeigt dieses atmende Heben und Senken für 12 gleich lange Jahresabschnitte. Es vollzieht sich von der Mittellage, dem Himmelsäquator aus, um 23½° nach aufwärts und abwärts bis zu den extremen Tagbögen bei der Sommer-Sonnenwende (auch Sommer-Solstitium genannt) am 21. Juni und der Winter-Sonnenwende (Winter-Solstitium) am 22. Dezember. An diesen Tagen erreicht die Sonne den nördlichen bzw. den südlichen Wendekreis. Das Maß, in welchem die Deklinationen in den verschiedenen Monaten zu- oder abnehmen, ist in den Zeiten mittlerer Sonnenhöhe im Frühling und im Herbst am größten. So erfolgt der Aufstieg der Sonne um die ersten 10° vom Himmelsäquator (Deklination = 0°) in den 26 Tagen vom 21. 3. bis 16. 4.; die nächsten 10° bis zur nördlichen Deklination von + 20° werden in der schon längeren Zeit von 35 Tagen, vom 16. 4. bis 21. 5. erstiegen. Dann verlangsamt sich der Anstieg so stark, daß für die letzten 3½° bis zum Sonnenhöchststand am 21. Juni

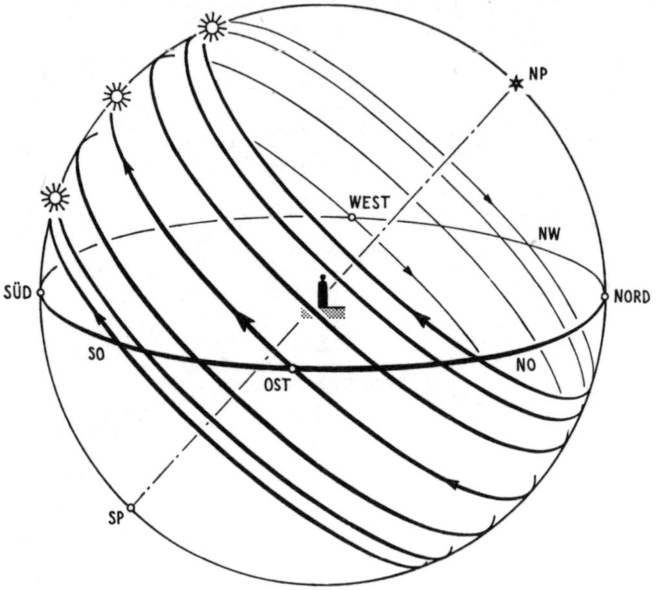

Fig. 19 Sphärische Darstellung der Tageskreise der Sonne in 12 gleich langen Jahresabschnitten, entsprechend Fig. 18.

nochmals 31 Tage verstreichen. Entsprechendes gilt für die drei weiteren Quartale des Sonnenjahreslaufes.

In der Figur 18 ist ferner noch nach wahrer Sonnenzeit der Vormittags-Aufstieg und der Nachmittags-Abstieg der Sonne von zwei zu zwei Stunden angegeben. Sechs Stunden vor dem wahren Mittag befindet sich z. B. die Sonne im Sommer, bei ihrer nördlichsten Deklination, bereits längere Zeit über dem Horizont. In mittlerer Höhe der Stellung im Himmelsäquator, am 21. März und 23. September, den Tagundnachtgleichen oder Äquinoktien, geht sie zur genannten Stunde gerade im Ostpunkt auf; bei südlichster Deklination, im Winter, steht sie dann noch unter dem Horizont. (In welcher Weise die «wahre Sonnenzeit», welche die Sonnenuhren anzeigen, vom mechanischen Gleichmaß der Uhrzeit und von der mitteleuropäischen Zonenzeit (MEZ) abweicht, wird in Kapitel V besprochen werden.)

Ein beliebiger Tagesbogen der Sonne wird nur in erster, wenn auch sehr enger, Annäherung durch einen Kreis dargestellt. Denn von Tag zu Tag gehen die einzelnen am Himmel festzuhaltenden 365 Tageskreise in einem kontinuierlichen Linienzug ineinander über.

Die sphärische Abbildung der Figur 19 ermöglicht eine vollständige Darstellung auch der unter der Horizontfläche verlaufenden Teile der verschiedenen Tagbögen der Sonne. Vom Zentrum aus nach Süden gesehen ergeben sich die unterschiedlichen

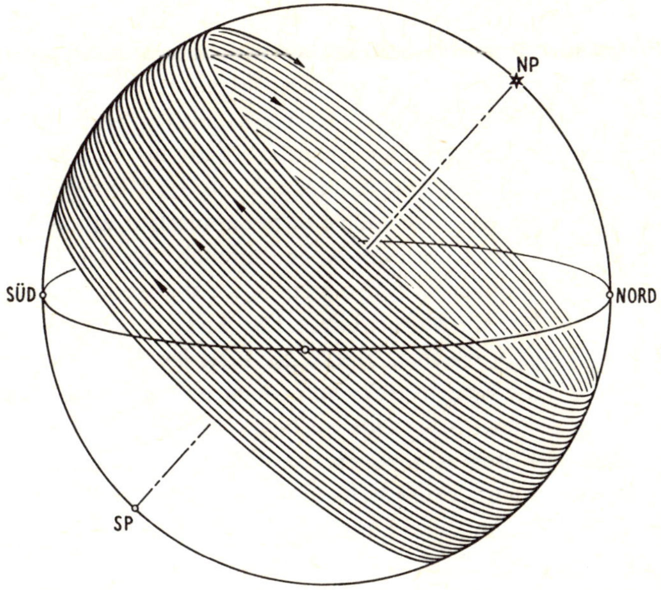

Fig. 20 Andeutung der Spiralbahn der Sonne im Jahreslauf.

Mittagshöhen der Sonne. Werden bei dieser Abbildung die einzelnen Tagbögen kontinuierlich ineinander übergehend gedacht, so ergibt für einen irdischen Beobachter sich das Gesamtbild des Sonnenweges im Jahreslauf als eine sphärische Schraubenlinie, welche einen zweimal 23½° breiten Himmelsgürtel durch 365 tägliche Schraubengänge auf- und niedersteigend überdeckt (Fig. 20).

Die bis hierher gewonnenen zusammenfassenden Vorstellungsbilder lassen sich alle ableiten, wenn als Phänomen lediglich die Veränderung des Sonnenstandes im Jahreslauf in bezug auf den Horizont in Betracht gezogen wird.

Ein ganz neuer Kreis von Phänomenen kommt hinzu, wenn nach dem Verhältnis der Sonne zum Fixsternhimmel gefragt wird. Dieses kann zwar nicht unmittelbar am Himmel wahrgenommen werden, weil das Sonnenlicht den Sternenhintergrund des Tageshimmels überstrahlt. Es kann jedoch an Folgendem abgelesen werden:

Alle Fixsterne und Sternbilder ziehen im Laufe der Nacht am Südhimmel ähnliche Bewegungsbögen wie die Sonne bei Tage. Doch bleiben im Gegensatz zur Sonne die Bewegungsbögen der Sterne immer die gleichen, oder anders ausgedrückt: die Fixsterne zeigen keine jahreszeitliche Veränderung ihrer Deklination. Die Sonne muß daher im Jahreslauf ihren Ort am Fixsternhimmel in bestimmter Art verändern. Das tritt unmittelbar an dem veränderten Anblick in Erscheinung, den der Sternenhimmel von Woche zu Woche zur gleichen Nachtstunde darbietet (vgl. Kap. II).

So ist der Herbst- und Winterhimmel durch die leuchtenden Bilder von Orion, Großem Hund mit Sirius, Stier und den Zwillingen gekennzeichnet, während am nächtlichen Sommerhimmel Skorpion, Schütze und vor allem die Bilder Leier, Schwan und Adler hervortreten. Der jährliche Rhythmus im Erscheinen und Verschwinden der nachts sichtbaren Sternbilder spiegelt das Weiterschreiten der Sonne gegenüber den Fixsternen, das an ihr selbst nicht unmittelbar zu beobachten ist. — Die Plejaden sind z. B. im April noch am Abendhimmel über der Sonnenuntergangsstelle zu sehen. Nach wenigen Wochen werden sie aber unsichtbar und erscheinen dann wieder Anfang Juli am Morgenhimmel kurz vor Sonnenaufgang. Die Sonne ist also von einer Stellung westlich, rechts der Plejaden, wo sie vor dem Sternbild unterging, zu einer Lage östlich, links von ihnen übergegangen. Der Sichtbarkeit der Sterne am Abendhimmel folgt eine solche am Morgenhimmel.

Die west-östlich gerichtete Komponente im Weiterrücken der Sonne ist eine Zunahme ihrer Rektaszension[5]. Wie bereits erwähnt, spiegelt sich diese Verschiebung in einer Verfrühung der Auf- und Untergänge aller einzelnen Fixsterne und Sternbilder. Diese beträgt $3^m\,56^s$, bzw. rund 4 Minuten (vgl. Kap. II). Oder anders ausgedrückt, die Sonne bleibt täglich um rund $1°$ (dieser Teil des Himmelsumfanges entspricht dem doppelten Durchmesser der Sonnenscheibe) in östlicher Richtung an der Sphäre gegenüber den Fixsternen zurück. Ein Sterntag ist daher kürzer als ein Sonnentag.

Die täglichen Differenzen ($3^m\,56^s$) zwischen Stern- und Sonnentagen summieren sich in einem Monat zu rund zwei Stunden, in einem halben Jahr zu 12 Stunden und in einem Jahr zu einem Tage, so daß während eines Jahres von 365 Sonnentagen die Fixsterne 366mal auf- und untergehen.

Werden nun die beiden bisher getrennt voneinander beobachteten Veränderlichkeiten der Sonne am Fixsternhimmel zu einem Gesamtbild zusammengefügt, so ergibt sich ein jährliches Herumgehen der aufeinanderfolgenden Sonnen-Positionen am ruhend gedachten Bild der Fixsternsphäre (Fig. 21). Und zwar verschieben sich die Sonnenstellungen längs eines Kugelgroßkreises, welcher die täglichen Bewegungskreise unter einem Winkel von 23½°, der Schiefe der Ekliptik, durchquert. Damit ist ein Bild von der Lage der jährlichen Sonnenbahn oder Ekliptik gewonnen. Die zwölf von der Ekliptik am Himmel durchlaufenen Sternbilder werden unter der Bezeichnung des Tierkreises zusammengefaßt.

Von Monat zu Monat tritt die Sonne zum nächsten Sternbild des Tierkreises über und bringt dann in der Stellung und Höhe ihres Tagebogens, den Auf- und Untergangsorten am Horizont und im Verhältnis der Dauer von Tag und Nacht die Phänomene zur Erscheinung, welche für das betreffende Sternbild charakteristisch

[5] Vgl. die entsprechenden Angaben der Sonnenephemeride in den Jahrgängen des Sternkalenders der Mathematisch-Astronomischen Sektion.

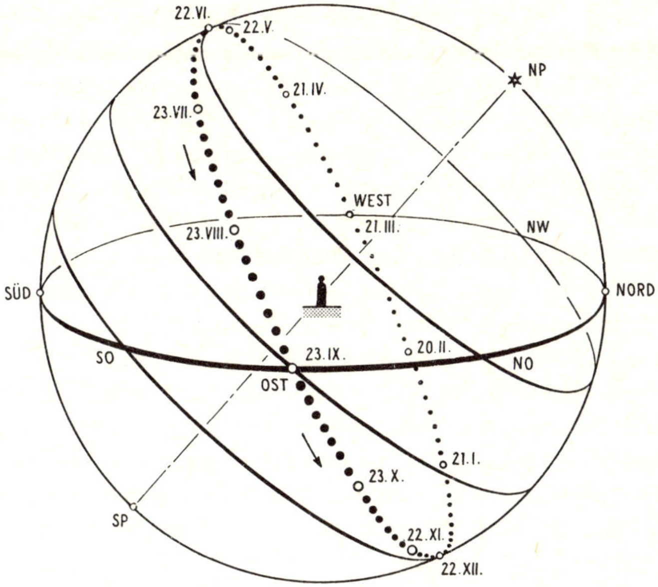

Fig. 21 Die geneigte Lage der Sonnen-Jahresbahn (Ekliptik) am Fixsternhimmel gegenüber den einzelnen Tageskreisen.

sind. Der Weg der Sonne durch den Tierkreis und die Sonnenposition sind für den 1. und 15. jeden Monats auf Tafel I dargestellt.

Wie sich die Lage der Ekliptik und des Tierkreises zum Horizont mit der täglichen Himmelsbewegung verändert und dabei verschiedene Hoch- und Tiefstellungen einnimmt, wurde im vorangehenden Kapitel ausführlich beschrieben. Je nach dem Stand der Sonne im Tierkreis treten jedoch die verschiedenen Stellungen des Zodiakus über dem Horizont (Fig. 10—13) zu anderen Tageszeiten ein.

Die steilste Lage (Fig. 10) herrscht zur

Sommer-Sonnenwende	12^h	Sonne in den Zwillingen
Herbst-Tagundnachtgleiche	6^h	Sonne in der Jungfrau
Winter-Sonnenwende	24^h	Sonne im Schützen
Frühlings-Tagundnachtgleiche	18^h	Sonne in den Fischen

Die flachste Lage (Fig. 12) herrscht zur

Winter-Sonnenwende	12^h	Sonne im Schützen
Frühlings-Tagundnachtgleiche	6^h	Sonne in den Fischen
Sommer-Sonnenwende	24^h	Sonne in den Zwillingen
Herbst-Tagundnachtgleiche	18^h	Sonne in der Jungfrau

Entsprechendes gilt für die nach Westen bzw. Osten verschobenen mittleren Lagen der Figuren 11 und 13.

Aus einer solchen Betrachtung wird die Beziehung des Tageslaufes zum Jahreslauf ersichtlich. Könnte der Sternenhimmel durch 24 Stunden ununterbrochen beobachtet werden, so würde sich vor den Augen eines Betrachters dasselbe ergeben, wie wenn er das ganze Jahr hindurch zur selben Stunde, z. B. um Mitternacht, hinausschauen würde.

Die Tagesbewegung der Sonne in ihren wechselnden Stellungen läßt sich in besonders leicht zugänglicher Art und sehr bildhaft an der bereits erwähnten «Drehbaren Sternkarte Zodiak» verfolgen.

Gemäß der vorangehenden Beschreibung des Sonnenlaufes durchwandert die Sonne im Laufe eines Jahres den Fixsternhimmel längs der in den Tierkreis projizierten Linie, der Ekliptik. Diese jährliche Verschiebung erscheint wie ein stetiges Zurückbleiben gegenüber der vierundzwanzigstündigen Tagesbewegung des Himmels. Während letztere von Osten nach Westen fortschreitet, erfolgt die Sonnen-Jahresbewegung durch den Tierkreis in der umgekehrten Richtung, von Westen nach Osten (Fig. 21).

* Die Bahnebene der Ekliptik ist nicht nur durch die Bewegung der Sonne ausgezeichnet. Mit geringen Abweichungen wandern auch der Mond und die Planeten in ihr. Man hat deshalb auf die Ekliptik, deren nördlicher Pol im Sternbild des Drachen liegt (AR 18^h, δ $+66°$ $33'$) ebenfalls ein Koordinaten-System gelegt. Dabei mißt man, vom Frühlingspunkt ausgehend, im Sinne der Jahresbewegung der Sonne in Graden die ekliptikale Länge λ in 0° bis 360°. Der nördliche, bzw. südliche Abstand von der Ekliptik wird als β, + bzw. —0° bis 90°, bezeichnet. Jeder Himmelsort kann also entweder, bezogen auf den Äquator, in Rektaszension und Deklination (AR. $\pm$ δ), oder, bezogen auf die Ekliptik, in Länge und Breite (λ, $\pm$ β) angegeben werden.*

Wie genauere Beobachtung zeigt, durchläuft die Sonne die verschiedenen Teile der Ekliptik nicht mit gleichbleibender, sondern rhythmisch wechselnder Geschwindigkeit. Die mittlere tägliche Bewegung in der Ekliptik von fast 1° (genau 59′ 8″) wird im Sommerhalbjahr etwas langsamer (Minimum 57′ 10″ am 4. Juli) und im Winterhalbjahr etwas rascher (Maximum 61′ 09″ am 2. Januar). Trotz der geringen Unterschiede entsteht durch ihre Summierung eine merkliche Auswirkung auf den Jahreslauf. Die obere Ekliptik-Hälfte vom Frühlings- bis zum Herbstpunkt wird dadurch etwas langsamer durchlaufen als die untere.

So ist das Sommerhalbjahr der nördlichen Erdhälfte (vom 21. März bis 23. September) mit 186½ Tagen um 8 Tage länger als das nur 178¾ Tage umfassende Winterhalbjahr. Auch die einzelnen Vierteljahre sind sämtlich untereinander ungleich. Schon Hipparch (150 v. Chr.) kannte und verfolgte diese Ungleichheit des Sonnenlaufes, indem er mit Hilfe einfachster Instrumente, dem senkrecht aufgestellten Schattenstab und einem in die Äquatorebene hineingebrachten schatten-

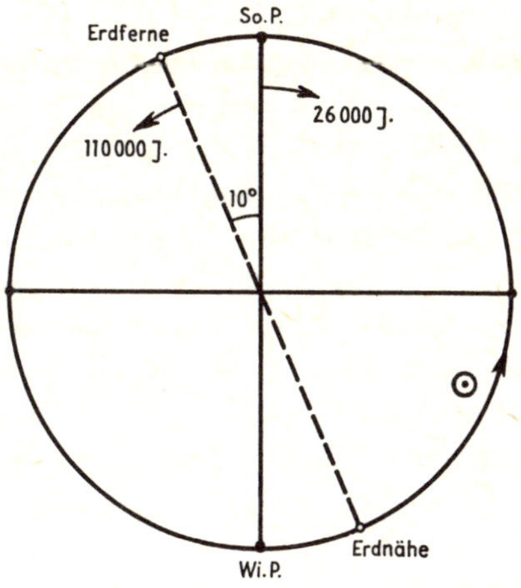

Fig. 22 Wanderung der Apsidenlinie und der Jahreszeiten im Platonischen Weltenjahr.

werfenden Ring die Tage der Solstitien und Äquinoktien bestimmte und daraus die ungleiche Länge aller vier Quartale des Jahres ableitete.

Parallel zu dieser ungleichförmigen Geschwindigkeit der Sonne zeigt die Fernrohrbetrachtung, daß die visuelle Größe der Sonnenscheibe, deren Durchmesser rund ½° beträgt, nicht konstant bleibt, sondern einen kleinsten Wert zur Zeit der langsamsten zodiakalen Bewegung am 4. Juli hat und entsprechend einen größten am 2. Januar erreicht (siehe Tabelle S. 201). Daraus kann auf ein jährliches Schwanken der Entfernung Sonne-Erde geschlossen werden: am 4. Juli steht die Sonne in Erdferne (Apogäum), wobei sie einen kleineren Durchmesser zeigt als zur Zeit der Erdnähe (Perigäum) am 2. Januar. (Umgekehrt kann von Aphel und Perihel der Erde gesprochen werden.)

Diese Erscheinungen können zu der Vorstellung einer in bestimmter Entfernung die Erde umgebenden, exzentrisch liegenden Sonnenbahn führen. (Wie sich weiter zeigt, kann sie als eine nahezu kreisförmige Ellipse angesprochen werden.)

Die Orte von Erdnähe und Erdferne der Sonne liegen in der Ekliptik einander gegenüber im Schützen und den Zwillingen. Sie bleiben aber im Laufe der Zeit nicht unverändert an der gleichen Stelle, sondern wandern, wenn auch außerordentlich langsam, längs der Ekliptik im Sinne des Tierkreises, d. h. gegen den Krebs bzw. Steinbock weiter. In einem Jahr beträgt die Bewegung nur 11,6 Bogensekunden. Ein Fortrücken um 1° erfolgt damit erst in rund 310 Jahren, und ein voller siderischer Umlauf durch alle Tierkreisbilder benötigt etwa 110 000 Jahre. Die Verbindungslinie zwischen Apo- und Perigäum, Apsidenlinie genannt, vollzieht in dieser Periode eine vollständige Drehung. So heißt die Bewegung auch Apsidenbewegung.

Durch das Zusammenspiel der Apsidenbewegung mit der noch zu besprechenden Präzession der Solstitien und Äquinoktien kehren die Punkte von Erdferne und

Erdnähe in einer Periode von 21 000 Jahren wieder in die gleiche Stellung zu den Jahreszeiten und damit auch z. B. zu den Sonnwendpunkten zurück (Fig. 22). Die Zeit von 21 000 Jahren ist also ein tropischer, d. h. zum gleichen Wendekreis zurückführender Umlauf der Apsidenlinie.

Gegenwärtig fällt die Erdferne in den Sommer und die Erdnähe in den Winter. 10 500 Jahre früher und später liegen die umgekehrten Verhältnisse vor, so daß dann z. B. die erdnahen Sonnenstellungen im Sommer liegen. Diese astronomischen Gegebenheiten sind bei der Veränderung der klimatischen Bedingungen auf der Erdoberfläche und beim Zustandekommen der Eiszeiten und ihrer Perioden als wirksamer Faktor mit zu berücksichtigen.

Astronomisch ergibt sich die gleiche Periode bei den Erscheinungen der Zeitgleichung, wie sich in dem entsprechenden Kapitel zeigen wird.

V

Der Sonnenlauf durch Sternbilder und Zeichen des Tierkreises

Die Tierkreiszone und den Verlauf der Sonnenbahn zeigt Tafel I. Die Anordnung läßt sich dabei unmittelbar mit Fig. 21 verbinden. Der dort über dem Horizont steil aufragende Ekliptik-Bogen entspricht der oberen Hälfte der Sternkarte. In beiden Fällen ist die Ekliptik in ihrer steilsten Lage dargestellt, so wie sie z. B. Ende Juni zu Mittag vorhanden ist; oder wie sie zu Weihnachten, wo die Sonne am Gegenpunkt der Ekliptik ankommt, um Mitternacht eintritt.

Am *Sternbilder-Tierkreis* kann die tatsächliche Sternenumgebung der Sonne für jedes Datum des Jahres abgelesen werden. Bei der ungleichen Lage und Ausdehnung der einzelnen Sternbilder ergeben sich für den Durchgang der Sonne naturgemäß verschiedene Zeitintervalle. Die genauen Angaben für den Übergang in die einzelnen Bilder sind in der Tabelle Seite 202 zu finden.

Trotz der auffälligen und bei näherem Eingehen charakteristischen Größenunterschiede der einzelnen Sternbild-Bezirke besteht die bemerkenswerte Tatsache, daß die 12 Sternbilder doch im ganzen eine ausgeprägt symmetrische Verteilung zeigen. Die ungefähren Mitten der Sternbildgestalten liegen in guter Annäherung jeweils etwa gleich weit, und zwar rund 30 Grad auseinander. Von Aldebaran, dem Hauptstern im Stier aus ergibt sich z. B. bei gleichmäßigem Weitergehen eine Zwölferteilung, die überall zentral in die Sternbilder hineinfällt. Datenmäßig steht die Sonne in der Gegenwart an diesen Stellen immer etwa zu Anfang der einzelnen Monate. Eine einzige Ausnahme bildet dabei das Sternbild der Waage. Jedoch wurden deren Sterne im griechischen Himmelsbild einschließlich des Sternkataloges des Ptolemäus bereits zum nächstfolgenden Sternbild, dem Skorpion gezählt und als dessen «Scheren» bezeichnet.

Rudolf Steiner gab den wertvollen Hinweis, daß das Aufsuchen der Sternbild-Mitten im Tierkreis, gleichsam als der «Licht-Schwerpunkte» für die einzelnen

Sternbilder, bedeutungsvoll sein und dazu führen kann, die Anordnung der Sternbildverteilung im Tierkreis gesetzmäßig auf 12 Hauptraumesrichtungen bezogen zu betrachten.

Bei den *Tierkreiszeichen* handelt es sich um eine gleichmäßige Unterteilung der Ekliptik nach 12 Abschnitten zu je 30 Grad. Die zahlenmäßige Einteilung des Himmelsringes in $12 \times 30 = 360$ Winkelgrade entstammt der altbabylonischen Sternkunde. Aber erst in der griechischen Zeit der letzten vorchristlichen Jahrhunderte[6] ist nachweislich durch Hipparch die endgültige Fixierung hinsichtlich der Tierkreiszeichen entstanden, wie wir sie heute noch haben. Danach wird vom Frühlingspunkt ausgehend die Jahresbahn der Sonne in gleiche Längenabschnitte geteilt, die nach der Folge der Tierkreisbilder benannt werden. Das Frühlingsquartal gliedert sich dementsprechend bis zur Sommerwende in die Zeichen ♈, ♉, ♊; dann folgen die drei «Sommerzeichen» ♋, ♌ und ♍. An die Herbst-Tag-und-Nachtgleiche schließen sich weiter die Abschnitte ♎, ♏ und ♐ an, und nach der Wintersonnenwende geht die Sonne durch die «Winterzeichen» ♑, ♒ und ♓.

Diese Bezeichnungsweise entsprach zur Zeit ihrer Festlegung, also vor mehr als 2000 Jahren, vollkommen auch der damaligen äußeren Konfiguration am Sternenhimmel. Der Frühlingspunkt lag an der Grenze zwischen den Sternbildern Fische und Widder; er konnte in Übereinstimmung mit den Himmelserscheinungen zu Recht als «Widderpunkt» bezeichnet werden, bei dessen Überschreiten die Sonne zugleich in das «Zeichen» und das «Sternbild» des Widders eintrat. Entsprechend fielen damals wegen der symmetrischen Gesamtverteilung der Sternbilder auch für die übrigen Teile der Sonnenbahn Bilderkreis und Zeichenkreis durchwegs zusammen.

Die Präzession des Frühlingspunktes (vgl. Kap. IX) hat seither ein immer stärkeres Auseinanderfallen von Zeichen und Sternbildern mit sich gebracht. Da der Frühlingspunkt durchschnittlich in 2160 Jahren um 30 Grad weiterrückt, ist er jetzt am Himmel vom Widder bis weit über die Mitte des Sternbildes der Fische hinausgewandert. So weicht die alte Zeichen-Einteilung in der Gegenwart um etwa ein volles Sternbild von der früheren Zuordnung ab. Die fragliche Differenz tritt in Tafel I deutlich in Erscheinung, wo innen am Bildrand die Anfangspunkte der Zeichen angegeben sind.

Auf zwei ganz verschiedenen und kulturhistorisch seit dem Altertum immer mehr auseinanderstrebenden Wegen: einerseits durch die astronomische und andererseits durch die astrologische Tradition des Mittelalters, gelangte die griechische Zeicheneinteilung bis auf die Neuzeit. Im Rahmen der sphärischen Astronomie dient sie in zweckmäßiger Weise zur mathematischen, zahlenmäßigen Einteilung der Ekliptik nach Längengraden. Dabei wurden überkommene Bezeichnungen als Symbole beibehalten und in diesem Sinne das Zeichen ♈ für den Null- und Ausgangspunkt der Längenzählung am Frühlingspunkt, oder das ♎-Symbol für das Herbstäquinoktium, und die Zeichen ♋ und ♑ für die Sonnenwendpunkte und die zuge-

[6] Vgl. E. Zinner, Geschichte der Sternkunde, 1931.

hörigen Wendekreise benutzt. — Auf völlig anderen Voraussetzungen aufbauend und zu ganz anderen Zwecken rechnet demgegenüber die astrologische Tradition mit den Zeichenabschnitten des Tierkreises. Die astrologische Überlieferung legt den Ekliptik-Zeichen eine kräftemäßige, innere Bedeutung hinsichtlich der Sonnenbahn bei. Ohne eine klare Einsicht oder durchschaubare Begründungen geben zu können, schließt sie im Rahmen ihrer Betrachtungen den Sternbilderkreis als völlig bedeutungslos aus und bezieht auf Grund der überlieferten Prinzipien alle ihre Aussagen lediglich auf die Zeichenabschnitte des Tierkreises.

Ein unbefangenes Anschauen führt in Hinblick auf die Zweiheit von «Sternbildern» und «Zeichen» des Tierkreises nicht zum Ausschluß des einen oder anderen Aspektes, sondern zu der Fragestellung, welches naturgemäße *Urphänomen* bei der einen und der anderen Betrachtungsart des jährlichen Sonnenlaufes zugrundeliegt. Tatsächlich ist zu beobachten, daß bei dem Sonnen-Jahresrhythmus zwei wesenhaft verschiedene Komponenten ineinanderspielen.

Die eine ergibt sich, wenn im Jahreslauf lediglich das Wechselverhältnis zwischen *Sonne und Erde* in Betracht gezogen wird. Die gegenseitige Stellungsveränderung führt im Laufe der Monate für den einzelnen Erdenort die rhythmische Schwankung des jahreszeitlichen Sonnenstandes herbei, wodurch der Jahreslauf der irdischen Lebenserscheinungen so weitgehend und entscheidend bestimmt ist. — Die andere Komponente weist auf den Stellungswechsel der *Sonne am Fixsternhimmel* hin. In astronomischen Begriffen ausgedrückt stellt der Sonnendurchgang durch den Sternbilderkreis eine naturgemäße Gliederung des *siderischen* Sonnenjahres dar, d. h. des Umganges der Sonne von einem bestimmten Fixstern bis wieder zu diesem zurück.

Bei der Gliederung des Jahreslaufes in die Zeichen liegt eine Zwölferteilung des *tropischen* Sonnenjahres zugrunde. Wie bereits die Bezeichnung «tropisch» (vom griechischen ἡ τροπή = Wende) zum Ausdruck bringt, wird in diesem Rhythmus ohne Rücksichtnahme auf eine Sternstellung lediglich die periodische Rückkehr der Sonnenwende, also der jahreszeitliche Wechsel zwischen Hoch- und Tiefstand der Sonne durch Sommer und Winter hindurch in Betracht gezogen. Der tropische Jahreslauf ist so unmittelbar verknüpft mit dem jahreszeitlichen *Atmungsrhythmus* der Erde, welcher äußerlich astronomisch am rhythmischen Steigen und Sinken des Sonnenstandes abzulesen ist, und der sich als Lebensrhythmus der Erde[7] in den Bildungs- und Entwicklungsvorgängen aller irdischen Lebewesen auswirkt und auch in zahllose Vorgänge der anorganischen Natur eingreift.

Im Gegensatz dazu ist der *siderische* Sonnenumlauf durch die Tierkreissternbilder als eine Zirkulationsbewegung zu bezeichnen, als Rundgang der Sonne durch die verschiedenen Raumesrichtungen des kosmischen Umkreises.

[7] Vgl. Guenther Wachsmuth: «Erde und Mensch», 3. Auflage 1965. Philosophisch-Anthroposophischer Verlag, Dornach.

VI

Gesetzmäßigkeiten der Auf- und Untergänge

Die Auf- und Untergangszeiten der Sonne verfrühen oder verspäten sich im Laufe des Jahres[8]. Parallel damit variieren die Sonnen-Auf- und Untergangsorte am östlichen bzw. westlichen Horizont. Dabei ist der charakteristische rhythmische Verlauf der Verschiebungen zu beachten. Die größten Änderungen der Auf- und Untergangserscheinungen von Tag zu Tag treten sowohl in räumlicher wie in zeitlicher Hinsicht im Frühling und im Herbst ein. Zur Zeit der Sonnenwenden, im Sommer und im Winter, zeigen sich nur sehr geringe Differenzen.

Wie außerordentlich verschieden sich ein Sonnenaufgang im Frühling oder Herbst, im Sommer oder Winter in ein Erdgebiet hineinstellt, zeigt besonders anschaulich die Beantwortung der Frage: An welchen Punkten der Erde kann ein einzelner, bestimmter Aufgang *gleichzeitig* erlebt werden? Die Zone der Morgendämmerung, welche das Gebiet des Tages und der Nacht auf der Erdoberfläche scheidet, reicht natürlich über den Landschaftshorizont eines Einzelbeobachters weit hinaus. Sie führt zu anderen Gegenden und Ländern, die zur gleichen Zeit den Tagesanbruch und den Sonnenaufgang erleben. Solche Linien gleichzeitigen Sonnenaufganges verlaufen in den einzelnen Monaten in ganz verschiedenen Richtungen über die Erde. Diese sind leicht aufzufinden: wendet sich ein Beobachter der jeweiligen Sonnenaufgangsstelle genau frontal zu und streckt dann die Arme seitlich aus, so weisen sie in die gesuchte Richtung.

Zur Zeit der Tag- und Nachtgleichen im Frühling und im Herbst, wo die Sonne genau im Osten aufgeht, verläuft die Morgendämmerungszone demnach genau nord-südlich und fällt daher mit dem geographischen Meridian zusammen. Da im Ablauf jedes Tages das Sonnenlicht von den östlichen zu den westlichen Ländern vorrückt, wandert die Sonnenaufgangszone am 21. März und 23. September so über Europa hin, wie es Fig. 23 darstellt. Die einzelnen Linien veranschaulichen dabei das ost-westliche Weiterschreiten der Aufgangskurven in Zeitabständen von 20 zu 20 Minuten. Es ist daraus ersichtlich, daß der Sonnenaufgang z.B. gleichzeitig im westlichen Norwegen, Dänemark, Westdeutschland, der Schweiz, Korsika, Sardinien, Tunis usw. erlebt wird.

Eine entsprechende Betrachtung läßt sich für die Sonnenuntergänge durchführen. Da die Sonne am 21. März und 23. September genau im Westen untergeht, zieht die Zone gleichzeitigen Unterganges an diesen Tagen ebenfalls gemäß Fig. 23 über die europäischen Länder, bzw. die Erde.

Ganz anders gleitet dagegen der Grenzbereich von Tag und Nacht am 21. Juni (Fig. 24) oder 22. Dezember (Fig. 25) über das gleiche Erdgebiet. Die Sonnenaufgangsstellen verlagern sich im Sommer gegen Nordosten und im Winter gegen Süd-

[8] Vgl. Kap. IV und die Angaben im Sternkalender der Mathematisch-Astronomischen Sektion.

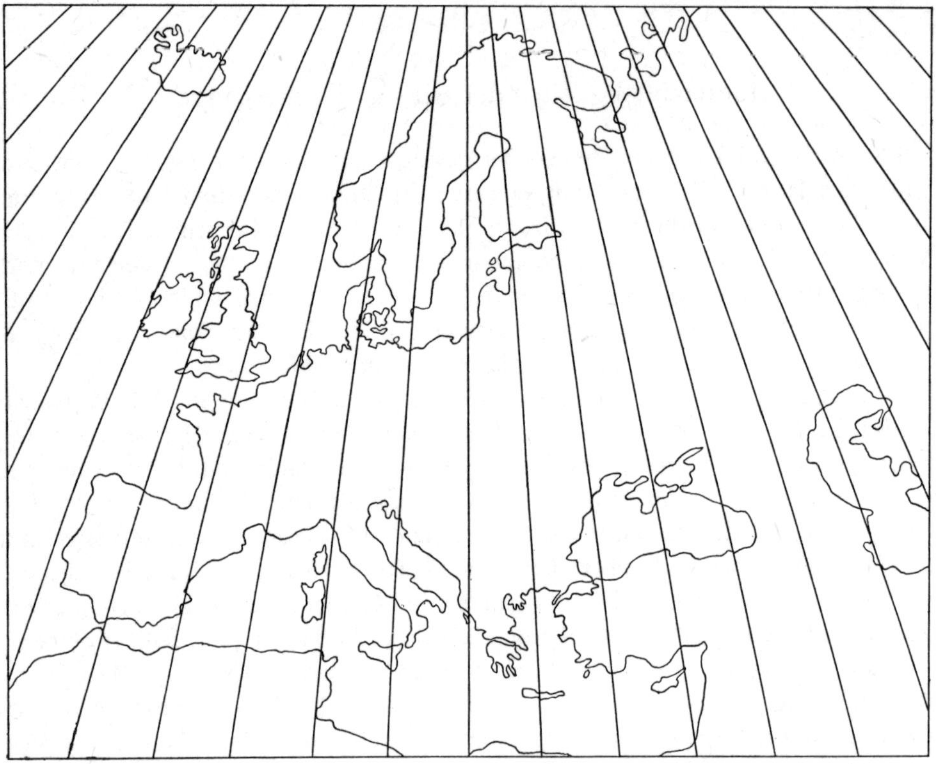

Fig. 23 Kurven gleichzeitiger Sonnenauf- und -untergänge für Europa am 21. März und 23. September (zugehörige Tierkreisstellung Fische und Jungfrau). Zeitlicher Abstand der Linien 20 Minuten.

osten. So kommen zur Zeit der Sonnenwende die Kurven gleichzeitiger Auf- und Untergänge in eine ausgeprägte Schräglage zu den geographischen Meridianen bzw. der Nord-Südrichtung. Im Sommer verlaufen die Aufgangslinien von Nordwesten nach Südosten, z. B. von der Nähe Islands über England, Nordfrankreich, die Schweiz, Italien, Lybien, Südägypten usw., die Untergangslinien von Nordosten nach Südwesten. Der Winter zeigt die entgegengesetzten Verhältnisse, d.h. gleichzeitiger Aufgang z.B. in Karelien, im Baltikum, in Nordost- und Südwestdeutschland, der Schweiz, Südfrankreich, Ostspanien, Marokko usw.

Zu anderen Daten gehören bestimmte Zwischenlagen. So werden durch die Kurven gleichzeitigen Sonnenauf- und -unterganges im Laufe eines Jahres immer neue Verbindungslinien vom eigenen Beobachtungsort nach anderen Erdgegenden geschlagen.

In den verschiedenen Schräglagen der Auf- und Untergangskurven im Sommer und Winter spiegelt sich der jährliche Auf- und Abstieg der Sonne zu nördlichen

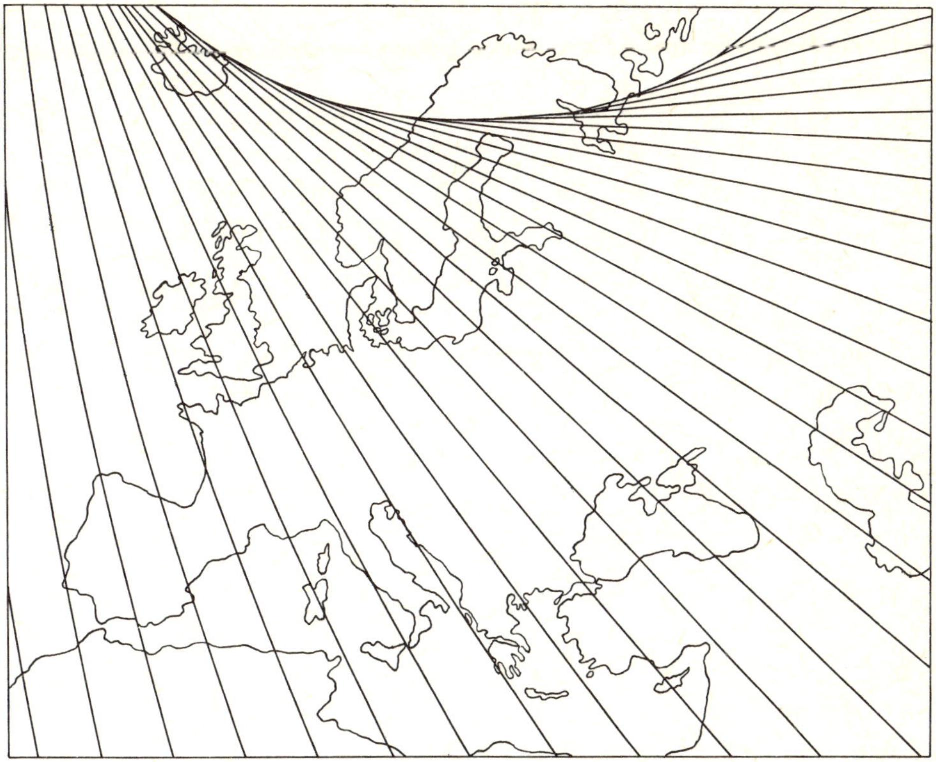

Fig. 24 Kurven gleichzeitigen Sonnenaufganges am 21. Juni bzw. gleichzeitigen Sonnenunterganges am 22. Dezember (zugehörige Tierkreisstellung für die Aufgänge Zwillinge, für die Untergänge Schütze).

und südlichen Deklinationen. Im Sommer werden bei positiver Deklination insbesondere die nördlichen Erdgebiete beleuchtet. Dabei verbleibt in dieser Jahreszeit ein gewisser Bereich um den Nordpol herum beständig im Lichtfeld des Tagesgestirnes und hat daher ununterbrochen Tag. Am 21. Juni, beim Sonnenstand in nördlichster Deklination von $+ 23\frac{1}{2}°$, übergreift das ständige Lichtgebiet den Erdpol um $23\frac{1}{2}°$ gegen Süden. Die Grenze, an welcher einmal im Jahre — zur Sommersonnenwende — die Sonne nicht untergeht, liegt bei $66\frac{1}{2}°$ nördlicher Breite und wird als nördlicher Polarkreis bezeichnet. Die Sonnenaufgangszone gleitet also zur Zeit des Sommer-Solstitiums am nördlichen Polarkreis entlang (Fig. 24) und schließt bei ihrer täglichen Bewegung das arktische Gebiet um den Nordpol in das sonnenbeleuchtete Feld der Erde ein.

Mit weiterschreitender Jahreszeit verkleinert sich das Lichtgebiet ununterbrochenen Tages und schrumpft bei Herbstanfang am Erdnordpol in einen Punkt zusammen. Die Dämmerungszone gleitet vom Sommer-Solstitium bis zum Herbst-Äqui-

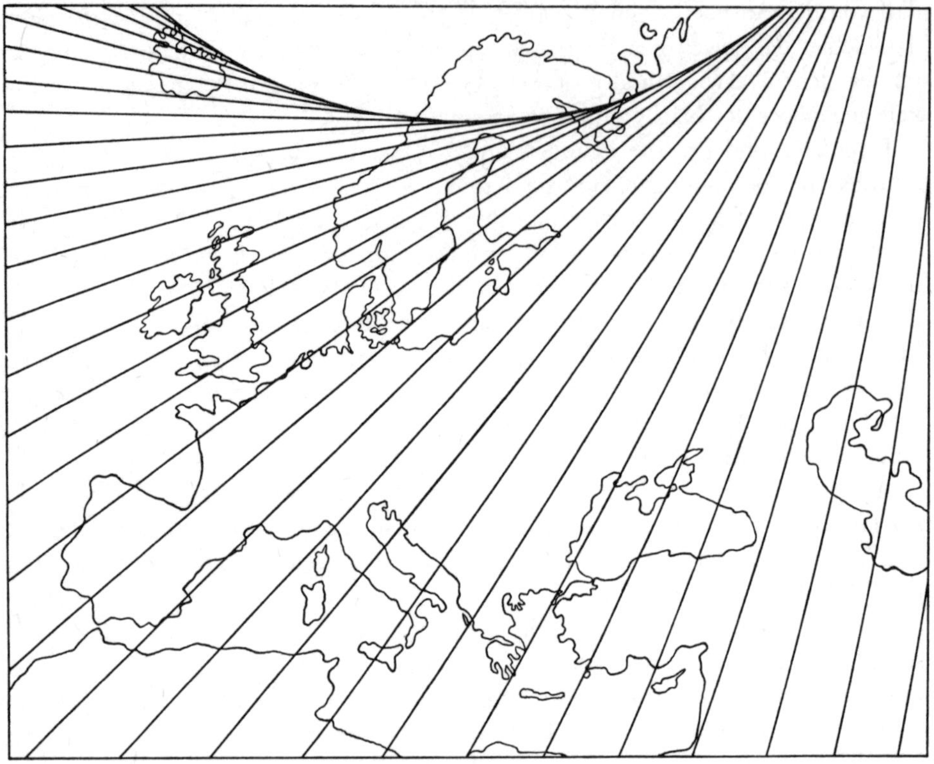

Fig. 25 Kurven gleichzeitigen Sonnenaufganges am 22. Dezember bzw. gleichzeitigen Sonnenunterganges am 21. Juni (zugehörige Tierkreisstellung für die Aufgänge Schütze, für die Untergänge Zwillinge).

noktium an immer polnäher gelegenen Breitenkreisen entlang. Zugleich nähert sich damit ihre Lage auf der Erdoberfläche zunehmend der Nord-Südrichtung, mit der sie am 23. September zusammenfällt. — Von diesem Zeitpunkt an breitet sich, vom Nordpol ausgehend, ein Gebiet dauernder Nacht über die Arktis aus, welches am 22. Dezember am Polarkreis die größte Ausdehnung erreicht. An seiner Grenze gleitet die Dämmerungszone des Sonnenlichtes entlang (Fig. 25). Die Sonne steht dann in südlichster Deklination und bezieht die Südpolregion der Erde in ihren ständigen Lichtbereich ein. So breitet sich in halbjährigem Wechsel und entgegengesetzter Phase über die Polgebiete der Erde ein Bereich des Dauertages und der Dauernacht aus. Sie gewinnen jeweils zu den Solstitien ihre größte Ausdehnung bis zu den Polarkreisen, während mit den Äquinoktien in den Polpunkten die Umschläge erfolgen. Es ist ein wechselweises Ausdehnen und Zusammenziehen einer Dauer-Tages-Zone und einer Dauer-Nacht-Zone, Polartag und Polarnacht. Dazwischen liegt der große Bereich, in dem Tag und Nacht wechseln. Dies jedoch so, daß von der Ausgeglichenheit am Äquator (je 12 Stunden Tag und Nacht) gegen das Gebiet der jeweiligen Polarnacht zu die Dunkelheit im Verhältnis zum Tage immer mehr überwiegt und gegen das Gebiet des jeweiligen Polartages die Helligkeit gegenüber der Nacht zunimmt.

Insgesamt sind die Bewegungen und Verlagerungen, wie sie sich bei den geschilderten Erscheinungen für die Kurven gleichzeitigen Sonnenaufganges bzw. -unterganges ergeben, als scherende Bewegungen zu bezeichnen. Das ost-westliche Wandern der Aufgangskurven längs eines bestimmten Breitenkreises bleibt nicht immer zu einer Anfangslage parallel, sondern geht allmählich und kontinuierlich zu den jahreszeitlich wechselnden Schrägstellungen über, wie es zusammengefaßt Fig. 26 andeutet. Beiderseits eines Breitenkreises verschiebt sich damit das Lichtfeld der Sonne derart, daß es abwechselnd auf der Nord- und auf der Südseite dem gleichmäßigen Fortschreiten der Tagesbewegung gegenüber mehr oder weniger vorauseilt oder zurückbleibt.

Aus dem Zusammenwirken der ständig gleichen Rotation des Tageslaufes mit den im Jahreslauf bedingten Veränderungen entsteht das scherende Vorwärtsschreiten und Verschieben der Auf- und Untergangskurven und des damit verbundenen Tag- und Nachtfeldes auf der Erde.

Für Orte verschiedener geographischer Breite ergibt sich noch insofern ein Unterschied, als das Maß der scherenden Abweichung vom Äquator gegen die Polarkreise immer mehr zunimmt. Am Äquator betragen die maximalen Richtungsabweichungen $\pm$ 23½°, am Polarkreis $\pm$ 90°. Eine Illustration dieser Verhältnisse zeigt Fig. 27, in welcher die extremen Abweichungen der Auf- und Untergangskurven nach beiden Richtungen zusammen dargestellt sind.

Es ergibt sich so ein lebendiges Bild, wie jeder Erdenort anders in den Jahresgang eingegliedert ist, wie er in eigener Art vom Bewegungsspiel des Licht- und Finsternisfeldes der Erde durchzogen und überquert wird. Dabei hat die scherende Bewegung zugleich für die Erdoberfläche ganz reale Bedeutung. Denn in den genannten Gebieten, und vor allem in den Bereichen der Morgen- und Abenddämmerung,

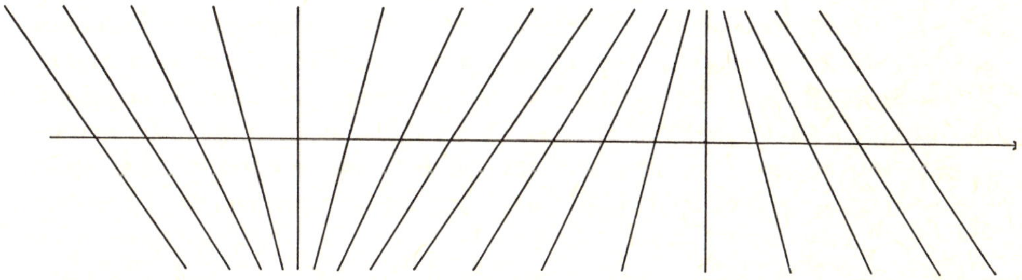

Fig. 26

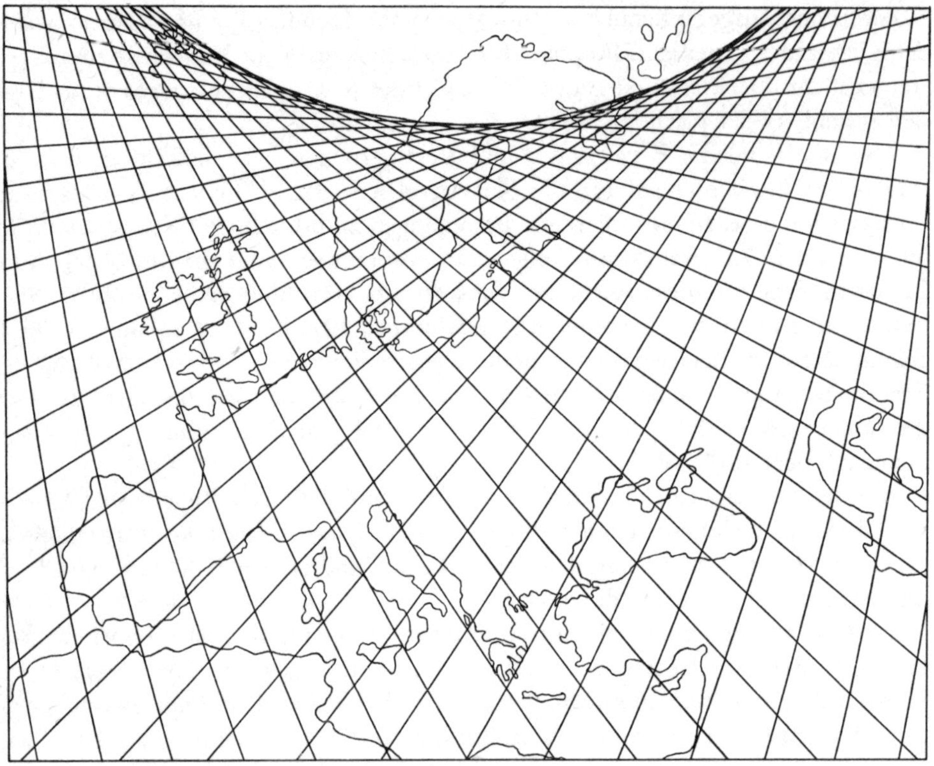

Fig. 27 Kurven gleichzeitiger Sonnenauf- und -untergänge; Zusammenfassung von Fig. 24 und 25.

spielen sich zahlreiche für das tägliche Leben des Erdganzen wichtige Naturvorgänge, sowohl im anorganischen wie im organischen Felde, wirksam ab[9].

Rein astronomisch hängt es mit der scherenden Verlagerung der Sonnenauf- und -untergangskurven zusammen, daß Tabellen der Auf- und Untergangszeiten immer nur für einen bestimmten Erdenort gültig sein können. Für andere Punkte müssen sie in jedem Falle durch Umrechnung neu bestimmt werden. Bei Orten mit gleicher geographischer Breite bleibt die Differenz, um welche die Sonne früher oder später aufgeht, das ganze Jahr hindurch konstant. Der Zeitunterschied läßt sich dabei leicht aus den geographischen Längen der fraglichen Orte ableiten.

[9] Siehe: Guenther Wachsmuth: «Erde und Mensch», 3. Auflage 1965, Dornach, und Joachim Schultz: «Wirksamkeit der Tageszeiten in Wachstum und Substanzgeschehen», Heft 2 der Schriftenreihe der Naturwissenschaftlichen Sektion am Goetheanum, 1951.

Die Sonnenaufgangskurve wandert täglich einmal um die ganze Erde; sie rückt daher im Tageslaufe von Osten nach Westen jeweils

in 24 Stunden um 360°		in 1 Stunde um 15°		
in 6 Stunden um 90°		in 20 Minuten um 5°		
in 2 Stunden um 30°		in 4 Minuten um 1°		weiter.

Ist daher die geographische Lage zweier Städte bekannt, z. B. von Neapel (14° 15′ östl. Länge und 40° 51′ nördl. Breite) und New York (74° westl. Länge und 40° 44′ nördl. Breite), so entspricht dem Unterschied der geographischen Längen von 88° 15′ eine Zeitdifferenz von nahezu 6 Stunden. Der Sonnenauf- oder -untergang erfolgt also in Neapel jeweils 6 Stunden früher als in New York. Da beide Städte dieselbe geographische Breite haben, so ändert sich dieser Zeitunterschied im Laufe des Jahres nicht.

Ganz anders ist es, sobald Orte mit verschiedener geographischer Breite verglichen werden, z. B. Neapel (14° 15′ östl. Länge und 40° 51′ nördl. Breite) mit London (0° östl. Länge, 51° 31′ nördl. Breite). Nur für den 21. März und 23. September, wo die Sonnenauf- und -untergangskurven parallel den Erdmeridianen verlaufen, läßt sich auch hier die Zeitdifferenz im Auf- und Untergang der Sonne direkt aus dem Unterschied der geographischen Längen ermitteln. Derselbe ist im vorliegenden Beispiel 14° 15′. Die Sonne geht demnach an den genannten Tagen in Neapel fast eine Stunde früher auf und unter wie in London. Zu anderen Daten des Jahres ist dies aber nicht der Fall. Die scherende Verlagerung der Auf- und Untergangslinien macht sich nun in starkem Maße geltend. Wie die Karten der Fig. 24 und 25 zeigen, erfolgt der Sonnenaufgang am 21. Juni an beiden Orten etwa gleichzeitig. Hingegen tritt er am 22. Dezember in London etwa 100 Minuten, d. h. mehr als 1½ Stunden später ein als in Neapel. Die letztgenannte Zeit kann approximativ in Fig. 25 abgelesen werden, da die einzelnen Linien in der Karte einer zeitlichen Verschiebung von je 20 Minuten entsprechen. Es besteht demnach im allgemeinen keine gleichbleibende Differenz im Vorauseilen oder Spätereintreten des Sonnenaufganges zweier Städte, sondern eine jährliche rhythmische Schwankung dieser Unterschiede. Eine Ausnahme machen nur Orte auf gleicher geographischer Breite. Graphisch ist der Eintritt von Sonnenauf- und -untergängen für die Orte eines ganzen Ländergebietes unmittelbar abzulesen, wenn in eine Anzahl Karten die Kurven gleichzeitigen Sonnenauf- und -unterganges eingetragen sind[10].

Diese Verhältnisse regen dazu an, sich bewußt zu machen, in welch wechselnder Art die täglichen Auf- und Untergänge Beziehungen von einem Beobachtungsorte aus zu anderen Ländern und Erdgebieten herstellen.

Da jeder Lage der besprochenen Kurven eine bestimmte jahreszeitliche Sonnenstellung im Tierkreis entspricht, stehen die Linien auch unmittelbar mit den Tier-

[10] Karten dieser Art zum Ablesen der Sonnenauf- und -untergänge innerhalb Deutschlands enthält das Heft von Dr. K. Schütte: «Wann geht die Sonne auf und unter?», F. Dümmlers Verlag, Berlin und Bonn.

kreisbildern in Beziehung. Sie sind daher ebenso die Verbindungskurven aller Orte, an denen ein bestimmtes Tierkreissternbild gleichzeitig über den Horizont steigt bzw. unter ihn hinuntersinkt.

Sinngemäß gelten dieselben Erscheinungen und Gesetzmäßigkeiten für die Auf- und Untergänge des *Mondes.* Bei ihm vollzieht sich jedoch ein ganzer Rhythmus der scherenden Bewegungen seiner Auf- und Untergangskurven schon in einem siderischen Monat (in $27^d\ 8^h$), d. h. mit einem vollen Umgang durch den Tierkreis. Wird von den zusätzlichen Schwankungen innerhalb der achtzehnjährigen Mondperiode abgesehen, so lassen sich die Figuren 23—27 auch direkt auf die Lagen der Mondauf- und -untergangskurven beziehen, und den zugehörigen Tierkreisstellungen des Mondes zuordnen. Es gilt dabei Fig. 23 für Auf- und Untergänge bei einer Mondstellung in den Sternbildern Fische und Jungfrau, Fig. 24 für die Mondaufgänge in Stier/Zwillinge bzw. für die Monduntergänge in Skorpion/Schütze; Fig. 25 für die Mondaufgänge in Skorpion/Schütze bzw. für die Monduntergänge in Stier/Zwillinge.

Auch für die *Planeten* gilt derselbe Wechsel in bezug auf ihre Auf- und Untergangserscheinungen. Als Perioden kommen hier die Umlaufszeiten der einzelnen Wandelsterne durch den Tierkreis, also z. B. bei Jupiter 12 und bei Saturn 30 Jahre in Betracht.

Ein Gesamtbild all dieser Phänomene würde entstehen, wenn für einen bestimmten Zeitpunkt die Auf- und Untergangszone sämtlicher Planeten zusammen verzeichnet und festgehalten würden. Auf der Erdoberfläche sind immer gleichzeitig in wechselnder Durchdringung und Verlagerung die hemisphärischen Lichtfelder von Sonne, Mond und Planeten vorhanden. Sie überdecken sich oder trennen sich voneinander, je nach dem Wechsel der Stellungen, welche die Wandelsterne, Sonne und Mond im Tierkreis zueinander einnehmen.

VII

Die drei Sonnen und die Zeitgleichung

Unser Zeiterleben erhält seine natürliche Gliederung durch die täglichen und jährlichen Sonnenerscheinungen. Auch astronomische Angaben werden auf den Sonnentag und das Sonnenjahr bezogen und die Dauer größerer Epochen in Sonnenjahren ausgedrückt. Für das qualitative Erleben erscheint diese Zeiteinteilung selbstverständlich. Dem quantitativen exakten Messen bieten sich jedoch gewisse Schwierigkeiten.

Die Zeiteinheit des wahren Sonnentages ist nämlich keine konstante Größe. Ihr wirklicher Ablauf läßt sich an den von der Sonne selbst gezeichneten Schattenständen einer Sonnenuhr verfolgen, jedoch nicht durch die mechanische, starre Zeitzählung unserer Uhrwerke begleiten.

Die Bestimmung «Tag» geht aus dem Zusammenspiel zweier Gegebenheiten als deren Verhältnis [11] hervor, ist also nicht einfach mit der täglichen Rotation der Erde identisch zu setzen. Den Himmelserscheinungen folgend ergeben sich daher verschiedene Möglichkeiten der Tagesdefinition. Je nachdem, ob die Wiederkehr der gleichen Gestirnstellung (z. B. die Kulmination über dem Horizont des Beobachters) an einem Fixstern oder an der Sonne ins Auge gefaßt wird, ergibt sich der «Sterntag» oder der «Sonnentag». Beide differieren um rund 4 Minuten, wie in Kapitel II dargestellt worden ist.

Die Länge aufeinanderfolgender Sterntage bleibt im wesentlichen unverändert und kann daher durch die Zeitmessung der Uhren voll erfaßt werden (Sternzeit). Dies gilt nicht in exakter Weise für den Sonnentag. Unsere gewöhnlichen Uhren zeigen einen *mittleren* Sonnentag an, der von der Wirklichkeit, dem *wahren* Sonnentag, abweicht. Praktisch sind die Abweichungen unbedeutend. Sie betragen maximal ± 28 Sekunden für einen Tag. Die Unterschiede zwischen verschiedenen wahren Sonnentagen belaufen sich also höchstens auf etwa eine Minute. Die kleinen Differenzen summieren sich aber im Laufe der Wochen zu merklichen Beträgen. Diese werden in Minuten und Sekunden für jeden Tag des Jahres als die *Zeitgleichung* angegeben [12]. (Alle ausgleichenden Hilfsgrößen, wodurch wahre, ungleichmäßige Bewegungen auf gedachte, gleichmäßige zurückgeführt werden, sind in der Astronomie früher mit dem Namen «Gleichung» bezeichnet worden.)

Bis zum Jahre 1937 wurde bei der Definition der Zeitgleichung vom wahren Sonnentag bzw. der wahren Sonnenzeit (w) als primär gegeben ausgegangen und daraus durch Hinzufügung der Abweichung, d. h. der Zeitgleichung (z) die zugehörige mittlere Sonnenzeit (m) abgeleitet: $w + z = m$. Die Korrektur besagte also, um welchen Betrag die mechanischen Uhren von den Himmelserscheinungen abweichen. — Die neue Definition geht umgekehrt von der mittleren zur wahren

[11] Dasselbe gilt für alle rhythmischen astronomischen Zeitabläufe.

[12] Siehe die Tabelle Seite 201 und die Sonnenephemeride im Sternkalender.

Sonnenzeit über und definiert die Werte der Zeitgleichung gemäß der Formel: m + z = w. Es wird jetzt der Betrag verzeichnet, um welchen die Sonne von den Uhren abweicht.

In den astronomischen Erscheinungen wird die Zeitgleichung[13] sichtbar, wenn jeweils um 12 Uhr mittags mittlerer Ortszeit[14] die genauen Sonnenstände aufgezeichnet werden. Auf diese Weise ergibt sich dann die Zeitgleichungskurve der Fig. 28. Sie zeigt neben den jahreszeitlichen Schwankungen der Mittagshöhen in

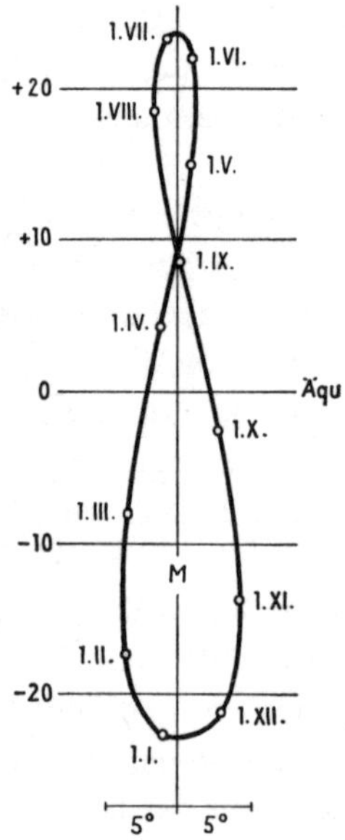

Fig. 28

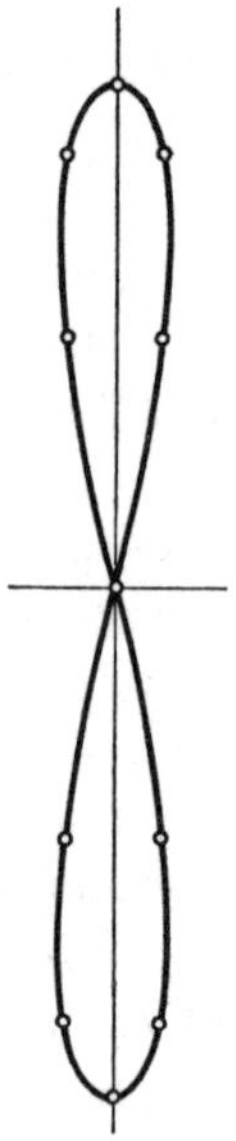

Fig. 29

Kurve der Zeitgleichung und zum Vergleich die entsprechende symmetrische Lemniskate.

vertikaler Richtung auch seitliche Abweichungen nach rechts und links bzw. westlich und östlich vom Meridian. Diese entsprechen den zeitlichen Verschiebungen, welche die Zeitgleichung ausmachen. Die wahre Sonne erreicht ihren Höchststand im Meridian, d. h. den wahren astronomischen Mittag, nicht immer zur Zeit des mittleren Mittags. Wie aus der lemniskatischen Linie zu entnehmen ist, befindet sich die Sonne im Februar und Juli um 12 Uhr mittlerer Zeit noch östlich vom Meridian, im Mai und November hat sie ihn dagegen schon überschritten und steht westlich von ihm. Im Laufe des Jahres gibt es also je zwei Maxima für das Ab-

13 Vgl. den Aufsatz «Die Zeitgleichung» von Dr. G. Unger im Sternkalender 1946, S. 77.

14 Unsere Uhren sind auf eine Zonenzeit, z. B. die Mitteleuropäische Zeit (MEZ) eingestellt. Diese zeigt nur für Orte mit 15° östlicher Länge zugleich die mittlere Ortszeit.

weichen in östlicher und westlicher Richtung: Am 12. Februar steht die Sonne um 12 Uhr mittags noch 14½ Minuten (im Bogenmaß ausgedrückt rund 3½°) und am 26. Juli 6½ Minuten (rund 1½°) vor dem wahren Mittagshöchststand. Am 14. Mai hat sie ihn schon 3¾ Minuten (oder rund 1°) und am 3. November schon 16½ Minuten (rund 4°) vorher durchschritten.

Für unsere an die Uhrzeit gebundene Tageseinteilung bewirken diese zeitlichen Verschiebungen eine Verlängerung oder Verkürzung der Vor- bzw. Nachmittage. Mitte Februar werden dadurch z. B. die Nachmittage um ½ Stunde länger als die Vormittage. Umgekehrt sind anfangs November die Nachmittage um ½ Stunde verkürzt.

Viermal im Jahre, am 15. April, 13. Juni, 1. September und 25. Dezember, sind die Werte der Zeitgleichung null. Dann fallen die mittleren Mittagsstände mit den wahren zusammen; die Zeitgleichungskurve hat an diesen Tagen ihre Schnittpunkte mit dem Meridian.

Die Funktion und Kurvenform der Zeitgleichung wird in ihrem Aufbau durchsichtig, wenn ihre Entstehung in Anlehnung an die Begriffe der drei astronomischen Sonnen betrachtet wird. Diese Hilfsvorstellungen bilden stufenweise einen Weg von der abstrakten Erfassung der Erscheinungen zur astronomischen Wirklichkeit. Es werden unterschieden:

1. eine *mittlere Sonne* im *Äquator* 2. eine *mittlere Sonne* in der *Ekliptik*	} mit *gleichförmiger* Geschwindigkeit
3. die *wahre Sonne* in der *Ekliptik*	mit *ungleichförmiger* Geschwindigkeit

Die Zeitmessung der Uhren erfaßt, indem sie mittlere Sonnentage und -stunden zählt, nur die *erste* der genannten Sonnen. Der mittlere Sonnentag wäre das getreue Abbild der Sonnenbewegung nur, wenn die jährliche Sonnenbahn statt in der Ekliptik, im Himmelsäquator läge und dieser in einem Jahr mit gleichbleibender Geschwindigkeit durchlaufen würde.

Die *zweite* Sonne, die «mittlere Sonne in der Ekliptik», liegt der äußeren Realität schon wesentlich näher. Damit wird die Jahresbewegung der Sonne im Tierkreis und ihre verschieden hohen Mittagsstände berücksichtigt. Die 12-Uhr-Stellungen der Sonne müssen aber nun seitliche Abweichungen von der Meridianlinie zeigen. Denn die genannten Bewegungskomponenten, welche bei der ersten Sonne beide im Himmelsäquator liegen, fallen jetzt auf zwei verschiedene Himmelsgroßkreise, die Ekliptik und den Äquator. Ihr Zusammenspiel wird dadurch von Tag zu Tag ein anderes. Mit anderen Worten: Der tägliche Zuwachs der Rektaszension der Sonne ist zur Zeit der Äquinoktien (Stellung S_1 in Fig. 30), wo die Sonnenbahn unter 23½° den Äquator überschneidet, kleiner, als zur Zeit der Sonnenwenden (S_2), bei denen die Sonnenbahn in nördlichster bzw. südlichster Deklination nahezu parallel zum Äquator läuft. So entsteht ein viermaliger Wechsel der in Frage kommenden Bewegungsgrößen während eines Jahres. Dieser führt im Zusammenspiel mit dem jahreszeitlichen Steigen und Sinken der Mittagsstände zur Kurvenform einer lemniskatischen Schleifenlinie, welche symmetrisch gebaut ist. Sie bringt schon die Grundform der wirklichen Zeitgleichungskurve zur Erscheinung.

Aus den dargestellten Unterschieden zwischen der mittleren Sonne im Äquator und derjenigen in der Ekliptik bzw. der zusammenfassenden Kurve läßt sich auch unmittelbar entnehmen, daß die einzelnen wahren Sonnentage zur Zeit der Äquinoktien am kürzesten, zur Zeit der Solstitien am längsten sind. Die maximalen Differenzen betragen, wie schon erwähnt, zirka 1 Minute. Beim Frühlings- und Herbstbeginn ist also der Rhythmus der aufeinanderfolgenden wahren Sonnentage etwas beschleunigt; im Hochsommer und Tiefwinter ist er dagegen verlangsamt.

Mit dem Übergang von der zweiten zur *dritten* Sonne wird die astronomische Wirklichkeit erreicht. In der asymmetrischen Gestalt der wirklichen Zeitgleichungskurve spiegelt sich die Ungleichmäßigkeit der Sonnenbewegung in der Ekliptik infolge ihrer Erdnähe und Erdferne (vgl. Kap. IV). Entsprechend der verlangsamten Sonnenbewegung in den Sommermonaten liegen die monatlichen Mittagsorte in der Kurve im Sommer näher zusammen als in den Wintermonaten. Der obere Kurventeil wird damit verengt, der untere verbreitert.

Die Zeitgleichungskurve der Fig. 28, die rein aus astronomischen Himmelsbeobachtungen zusammengestellt werden könnte, zeigt neben der deutlichen Asymmetrie zwischen oben und unten noch eine geringere in bezug auf ihre rechte und linke Seite. Diese ist durch die Abweichung der Orte der Erdnähe und Erdferne der Sonne von den Sonnwendstellen bedingt, welche gegenwärtig zirka 10° beträgt (Fig. 22). Wie in Kap. IV besprochen, verändert sich diese gegenseitige Lage. Um 1250 n. Chr. fiel die Apsidenlinie mit den Solstitien zusammen, und die gleichartige gegenseitige Stellung wird nach Ablauf von zirka 21 000 Jahren wieder eintreten.

Für die Zeitgleichungskurve bewirkt diese Periode eine stetige, sehr langsame Veränderung ihrer Form. In zirka 21 000 Jahren vollzieht sich ein voller Durchgang

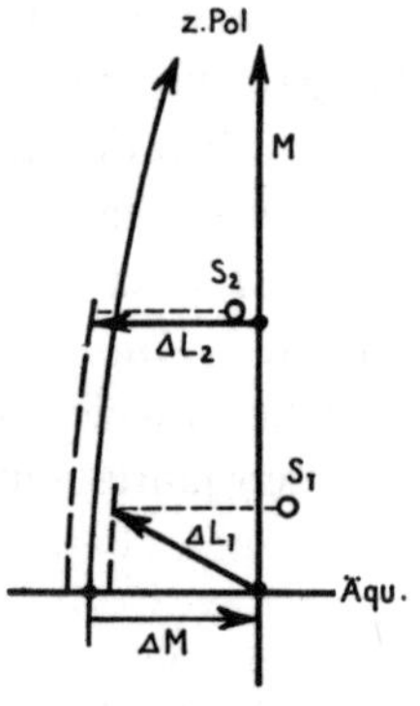

Fig. 30

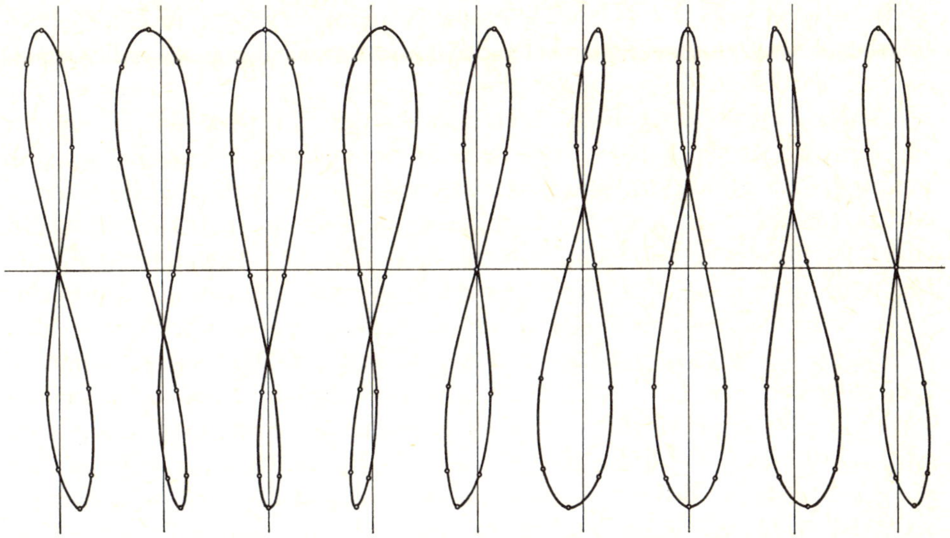

Fig. 31 Formenmetamorphose der Zeitgleichungskurve.

durch alle Symmetrieveränderungen, welche die Kurve erleiden kann. Diese Variabilität der Kurve ist in Fig. 31 für zeitliche Intervalle von 2625 Jahren in acht Phasen dargestellt[15].

Wie ersichtlich, war die Gestalt der Zeitgleichungskurve um 1250 n. Chr. beim Zusammenfallen der Erdferne mit der Sommersonnenwende in bezug auf rechts und links vollkommen symmetrisch, während in der Gegenwart die Form immer mehr zu einer schrägen Lage übergeht. Eine halbe Periode (10 500 Jahre) früher, also um 9000 v. Chr., wo die Erdferne mit der Wintersonnenwende zusammenfiel, war die Kurve ebenfalls rechts-links-symmetrisch, jedoch die kleinere Schleife abwärtsgerichtet. In den Zwischenzeiten nimmt diese Symmetrie immer mehr ab, und an ihre Stelle tritt eine spiegelbildliche Symmetrie von oben und unten.

Im Aufbau und Formenwandel der Zeitgleichungskurve wirken demgemäß als bildende Elemente der Tageslauf, der Jahreslauf und die umfassendsten Weltenperioden zusammen.

[15] Eine teilweise ausführlichere Darstellung und die geometrische Konstruktion der Kurven ist in den Mathematisch-Astronomischen Blättern, Heft 1, 1940, der Mathematisch-Astronomischen Sektion am Goetheanum, durch Joachim Schultz gegeben.

Übersicht

Sterntag	*Mittlerer Sonnentag*		*Wahrer Sonnentag*
$23^h\ 56^m\ 4^s$	24^h		$24^h \pm 28^s$
konstant	konstant		variabel
Sternzeituhr	gewöhnliche Uhr		Sonnenuhr
	I. Sonne	*II. Sonne*	*III. Sonne*
Fixsternumlauf	mittlere Sonne	mittlere Sonne	wahre Sonne
	im Äquator	in der Ekliptik	in der Ekliptik
	gleichförmige Geschwindigkeit	gleichförmige Geschwindigkeit	variable Geschwindigkeit

Mittelpunktsgleichung der Sonne (II.–III. Sonne)
(max. Wert $\pm 2°$)

Zeitgleichung (I.–III. Sonne)
(max. Wert $\pm 16^m = \pm 4°$)

* Wie sich die Sonnenauf- und -untergänge über die Erde bewegen, so auch Mittag und Mitternacht. An allen Orten ost-westlich über die Erde hin steht daher die Sonne zu einem anderen Moment genau im Süden, d. h. die Ortszeiten dieser Punkte weichen alle voneinander ab. In Mitteleuropa entspricht einer Ost-West-Differenz von 18 km ungefähr eine Minute oder 300 m zirka eine Sekunde.

In früheren Zeiten richtete man sich nach den Sonnenuhren, die selbstverständlich Ortszeit angeben. Durch die Eisenbahn kam die «Bahnzeit» auf, welche jeweils für die zusammenhängenden Strecken galt. Mit zunehmend weiteren und rascheren Verbindungen wurden schließlich als Zusammenfassung größerer Gebiete die Zonenzeiten eingeführt. Dabei wurde von der Tatsache ausgegangen, daß eine Ost-West-Verschiebung um 15° eine Stunde ausmacht. So wurde die Erde in 24 Zonen eingeteilt, deren Grenzen zum Teil allerdings den geographisch-politischen Gegebenheiten angepaßt wurden.

Die Mitteleuropäische Zeit (MEZ) richtet sich nach 15° östlicher Länge. Dieser Meridian geht über die Lofoten-Inseln–Stettin–Ätna nach Süden. Die Westeuropäische Zeit (WEZ) schließt sich an den 0°-Meridian von Greenwich–Bordeaux–Oran an. Die Osteuropäische (OEZ) gilt exakt für 30° östliche Länge (Leningrad–Kiew–Kleinasien–Kairo).

Für astronomische Belange wurde eine Weltzeit (WZ) eingeführt, welche nach dem Meridian von Greenwich orientiert ist. *

VIII

Periodische Erscheinungen auf der Sonne

Bei günstigen atmosphärischen Bedingungen sind durch ein geschwärztes Glas auf der Sonne größere und kleinere schwarze Flecken wahrzunehmen. Am leichtesten sind diese an der rötlichen Sonnenscheibe vor dem Untergang oder nach dem Aufgang zu erkennen. Diese *Sonnenflecken* gehören zu den auffälligsten und seit langem bekannten Einzelerscheinungen auf der sichtbaren Sonnenscheibe. Chinesische Annalen berichten schon von der Beobachtung einzelner Sonnenflecken vor 2000 Jahren und im ganzen Mittelalter. Auch arabische und armenische Dokumente, sowie deutsche mittelalterliche Chroniken erwähnen gelegentlich die Sichtbarkeit von Sonnenflecken. Mit der Erfindung des Fernrohrs wurden sie dann für die astronomische Beobachtung neu entdeckt und in den Jahren 1610/11 fast gleichzeitig in verschiedenen Ländern von Galilei, von dem Engländer Harriot, dem Friesen Fabricius und von Scheiner erstmals gesehen.

Im Jahre 1842 erkannte Schwabe auf Grund langjähriger Beobachtungen die 11jährige Periodizität der Sonnenflecken-Zu- und -Abnahme. Durchschnittlich beträgt die Periode 11,11 Jahre. Doch bestehen im einzelnen große Schwankungen der Intervalle zwischen aufeinanderfolgenden Fleckenmaxima oder -minima, so daß diese in Ausnahmefällen 7 bis 17 Jahre auseinanderliegen können. Die Zu- und Abnahme erfolgt jedoch nicht gleichmäßig. Vielmehr beträgt die Zeit von einem Minimum zum Maximum durchschnittlich 4½ Jahre und die Spanne vom Maximum zum Minimum 6½ Jahre.

In den Jahren der Fleckenminima erscheint die Sonne an vielen Tagen fleckenfrei. Die Anzahl der fleckenfreien Tage betrug z. B. 1954, zur Zeit des letzten Minimums, 248 Tage. Von da an nahm die Zahl und Größe der Flecken außerordentlich zu und erreichte im Jahre 1957 ein bisher an Größe nicht bekanntes Maximum.

Der Gang der Sonnenfleckenkurve konnte durch Rudolf Wolf bis ins 17. Jahrhundert (1610) zurückverfolgt werden. Aus dem Verlauf der Kurve, welche graphisch in Fig. 32 für die Zeit von 1700 bis 1961 dargestellt ist, lassen sich die Jahre der Fleckenmaxima und -minima unmittelbar ablesen.

Die einzelnen Sonnenflecken wandern auf der Sonnenscheibe in knapp 14 Tagen vom östlichen zum westlichen Sonnenrand, an dem sie verschwinden. Sie erscheinen oft zwei Wochen später am Ostrand des Tagesgestirnes wieder. Diese Bewegungserscheinungen zeigen, daß die Sonne eine Eigenrotation besitzt und eine Drehung in durchschnittlich 27 Tagen beendet. Die Existenzdauer der einzelnen Sonnenflecken, welche sich in ihrer Größe und Gestalt ständig verändern, ist außerordentlich verschieden. Manche zerfallen schon innerhalb von wenigen Tagen und verschwinden sehr rasch vollständig. Sehr große Flecken können aber auch über verschiedene Sonnenrotationen hinweg erhalten bleiben und eine Lebensdauer von mehreren Monaten erreichen.

* Bei einem Minimum treten die ersten Flecken in einer heliographischen Breite[16] von zirka $\pm$ 35° auf. In den folgenden Jahren verschieben sich die Hauptfleckengebiete von beiden Seiten her gegen den Sonnenäquator und erreichen zur Zeit des Maximums den Bereich um $\pm$ 15° bis $\pm$ 10°. Die letzten Flecken eines Zyklus liegen etwa 5° nördlich und südlich des Sonnengleichers. Die Verschiebung von den höheren zu den niederen Breiten erfolgt also erst rascher und nach dem Höhepunkte sehr viel langsamer. Mit dem Ausklingen einer Periode in der Äquatorgegend treten die ersten kleinen Flecken des neuen Zyklus wieder in den höheren heliographischen Breiten auf.

Neben den Sonnenflecken, welche wie Poren erscheinen, können mit verschiedenen Hilfsmitteln auf der Sonne noch weitere Erscheinungen beobachtet werden. Diese sollen jedoch im Rahmen dieser Ausführungen nur ganz kurz erwähnt werden. Die

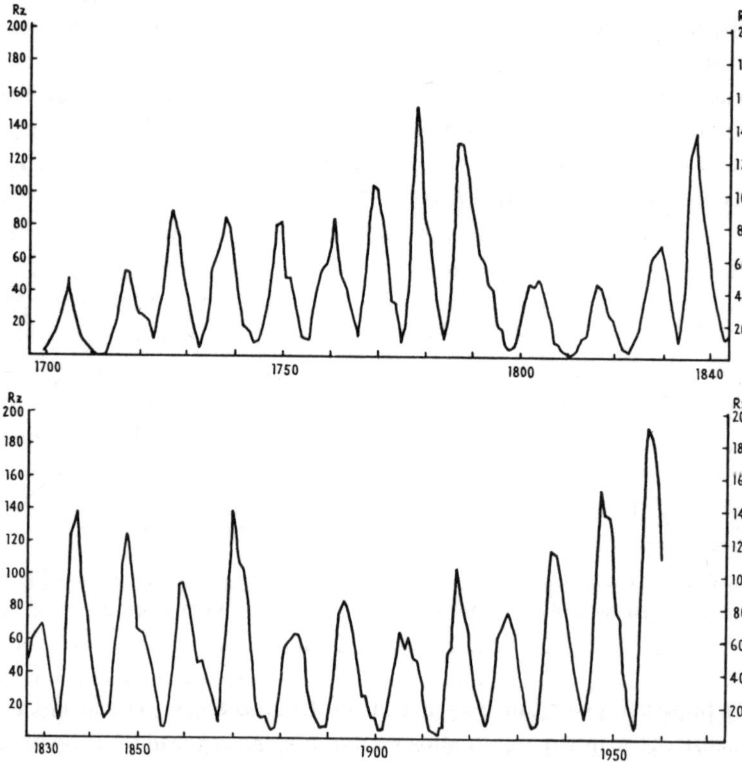

Fig. 32 Sonnenfleckenkurve 1700—1961. Rz = Sonnenflecken-Relativzahl.

[16] Die Lage eines Punktes auf der Sonnenoberfläche kann durch die Länge und Breite angegeben werden, entsprechend der geographischen Länge und Breite auf der Erde.

ganze Sonnenscheibe erscheint wie hell-dunkel gekörnt. Diese *Granulation* ist jedoch in einer dauernden Veränderung begriffen. *Fackeln* sind adrige Gebilde von stärkerer Helligkeit; sie treten in der Nähe der Flecken auf und sind am Sonnenrand besonders deutlich zu beobachten. Als *Protuberanzen* werden hellrötliche Erscheinungen bezeichnet, welche einerseits wie von der Sonne hoch hinausgeschleudert, andererseits in sie hineingezogen werden. Auf der Sonnenoberfläche herrscht in keinem Augenblick Ruhe; alles ist in dauernder Bewegung, ganz im Gegensatz zu der völlig erstarrten Oberfläche des Mondes. *

Aus der Wanderung der Sonnenflecken auf der Sonnenscheibe ist die Lage des Sonnenäquators und der Sonnenparallelkreise abzulesen und damit auch die Lage der Rotationsachse der Sonne zu bestimmen.

Es zeigt sich, daß die Rotationsgeschwindigkeit der Flecken vom Sonnengleicher gegen die Pole hin abnimmt. Wie auch die anderen, auf der Sonne teleskopisch beobachtbaren Objekte zeigen, hat die Sonnenoberfläche keine starre, einheitliche Rotation, sondern die einzelnen Zonen besitzen eine verschieden lange Umlaufszeit. Die sogenannte siderische Umlaufsdauer, nach deren Ablauf einzelne Punkte der Sonnenoberfläche wieder in die gleiche Lage gegenüber dem Fixsternhimmel kommen, beträgt am Äquator der Sonne rund 25 Tage, in 35° heliographischer Breite 27 Tage und wächst in 80° auf etwa 34 Tage an. Von der Erde aus gesehen befindet sich der gleiche Sonnenfleck wieder an derselben Stelle der sichtbaren Sonnenscheibe nach Ablauf eines synodischen Umlaufs der Sonne, welcher jeweils zwei Tage länger dauert als die oben angegebenen Zeiten.

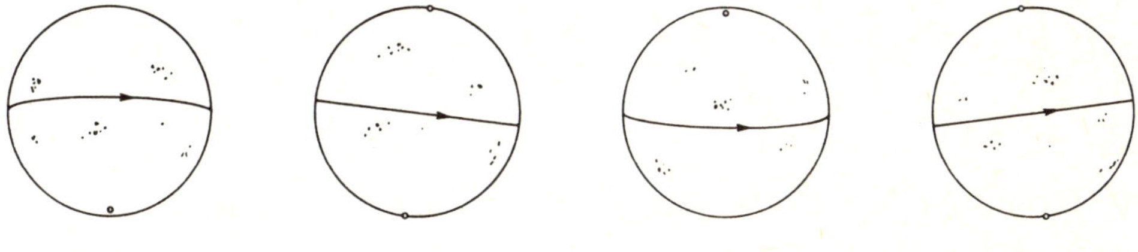

Fig. 33 Lage des Sonnenäquators und der Sonnenpole (o) zu den verschiedenen Jahreszeiten. — Die Pfeile geben die Bewegungsrichtung der Sonnenflecken an.

Da der Sonnenäquator um 7½° gegen die Ekliptikebene geneigt ist, stellen sich die Sonnenfleckenbahnen durch die wechselnde gegenseitige Lage von Erde und Sonne im Laufe eines Jahres in verschiedener Art dar (Fig. 33). Anfang Juni und Anfang Dezember erscheinen sie auf der Sonnenscheibe als gerade Linien. Die Ebene des Sonnenäquators fällt dabei direkt in die Visierrichtung hinein und schneidet also die Erde. In der ersten Jahreshälfte, am stärksten am 6. März, steht die Erde unterhalb der Äquatorebene der Sonne: die Flecken wandern mit der Sonnenrotation auf einem nach oben bzw. nordwärts gekrümmten Bogen über die Sonnenscheibe. Umgekehrt erscheinen die Fleckenbahnen im Herbst, maximal am 6. September, auf der Sonne am stärksten südwärts gekrümmt. Die Erde befindet sich in dieser Jahreszeit räumlich oberhalb (nördlich) der Äquatorebene der Sonne.

Die kontinuierlichen Verschiebungen, welche z. B. der Sonnenäquator gegenüber der Erde während eines Jahres durchmacht, sind in Fig. 34 in 8 Stadien wiedergegeben. Wird dabei der Mittelpunkt des der Erde zugekehrten Äquatorbogens verfolgt, d. h. zugleich der jeweils erdnächste Punkt des Sonnengleichers, so zeigt sich, daß dieser eine jährliche Bewegung in Form einer symmetrischen, lemniskatischen Schleifenlinie auf der Sonnenscheibe ausführt. Die Mittelpunkte von anderen Sonnenparallelkreisen zeigen in entsprechender Art betrachtet jährliche Bewegungskurven, deren Formen asymmetrische, achterförmige Schleifenlinien sind.

Die Rotationsachse der Sonne kommt bei den geschilderten jährlichen Bewegungen des Sonnenkörpers gegenüber der Erde ebenfalls in wechselnde Stellungen zur Erde. Wie schon aus Fig. 33 ersichtlich ist, beschreibt die Sonnenachse im Laufe eines Jahres relativ zur Erde eine Doppelkegelbewegung von $2 \times 7\frac{1}{2}°$ Öffnung. Dabei tritt abwechselnd für ein halbes Jahr der Nordpol und ein halbes Jahr der Südpol der Sonne auf die der Erde zugewandte Seite der Sonnenscheibe.

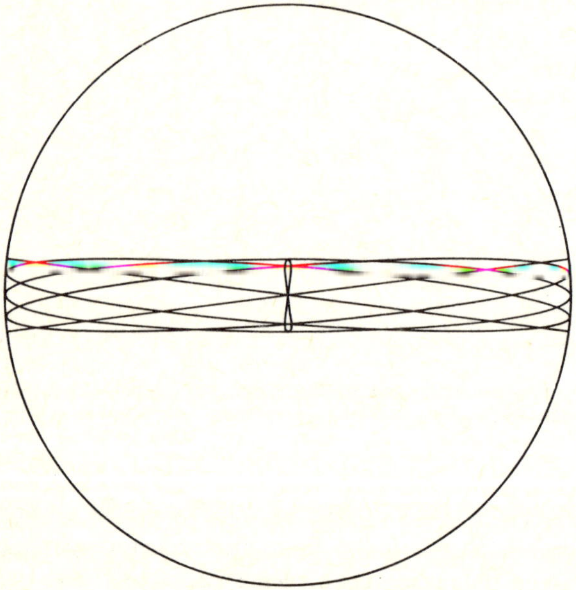

Fig. 34 Jährliche Verlagerung des Sonnenäquators auf der Sonnenscheibe und schleifenförmige Bewegung des erdnächsten Äquatorpunktes.

Fig. 35
Koronaform bei Flecken-Minimum
(etwas schematisiert).

Fig. 36
Koronaform bei Flecken-Maximum
(etwas schematisiert).

* Während einer totalen Sonnenfinsternis wird um das verfinsterte Tagesgestirn eine weiß-grünliche Lichterscheinung sichtbar. Diese *Korona* ist am Sonnenrand am intensivsten und verliert sich langsam in die weite Umgebung. Besonders um die Sonnenpole zeigt sie strahlig-büschelige Strukturen. Die Sonnenkorona ändert mit dem Fleckenzyklus ihre Form. In Fig. 35 und 36 sind die Gestalten bei Fleckenminimum und bei Fleckenmaximum dargestellt. *

IX

Das Wandern des Frühlingspunktes und das Weltenjahr

Wie sich die Orte der Sonne gegenüber dem Tierkreis von Tag zu Tag verändern, so geschieht auf höherer Stufe ein ähnlicher Wechsel in bezug auf die Jahresstellungen der Sonne.

Die Sonne rückt im Tierkreis täglich um rund 1 Grad weiter; eine gleich große Veränderung der jahreszeitlichen Stellungen vollzieht sich dagegen erst in 72 Jahren. (In einem Jahre beträgt die Verschiebung rund 50 Bogensekunden.) Ein voller Umlauf durch alle Tierkreissternbilder geschieht im ersten Fall während eines gewöhnlichen Jahres, im zweiten während eines großen Weltenjahres von rund 26 000 Jahren ($72 \times 360 = 25\,920$ Jahren), jedoch in entgegengesetztem Bewegungssinne.

Am Himmel tritt das Weltenjahr zunächst dadurch in Erscheinung, daß die einzelnen Punkte im Jahreslaufe der Sonne, wie z. B. die Sonnwendorte oder die Tag- und Nachtgleichen nicht immer in demselben Sternbild des Tierkreises liegen,

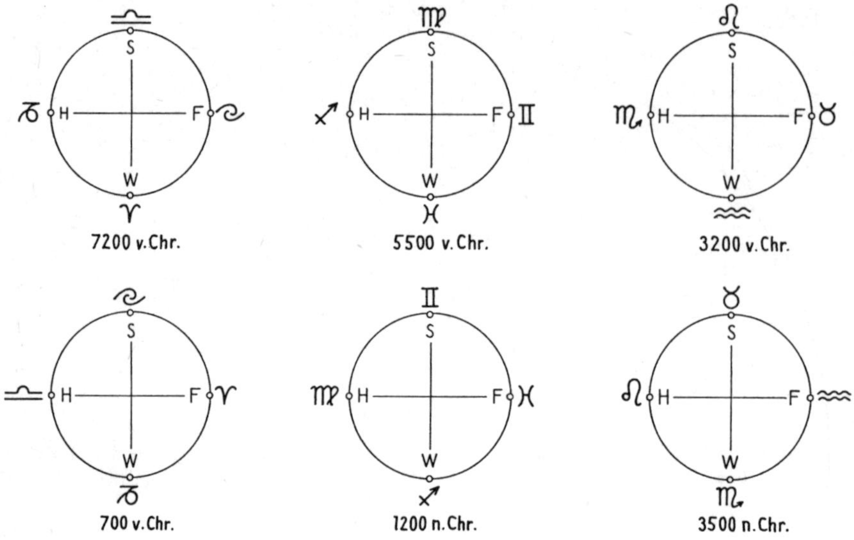

Fig. 37 Verschiebung der Tierkreissternbilder gegenüber Frühlingspunkt (F), Sommerwende (S), Herbstpunkt (H) und Winterwende (W) im Weltenjahr. Die Jahreszahlen geben den Stand des Frühlingspunktes in der Mitte der Sternbilder an.

sondern im Laufe der Jahrhunderte allmählich andere Lagen einnehmen. In Fig. 37 ist der Wechsel dieser Stellungen in sechs aufeinanderfolgenden Stadien für die Zeit von etwa 7200 v. Chr. bis 3500 n. Chr. schematisch dargestellt.

Indem nun ein besonders wesentlicher Punkt aus der Gesamtverschiebung der Kardinalpunkte des Sonnenjahreslaufes gegenüber dem Tierkreis herausgegriffen wird, kann vom Wandern des Frühlingspunktes durch den Tierkreis in 26 000 Jahren gesprochen werden. So hat der Frühlingspunkt in den vorchristlichen Jahrtausenden nacheinander die Sternbilder Krebs, Zwillinge, Stier und Widder durchlaufen und befindet sich heute in den Fischen. Etwa um 2500 n. Chr. wird er in das Sternbild des Wassermannes übergehen (Fig. 38). Nähere Angaben über die Stellung des Frühlingspunktes bei den größten und wichtigsten Sternen der verschiedenen Tierkreisbilder sind in einer Tabelle im Anhang zusammengestellt.

Der Übergang des Frühlingspunktes von der Mitte eines Tierkreissternbildes bis zur Mitte des folgenden geschieht in einem Zwölftel von 25 920 Jahren, d. h. in approximativ 2160 Jahren. Nach einer solchen Periode oder einem «Monat» des Weltenjahres ist jeweils eine charakteristische Neuorientierung des Frühlings- und Herbstpunktes sowie der Sommer- und Wintersonnwendstellen gegenüber dem Tierkreis eingetreten.

Werden die astronomischen Erscheinungen des Weltenjahres umgekehrt an den Verschiebungen, welche die einzelnen Sternbilder des Fixsternhimmels in 26 000

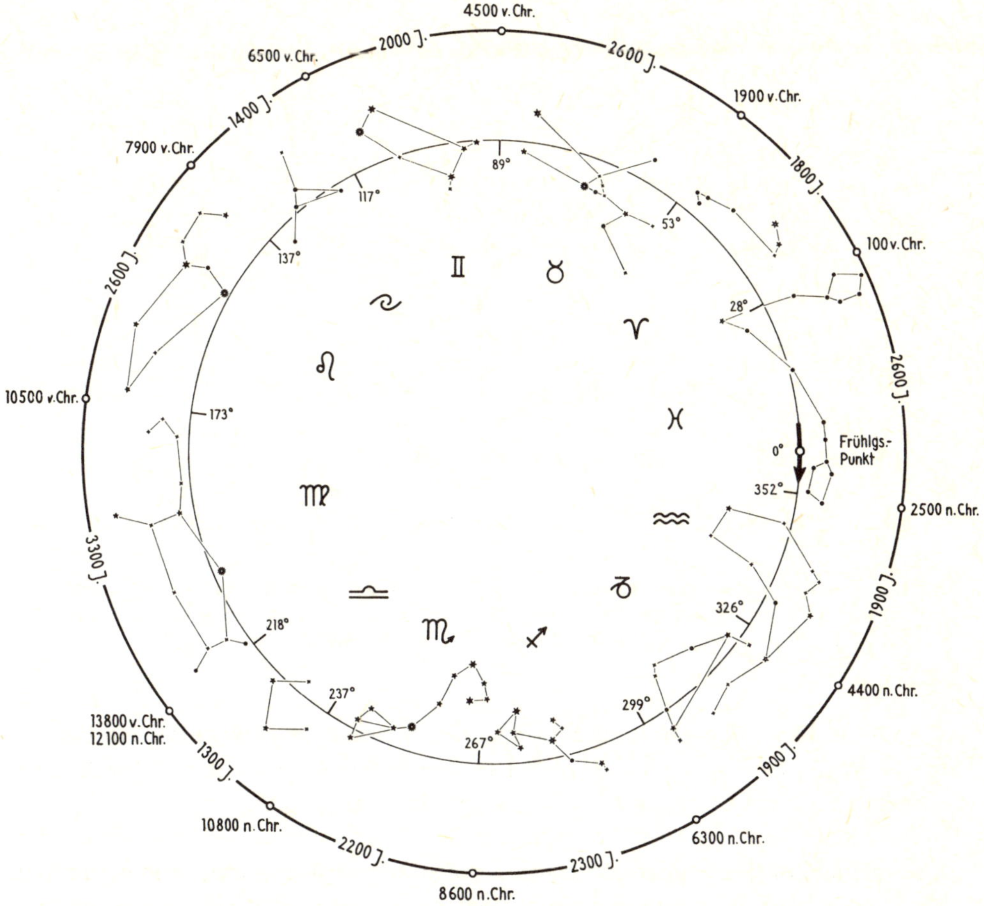

Fig. 38 Wanderung des Frühlingspunktes im Platonischen Weltenjahr. Die Gradzahlen am inneren Kreis und die Jahreszahlen am äußeren Kreis geben den Übergang des Frühlingspunktes von einem Sternbild in das nächste an, die Zahlen im äußeren Kreis die Dauer der Durchwanderung des jeweiligen Sternbildes. Die Jahreszahlen sind approximativ zu nehmen.

Jahren gegenüber dem Frühlingspunkt durchmachen, betrachtet, so zeigen sie anschaulich den Charakter eines weitgespannten Jahreslaufes. Dies insbesondere, wenn man sich den täglichen Umschwung des Himmelsgewölbes aufgehoben denkt. Von demselben Erdenort aus beobachtet vollziehen dann die einzelnen Sternbilder des Tierkreises, indem sie von einem Frühlingssternbild zu einem Sommer- und dann zu einem Herbst- und Wintersternbild werden, einen «Jahreslauf», wie es die Sonne im Laufe eines gewöhnlichen Jahres tut. Damit verändern sich für jedes einzelne Tierkreisbild im Gange eines Weltenjahres allmählich auch die Sichtbarkeitsverhält-

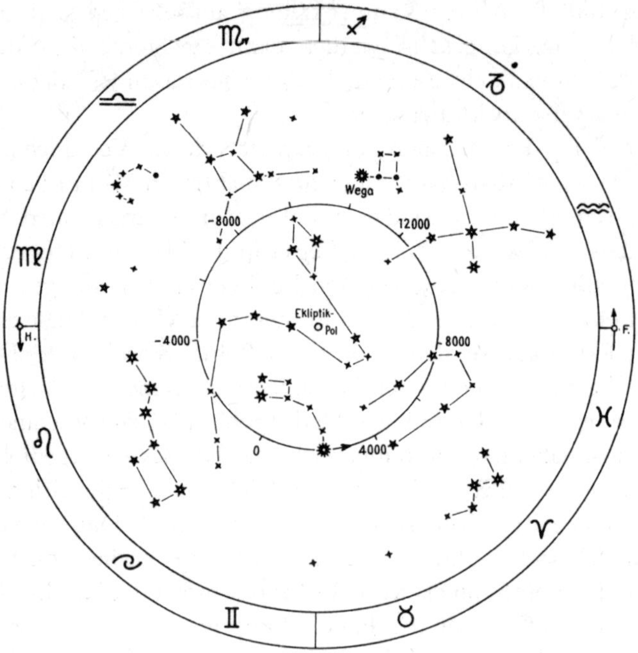

Fig. 39 Bewegung des nördlichen Sternhimmels
mit dem Himmelspol (auf dem Kreis zu denken) gegenüber Frühlingspunkt (F)
und Herbstpunkt (H) um den Ekliptikpol.

nisse. Beispielsweise standen zu Beginn der Ägyptischen Kultur um 2900 v. Chr. die Sternbilder Stier und Skorpion in der Umgebung des Frühlings- bzw. Herbstpunktes. Diese Sternbilder gingen damals beide an den gleichen Horizontstellen, im Osten bzw. Westen auf und unter; auch hatten sie innerhalb des Tageslaufes gleich hohe Bewegungsbögen über dem Südhimmel. Seither ist der Stier immer mehr zu einem Sommersternbild geworden, dessen täglicher Bewegungskreis hoch emporführt, während der Skorpion nun als ein Wintersternbild einen sehr flachen und horizontnah bleibenden Tagbogen am Südhimmel beschreibt.

Auch die übrigen Fixsterne nördlich und südlich der Ekliptik nehmen an diesen Verschiebungen teil. Die täglichen Bewegungskreise der Fixsterne werden im Laufe der Jahrtausende für jeden Punkt der Erde auf der einen Hälfte der Himmelssphäre allmählich höher, während sie gleichzeitig auf der anderen Hälfte ein Absinken zeigen. Gewisse Gebiete des südlichen Sternhimmels werden z. B. für Europa ganz neu sichtbar; andere südlich gelegene Sternbilder sinken dafür unter den Südhorizont hinab und bleiben vollständig unsichtbar. So werden beispielsweise die Sterne südlich des Skorpion und Schützen, die in Europa gegenwärtig ständig unter dem Südhorizont verbleiben, nach dem Ablauf eines halben Weltenjahres, wenn die genannten Sternbilder zu ihrer Sommerstellung aufgestiegen sind, am südlichen Himmel sichtbar sein. Umgekehrt werden dann die Sterne des Orion oder der Große Hund mit Sirius, welche unterhalb der Tierkreisbilder Stier und Zwillinge stehen, in Europa ganz unsichtbar sein.

In der Gegend des Himmelsnordpoles äußert sich die Verschiebung der Sternbilder innerhalb des Weltenjahres in einem allmählichen Wegrücken des heutigen Polarsterns von seiner Stellung nahe beim Pol. Dafür kommen andere Sternkonfigurationen, Cepheus, Schwan und Leier (Wega) in die Nähe des Himmelsnordpoles.

Zusammengefaßt stellen alle genannten Bewegungserscheinungen der Fixsterne im Weltenjahr eine Rotation des ganzen Fixsternhimmels dar. Diese erfolgt um die Tierkreis- oder Ekliptikachse, deren nördlicher Pol im Sternbild des Drachen liegt. Aus Fig. 39 ist die Bewegung des nördlichen Sternenhimmels im Weltenjahr gegenüber dem Frühlingspunkt (F) und dem Herbstpunkt (H) zu entnehmen. Der ganze Fixsternhimmel ist dabei längs des eingezeichneten Kreises weitergedreht zu denken.

Die Verschiebung des Fixsternhimmels im Weltenjahr ergibt sich als die Widerspiegelung einer kegelförmigen Bewegung der Erdachse. Diese Präzessionsbewegung in 26 000 Jahren bewirkt, daß die Achse der Erde nacheinander auf verschiedene Gegenden des Sternhimmels weist. Dabei beschreibt der Nordpol des Himmels im wesentlichen einen Kreis um den Pol der Ekliptik.

In zeitlicher Hinsicht geben die Erscheinungen des Weltenjahres Veranlassung, beim Jahreslauf der Sonne zwischen ihrem Gang durch die Sternbilder des Tierkreises, dem *siderischen* Sonnenjahr, und dem Rhythmus der Jahreszeiten oder dem *tropischen* Sonnenjahr zu unterscheiden, nach dessen Ablauf die Sonne zum gleichen Wendekreis oder auch zum Frühlingspunkt zurückkehrt. Ersteres ist infolge des Entgegenrückens des Frühlingspunktes um 20 Minuten länger als letzteres.

1 siderisches Sonnenjahr $= 365{,}25636$ Tage $= 365^{d}\,6^{h}\,9^{m}$
1 tropisches Sonnenjahr $= 365{,}24220$ Tage $= 365^{d}\,5^{h}\,49^{m}$

Die Nichtberücksichtigung der geringen und erst sehr langsam zu merklichen Beträgen anwachsenden Differenz drückt sich in der traditionell gewordenen und heute oft noch gebrauchten Bezeichnungsweise für die Sonnenwendekreise aus. Wie es der astronomischen Realität in der griechisch-lateinischen Zeit vor 2000 Jahren unmittelbar entsprach, wird bis heute von den Wendekreisen des Krebses bei der Sommersonnenwende und dem des Steinbocks bei der Wintersonnenwende gesprochen. In Wirklichkeit befindet sich die Sonne zu den genannten Zeiten gegenwärtig im Sternbild der Zwillinge bzw. des Schützen.

Erscheinungen, Bewegungen und Rhythmen des Mondes

X

Synodischer und siderischer Umlauf des Mondes
Metonischer Zyklus

Der Mond gibt in seinem Gestaltenwandel am Himmel den aufeinanderfolgenden Nächten ein verschiedenes Gepräge. Seit den ältesten Zeiten schauten die Menschen nach dem Ablauf der Mondphasen, um Zeiten zu bestimmen oder Tage zu zählen. An der Himmelsschrift des Mondes lasen sie den Kalender ab. Im ägyptischen Mythos hatte Hermes oder Thot, der den Menschen die Kunst des Schreibens, Zählens und Rechnens vermittelte, als Beherrscher der Zeitordnung und des Kalenders seinen Sitz auf dem Monde.

Das Wort Kalender (von lateinisch calare = rufen) erinnert daran, daß im alten Rom der Erste des Monats, die Calenden, zusammen mit dem neuen Mond vom Priester auf dem Kapitol öffentlich ausgerufen wurden. Der gleiche Brauch war in den vorderasiatischen Ländern üblich, wo das erste Erscheinen der jungen Mondsichel erwartet und dann z. B. mit Posaunenstößen als Monatsbeginn dem Volke angekündigt wurde.

Die *täglichen* Bewegungserscheinungen des Mondes zeigen sich immer als Glieder im größeren Rhythmus des Monats und werden erst als solche in ihrem gesetzmäßigen Ablauf verständlich. Generell gilt für den Mond in seiner Tagesbewegung dasselbe wie für die Fixsterne und die Sonne: er geht täglich auf und unter und kommt dabei einmal in eine obere und eine untere Kulmination. Zu welcher Tagesstunde und in welcher Himmelsrichtung diese Erscheinungen eintreten, hängt aber von Bedingungen ab, die sich mit dem Monatslauf verändern.

Die *monatlichen* Erscheinungen gliedern sich deutlich in zwei Gruppen. Diese folgen einerseits aus dem Stellungsverhältnis des Mondes zur Sonne, andererseits aus dem Wechsel der Mondstellungen im Tierkreis.

Der vierwöchentliche *Licht- und Gestaltenwechsel,* ferner die Sichtbarkeitszeit und in gewissem Maße auch die Sichtbarkeitsdauer des Mondes hängen von seiner Stellung zur Sonne ab. Bei der Phasenfolge ist das unmittelbar zu beobachten. Die zunehmende Mondsichel, die nur abends am westlichen Himmel zu sehen ist, steht nicht fern von der eben untergegangenen Sonne. Mit wachsender Mondphase nimmt auch der Winkel zwischen der Richtung zur Sonne und derjenigen zum Monde zu. Täglich erreicht letzterer einen größeren Abstand in östlicher Richtung, oder mit anderen Worten: Der Längenunterschied der beiden Gestirne wächst, und zwar

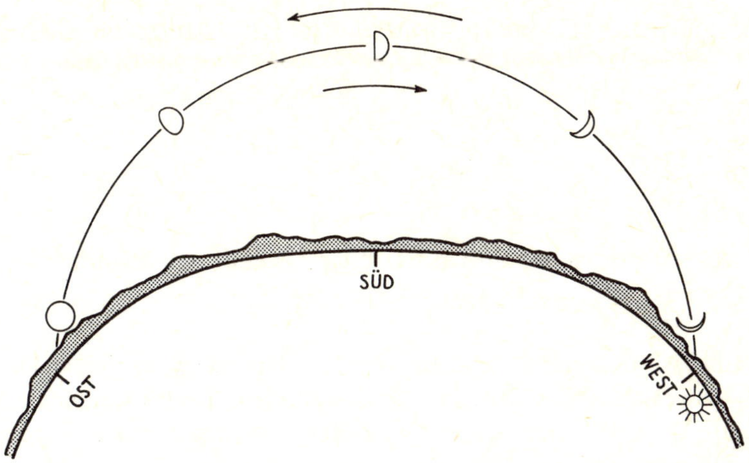

Fig. 40 Erscheinungen des Mondes von Neumond zu Vollmond (etwas schematisiert). Der obere Pfeil gibt die Bewegungsrichtung des Mondes im Tierkreis an, der untere die tägliche Bewegung.

durchschnittlich 12° pro Tag. Beim sphärischen Winkelabstand von 90° ist zunehmender Halbmond oder Erstes Viertel; der Mond befindet sich in einer ersten Quadratur zur Sonne. In dieser Phase steht er bei Sonnenuntergang immer über dem Süden des Horizontes. Etwa eine Woche später tritt Vollmond ein, der Abstand zur Sonne ist 180° geworden; Sonne und Mond stehen sich in Opposition gegenüber. Bei Sonnenuntergang ist daher der Vollmond am östlichen Horizont im Aufgehen begriffen (Fig. 40).

Nach weiteren sieben Tagen ist die Differenz in Länge bis auf 270° oder ¾ Himmelsumfang angewachsen. Der Mond steht wieder im rechten Winkel zur Sonne, jetzt in der zweiten Quadratur als abnehmender Halbmond oder im Letzten Viertel. Er ist in dieser Stellung vorzugsweise nach Mitternacht sichtbar. Vollends auf die Morgenstunden beschränkt sich der Schein der abnehmenden Mondsichel, die vor Sonnenaufgang am östlichen Morgenhimmel zu sehen ist (Fig. 41). Dann kommt der Mond in unmittelbare Nähe der Sonne und bleibt für zirka 3—4 Tage unsichtbar. Mitten in diese Zeit fällt die Konjunktion mit der Sonne, der Neumond.

Der Neumond geht fast gleichzeitig mit der Sonne auf und unter; er steht während des Tages über dem Horizont. Der zunehmende Halbmond ist etwa von Mittag bis Mitternacht am sichtbaren Himmel, als Regent der ersten Nachthälfte. Das abnehmende Viertel beherrscht umgekehrt die zweite Nachthälfte und geht erst gegen Mittag unter. Der Vollmond schließlich ist während der ganzen Nacht vom Abend bis zum Morgen am Himmel sichtbar.

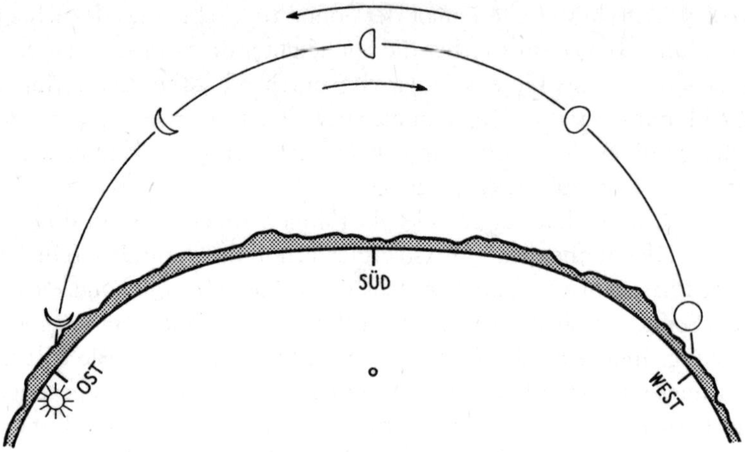

Fig. 41 Erscheinungen des Mondes von Vollmond zu Neumond (etwas schematisiert). Der obere Pfeil gibt die Bewegungsrichtung des Mondes im Tierkreis an, der untere die tägliche Bewegung.

Phase	Aufgang	Kulminat.	Untergang	Sichtbarkeit
☽ Erstes Viertel	mittags	So.-Utg.	Mittern.	abends, 1. Nachthälfte
☺ Vollmond	So.-Utg.	Mittern.	So.-Afg.	in der ganzen Nacht
☾ Letztes Viertel	Mittern.	So.-Afg.	mittags	morgens, 2. Nachthälfte
☻ Neumond	So.-Afg.	mittags	So.-Utg.	unsichtbar (tags am Himmel)

Der Mond wächst also bezüglich seiner Helligkeit (Phasen) und seiner Sichtbarkeitsdauer gewissermaßen vom Abend, vom Westen her in die Nacht hinein, beherrscht als Vollmond in größter Leuchtkraft die ganze Nacht und «welkt» dann abnehmend gegen Osten in den Morgen hinein.

Der Mond hat kein Eigenlicht; er reflektiert das Sonnenlicht wie ein Spiegel. Seine von der Sonne beleuchtete Hälfte ist der Erde bei Vollmond ganz zugewandt, bei Neumond dagegen abgekehrt, da sich der Mond dann in gleicher Richtung wie die Sonne, jedoch in größerer Erdnähe als diese befindet, so daß seine Rückseite sonnenbeschienen ist. In den Zwischenstellungen zeigen sich von der beleuchteten Halbkugel Sichel- und Halbmondformen, welche mit dem Wandern der Licht- und Schattengrenze über die sichtbare Mondscheibe zu- oder abnehmen. Die rascheste Zu- oder Abnahme der Lichtphasen erfolgt zur Zeit der Halbmondstellungen; um Voll- und Neumond ist sie am langsamsten.

Da die beleuchtete Mondseite immer der Sonne zugekehrt ist, läßt sich an ihr jeweils die Richtung ablesen, in welcher die Sonne unter dem Horizont zu denken ist. Sie ergibt sich, wenn die Linie rechtwinklig durch die Mitte der Licht-Schatten-Grenze des Mondes entlang dem Himmelsgewölbe (sphärisch) fortgesetzt wird. Diese Richtung fällt zugleich immer in den Tierkreis und gibt einen neuen Anhaltspunkt, sich dessen Lage zu vergegenwärtigen.

Wird berücksichtigt, daß der Mond kein ruhiger, sondern ein in Bewegung begriffener Spiegel des Sonnenlichtes ist, so ergibt sich noch eine andere feine Differenzierung beim Phasenablauf. Offenbar steht der Mond zur Neumondzeit nicht nur sphärisch der Sonne am nächsten, vielmehr auch räumlich. Er kommt in seine sonnennächste Stellung, indem er als Neumond zwischen Sonne und Erde tritt und umgekehrt in seine sonnenfernste Lage bei Vollmond, wo er auf der entgegengesetzten Seite der Erde steht. Während der zunehmenden Phase entfernt er sich ständig von der Sonne, wogegen er in der abnehmenden Phase der Lichtquelle immer entgegenläuft. Am stärksten ist diese Bewegung wieder zur Zeit der Quadraturen, am schwächsten um Voll- und Neumond. In bezug auf diese Dynamik besteht also ein feiner polarer Unterschied für den Mond als Spiegel des Sonnenlichtes während der zunehmenden und abnehmenden Mondphasen.

Das aschgraue Mondlicht, in dem die ganze Mondscheibe zur Zeit der schmalen Mondsichel matt aufleuchtet, kommt besonders schön im Frühling am Abend- und im Herbst am Morgenhimmel zur Geltung. Es ist, wie Leonardo da Vinci als erster erkannte, diese Erhellung der Schattenseite des Mondes durch die sonnenbeschienene Erde verursacht.

Durch die zweite Gruppe monatlicher Erscheinungen, den *Umlauf* des Mondes *durch den Tierkreis,* verändern sich die täglichen Bewegungsbögen des Gestirns. Das Höhersteigen und Tiefersinken, wie es bei der Sonne in einem Jahre zu erleben ist, geschieht hier schon in 27 Tagen. Bezogen auf den Südhorizont vollzieht sich also am Himmel jeweils 14 Tage lang ein schraubiger Aufstieg der täglichen Bewegungskreise, entsprechend dem Gang des Mondes von den tiefen zu den hohen Tierkreisbildern, vom Schützen bis zu den Zwillingen. Dann erfolgt ein 14tägiger Abstieg für die sphärische Schraubenbahn der täglichen Mondbewegung beim Lauf des Mondes von den Zwillingen bis zum Schützen.

Von der Stellung im Tierkreis hängt es also ab, in welcher Höhe der Mond kulminiert und wo er am Horizont auf- und untergeht. Auch zeitlich werden die Auf- und Untergangsverhältnisse dabei beeinflußt. Das tägliche Weiterrücken im Tierkreis in östlicher Richtung führt zu einer variablen Verspätung der Auf- und Untergangszeiten von Tag zu Tag. Diese Verspätung schwankt in Mitteleuropa für die Aufgänge zwischen 15 Minuten beim Mond in den Fischen und fast 1½ Stunden beim Mond in der Jungfrau. Für die Monduntergänge sind die Werte zu vertauschen[17].

[17] Vgl. die täglichen Angaben im Sternkalender.

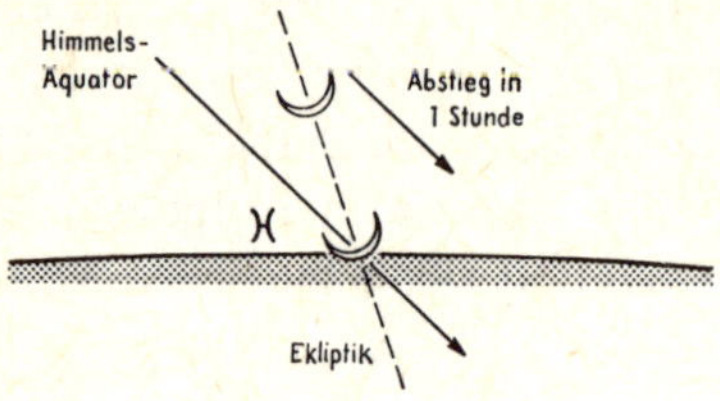

Fig. 42

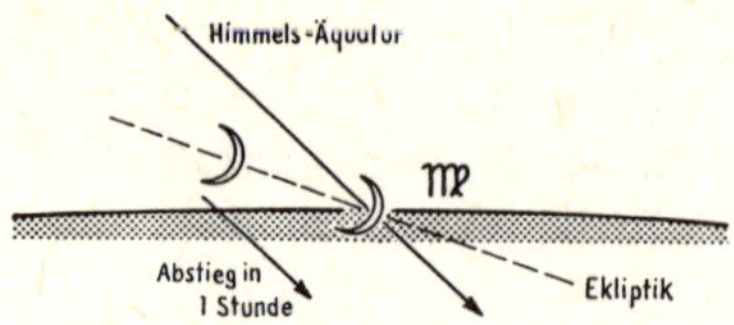

Fig. 43

* Diese Differenzen in der Verspätung der Monduntergänge sind durch die verschiedene Lage des Tierkreises am Westhorizont bedingt. Fig. 42 veranschaulicht die Situation beim Untergang des Sternbildes der Fische. Der Mond stehe im Frühlingspunkt und gehe eben unter; es ist 18 Uhr. Einen Tag später befindet sich der Mond 12° weiter im Tierkreis und also nicht mehr mit dem Frühlingspunkt im Horizont. Der Pfeil gibt die Bewegung des Himmelsgewölbes mit dem Monde in einer Stunde an. Letzterer wird demnach erst gegen 19.30 Uhr untergehen. Entsprechendes gilt für Fig. 43, welche die Situation im Sternbilde der Jungfrau darstellt. Hier wird der Mond am folgenden Tage etwa um 18.30 Uhr untergehen. Bei den Aufgängen am Morgenhimmel sind die Verhältnisse umgekehrt. — Um den Sommer- und Winterwendepunkt, wo die Ekliptik praktisch parallel zum Himmelsäquator verläuft, tritt die mittlere Verspätung von rund 50 Minuten ein. Sie gilt für Auf- und Untergang gleichermaßen. *

Wie in Kap. VI erwähnt, gelten auch für den Mond die dort dargestellten Gesetzmäßigkeiten der Auf- und Untergänge (s. Fig. 23—27). Beim raschesten Aufstieg zu nördlicherer Deklination, d. h. mit der Mondstellung am Himmelsäquator in den Fischen ist die stärkste scherende Verlagerung der Mondaufgangskurven verbunden, und zwar in dem Sinne, daß sich die Zeitspanne zwischen zwei aufeinander folgenden Mondaufgängen verkürzt. Das Gegenteil ergibt sich beim Mondstand in der absteigenden Ekliptikhälfte, am stärksten beim Herbstpunkt in der Jungfrau.

Der Mond durchwandert die einzelnen Tierkreissternbilder je nach deren Größe in 2—4 Tagen. Der Gang durch den ganzen Tierkreis oder ein *siderischer Mondumlauf* (Sternenumlauf) dauert $27^d\ 7^h\ 43^m\ 12^s$. Demgegenüber erfolgt eine Lunation oder der Ablauf der Mondphasen in $29^d\ 12^h\ 44^m\ 3^s$. Dieser *synodische Mondumlauf* (Synode = Zusammenkunft) gibt z. B. die Zeit von einer Konjunktion des Mondes mit der Sonne bis zur nächsten (von Neumond zu Neumond) oder von Vollmond zu Vollmond an.

Der synodische Monat ist länger als der siderische, weil die Sonne während der Zeit von 4 Wochen in das nächste Tierkreissternbild weiterrückt. So findet der folgende Neumond erst statt, nachdem in der siderischen Bewegung schon ein ganzer Umlauf und $^1/_{12}$ oder rund 2¼ Tage zurückgelegt sind (Fig. 44).

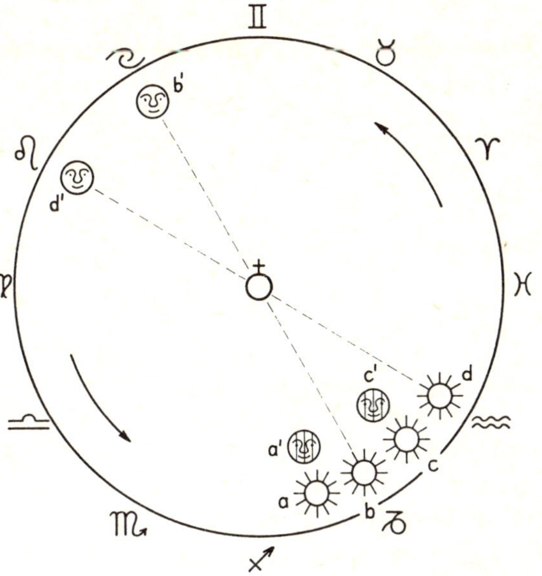

Fig. 44 Die Verschiebung der Neu- und Vollmonde im Tierkreis infolge der Wanderung der Sonne.
Die Pfeile geben die Bewegungsrichtung von Sonne und Mond an.
a a' Neumond — b b' Vollmond — c c' Neumond — d d' Vollmond usw.

Der Unterschied zwischen synodischem und siderischem Monat führt zu einer Reihe *jahreszeitlich* bedingter Erscheinungen. Jede folgende Lunation zeigt Modifikationen gegenüber der vorangehenden. So gleicht trotz des Ablaufes der gleichen Mondphasen kein Mondmonat dem anderen.

Sämtliche Mondphasen rücken bei ihrer Wiederkehr in das folgende Tierkreissternbild. Der Neumond schließt sich dabei von Monat zu Monat unmittelbar dem Gang der Sonne durch den Tierkreis an. Die Sommerneumonde fallen in die hohen, die Winterneumonde in die tiefen Tierkreisbilder. Der Vollmond zeigt jahreszeitlich das entgegengesetzte Bewegungsspiel, da seine Lage stets an das der Sonne gegenüberliegende Sternbild gebunden ist. Der Sommervollmond steht tief und horizontnah am nächtlichen Südhimmel. Von da an wird sein Tagbogen größer und übergreift nach der Herbst-Tagundnachtgleiche zunehmend den der Sonne. Der Weihnachtsvollmond erreicht die größte Kulminationshöhe, während die zugehörige Sonne ungefähr die Bahn des Sommervollmondes beschreibt. Mit wiederum höher steigender Sonne werden die Vollmondbögen kleiner, bis sie nach der Frühlings-Tagundnachtgleiche von den Sonnenbögen überragt werden. Der Hochsommer-Vollmond zieht etwa in der Höhe der Wintersonne über den Horizont, während die

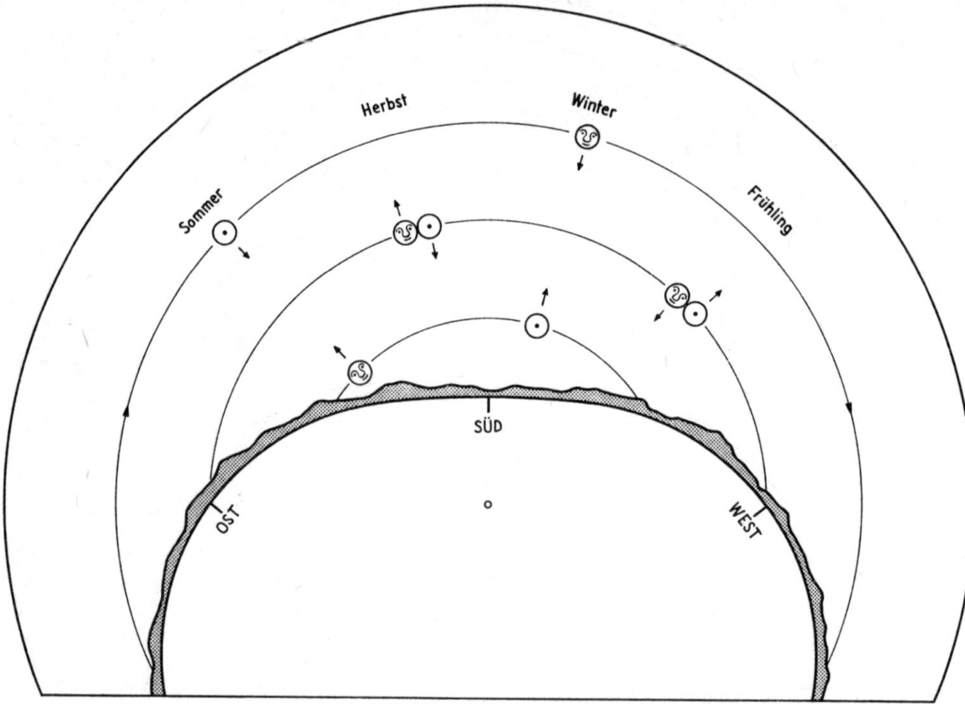

Fig. 45 Polares Weiten und Zusammenziehen der Sonnen- und Vollmondbögen im Jahreslauf.

Sonne dann ihren höchsten Tagbogen durchwandert, ähnlich dem des Wintervollmondes. So vollzieht sich ein ständiges polares Heben und Senken der Sonnen- und Vollmondbögen zwischen Sommer und Winter über dem Horizont (Fig. 45). Der zunehmende Halbmond erreicht seine Höchststellung im Tierkreis bei Frühlingsanfang, und das abnehmende Viertel bei Herbstbeginn. Fig. 46 zeigt für ein Jahr dieses wechselvolle Zusammenspiel der Phasen mit den hohen und tiefen Tierkreisstellungen.

Auf ein Sonnenjahr entfallen 13 siderische und 12 synodische Mondumläufe. Doch gehen die Mondrhythmen im Jahreslaufe nicht auf. Dadurch verschiebt sich der Mondlauf sowohl in bezug auf die Phasen wie auf die Tierkreisstellungen datenmäßig von Jahr zu Jahr.

Es sind 13 siderische Monate = $355^d\ 4^h\ 32^m$

12 synodische Monate = $354^d\ 8^h\ 48^m$

Die Zeit von 12 Lunationen oder synodischen Monaten ist ein *Mondjahr*. Es ist fast 11 Tage kürzer als das Sonnenjahr mit 365¼ Tagen. Ein Ausgleich entsteht hierbei

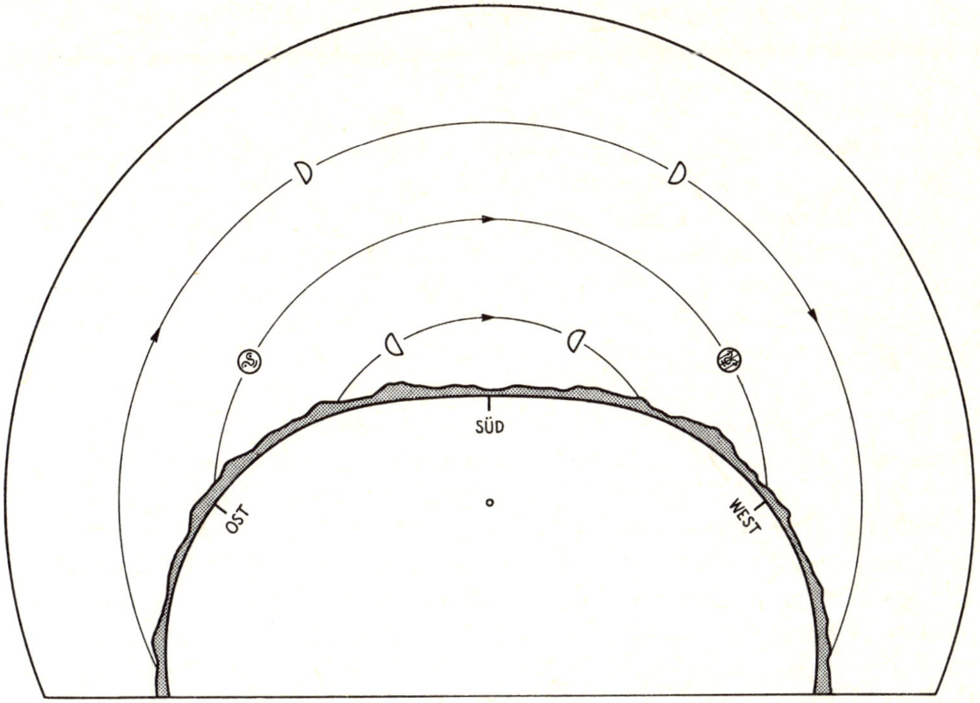

Fig. 46 Bewegungsbögen der verschiedenen Mondphasen im Frühling (etwas schematisiert).

erst wieder nach einer Periode von 33 Sonnenjahren. (Der mohammedanische Kalender, der sich noch heute streng nach dem Mondjahr richtet, verfrüht sich daher jährlich z. B. mit seinem Neujahrstag gegenüber den Jahreszeiten um 11 Tage.)

* Bereits der Athener Meton (um 450 v. Chr.) hat nach einem langperiodischen Ausgleich zwischen den beiden genannten Mondumlaufsperioden und dem Sonnenjahr gesucht. Die Ergebnisse seiner Rechnung können, anhand moderner Daten, in folgender Form zusammengefaßt werden:

235 synodische Mond-Umläufe = $6939{,}69^{d}$
254 siderische Mond-Umläufe = $6939{,}70^{d}$
19 Sonnenjahre = $6939{,}87^{d}$

Die beiden Mondperioden also, die bis auf einige Minuten zusammenfallen, weichen nur um etwa 4 Stunden von dem Sonnenrhythmus ab. Nach diesem *Metonischen Zyklus* steht der Mond am selben Tag in gleicher Phase z. B. wieder bei Aldebaran im Stier. Anders ausgedrückt: der Mond wandert 19 Jahre lang an anderen Tagen und in anderer Phase an den einzelnen Fixsternen des Tierkreises vorüber. Der Metonische Zyklus stellt sich als ein höherer gemeinsamer Rhythmus von synodischem und siderischem Mondumlauf sowie dem Sonnenjahresgange im Tierkreis dar[18].

Infolge der Wanderung des Frühlingspunktes entgegen dem Jahresgang der Sonne mußte für letztere zwischen siderischem und tropischem Umlauf unterschieden werden (vgl. Kap. IX). Dasselbe kommt für die Mondbewegung in Betracht. Der Lauf des Mondes durch den Zodiakus vom Frühlingspunkt bis wieder zu diesem oder von einer Höchst- bzw. Tiefststellung im Tierkreis bis wieder zu derselben wird der *tropische Monat* genannt. Er ist um rund 7^s kürzer als der siderische Monat. *

Bei seiner Wanderung durch den Tierkreis wendet der Mond der Erde immer dieselbe Seite zu, so daß im Fernrohr stets dieselbe Mondlandschaft (Krater, Berge usw.), wenn auch bei den verschiedenen Phasen in unterschiedlicher Beleuchtung, zu sehen ist. Der Mond hat demnach eine mit der Erde «verbundene», einmonatliche Rotation gegenüber dem Fixsternhimmel um seine eigene Achse. Indem er bei seiner Monatsdrehung um die Erde die gleiche Hinorientierung zu ihr beibehält, zeigt er seine Abhängigkeit vom Planeten Erde.

Eine doppelte pendelnde Schwankung des Mondenkörpers, die *Libration* in Länge und Breite, führen dazu, daß etwa $^1/_7$ mehr als die Hälfte der Mondoberfläche für die Beobachtung sichtbar wird.

XI

Der Mond als Zeitenspiegel

* Aus dem vorangehenden Kapitel wurde ersichtlich, wie jede Tages- und Jahreszeit in vielgestaltigem Wandel ihre individuelle Mondphase und -stellung hat. Es können nun auch umgekehrt aus einer beobachteten Mondsituation die momentanen kosmischen Verhältnisse abgeleitet werden. Es soll dies an zwei Beispielen erläutert werden.

Der Mond stehe als flache schmale Sichel über dem Ostpunkt des Horizontes (Fig. 47). Die Fragen seien: Welche Tageszeit und Jahreszeit herrschen? Wieviel Uhr Sternzeit ist es? Ist Sirius zu sehen?

Die zarte Mondsichel am Morgenhimmel steht nicht weit von der Sonne. Es muß morgens *kurz vor Sonnenaufgang* sein. Gehen die beiden Gestirne in der Ostrichtung

[18] In der kalendarischen Berechnung des Osterfestes wird dieser 19jährige Mondzirkel benutzt, weil nach ihm auch der Ostervollmond wiederum auf dasselbe Datum fällt. Die «Goldene Zahl» gibt die Stellung des jeweiligen Jahres in diesem Zyklus an.

Fig. 47

auf, so befinden sie sich entweder im Sternbild der Fische oder dem der Jungfrau. Wie kann jedoch dies entschieden werden?

Dem aufmerksamen Beobachter wird nicht entgehen, daß jede der zwölf Sicheln eines Jahres am Morgenhimmel nicht nur an verschiedenen Horizontorten steht, sondern auch wechselnde Winkel zum Horizont bildet. Die Lage der Sichel spiegelt jeweils die Neigung der Ekliptik, wobei Frühjahr und Herbst die extremen Stellungen aufweisen (Fig. 48, 49, 50, 51). In Fig. 47 liegt also die *Herbstsituation mit der Jungfrau* vor.

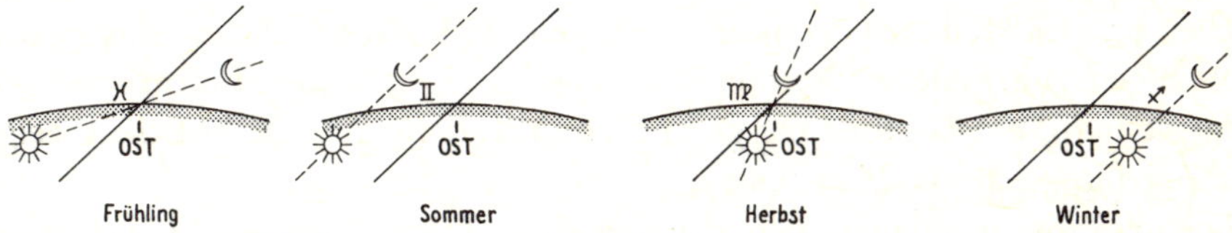

Fig. 48—51 Lage der Mondsichel und der Ekliptik (- - - - -) zum Himmelsäquator (———) über dem Osthorizont zu den verschiedenen Jahreszeiten.

Auch die zwölf Sicheln am Abendhimmel zeigen die angeführten Differenzierungen. Jedoch sind hier die Verhältnisse bei Fische und Jungfrau genau umgekehrt, wie dies aus einer entsprechenden Handskizze sofort zu entnehmen ist.

Geht im Osten die Jungfrau auf, so sinken im Westen die Fische mit dem Frühlingspunkt unter den Horizont. Kulminiert der Frühlingspunkt im Süden, ist 0^h Sternzeit; 6 Stunden später geht er im Westen unter. Es ist also *6^h Sternzeit.*

Zu dieser Stunde wölbt sich steil der obere Tierkreisbogen über den Horizont. Die Sternbilder Stier und Zwillinge stehen hoch im Süden. Unter ihnen liegen die Sternbilder des Orion, des Kleinen und des Großen Hundes. *Sirius,* der Hauptstern des letzteren funkelt also vom *Südhimmel.* Des weiteren läßt sich daraus die Lage sämtlicher anderer Sternbilder bestimmen.

Beim zweiten Beispiel stehe der Mond als Letztes Viertel im Aufgang im Südosten (Fig. 52). Die Fragen sind: Welche Tages- und Jahreszeit herrschen? In welchem Sternbild steht der Mond? Ist Regulus über dem Horizont? Wieviel Uhr Sternzeit ist es?

Im Südosten haben die Sternbilder Schütze und Skorpion ihren Aufgangsort. Die Sonne steht im Tierkreis 90° weiter als das Letzte Viertel. Erhebt sich der Schütze im Südosten über den Horizont, so sind die Fische gegen Nordosten unter dem

Horizont. Dort befindet sich aber auch die Sonne. Demzufolge ist es etwa 3 Stunden nach Mitternacht, Anfang April. Da sich der Frühlingspunkt zwischen seiner unteren Kulmination und einer Stellung 3 Stunden später befindet, ist die Sternzeit etwa 15^h.

Wenn der Schütze im Aufgang ist, gehen im Nordwesten die Zwillinge unter. In oberer Kulmination ist dann die Jungfrau. Östlich von ihnen neigt sich der Löwe mit Regulus gegen Südwesten (Fig. 53).

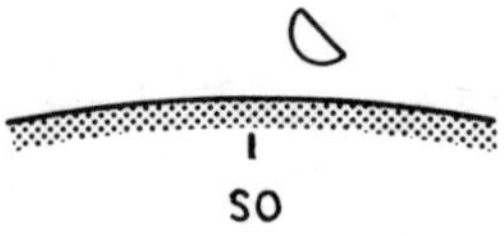

Fig. 52

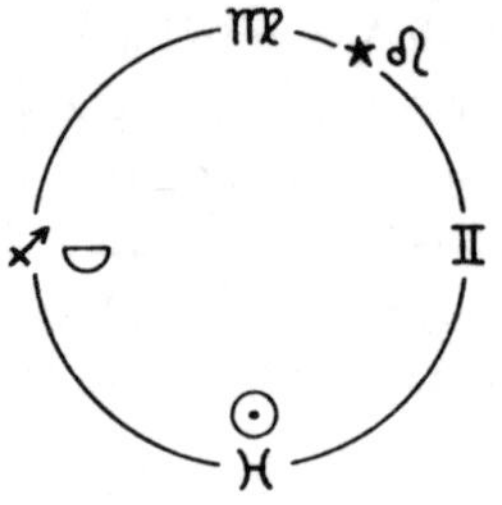

Fig. 53

Es kann hier die Frage angeschlossen werden, wo das zugehörige Erste Viertel sowie der Voll- und Neumond ungefähr aufgehen würden?

Das zugehörige Erste Viertel ist im Tierkreis 90° weiter wie die Sonne, steht also in den Zwillingen und geht mit ihnen im Nordosten auf. Der Vollmond ist dem Tagesgestirn gegenüber in der Jungfrau; er wird im Osten aufgehen. Ebenso der Neumond mit der Sonne zusammen in den Fischen. Dies ist die Situation im Frühjahr.

Im Herbst gehen Voll- und Neumond ebenfalls im Osten auf, jedoch sind Erstes und Letztes Viertel gegenüber dem Frühling vertauscht. Im Winter erheben sich die beiden Viertel im Osten über den Horizont, während der Vollmond im Nordosten — im Tierkreis gegenüber der Wintersonne — und der Neumond mit der Sonne im Südosten aufgeht. Für den Sommer sind die Viertel gleich, aber Voll- und Neumond sind wiederum vertauscht (Fig. 54, 55, 56, 57).

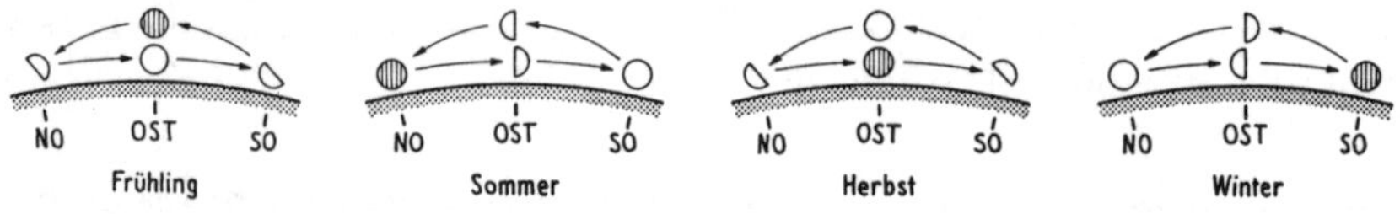

Fig. 54—57 Aufgangsorte von Vollmond, Neumond, erstem und letztem Viertel in den verschiedenen Jahreszeiten.

Aus diesen Betrachtungen ergibt sich ein erweitertes Verständnis für den im Beginn des vorigen Kapitels angeführten ägyptischen Mythos, nachdem der Gott Thot als Beherrscher der Zeitordnung seinen Sitz auf dem Mond hatte. *

XII

Die Mondknoten
Erdnähe und Erdferne des Mondes

Würde der Mond genau dieselbe Bahn wie die Sonne durch den Tierkreis wandern, so müßte er sich bei jedem Neumond verdunkelnd vor das Tagesgestirn schieben. Dies ist nicht der Fall. Wie genauere Beobachtung zeigt, befindet sich der Mond bei seinem Umlauf teils nördlich, teils südlich der Ekliptik. Die Mondbahn hat eine Neigung von 5° gegenüber der Sonnenbahn (Tafel II). In der Projektion auf den Fixsternhimmel überschneiden sich daher die Bahnen von Sonne und Mond an zwei im Tierkreis gegenüberliegenden Stellen, den *Mondknoten.* Während jedes siderischen Umlaufes überschreitet der Mond einmal die Ekliptik in süd-nördlicher Richtung beim aufsteigenden Mondknoten (☊) und 14 Tage später umgekehrt beim absteigenden Mondknoten (☋). Dazwischen läuft er abwechselnd 14 Tage lang in nördlicher bzw. in südlicher Breite, wobei der maximale Abstand von der Ekliptik eben 5° beträgt.

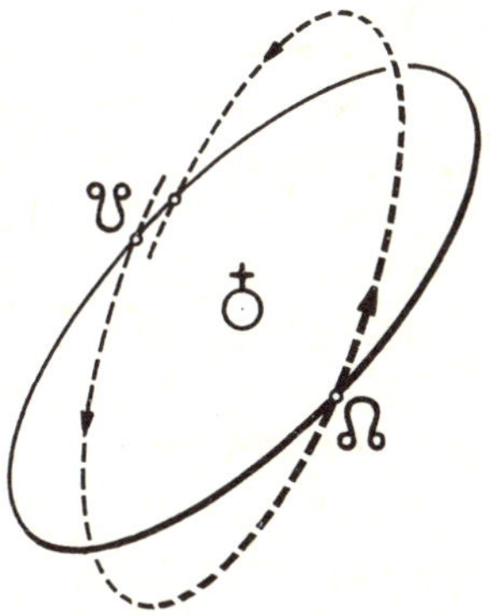

Fig. 58 Ekiptik(———) und Mondbahn(– – – –).
Die Pfeile bezeichnen die Richtung, in welcher der Mond seine Bahn durchläuft.

Die Mondknoten behalten jedoch ihre Lage nicht bei, sondern verschieben sich kontinuierlich in ost-westlicher Richtung, d. h. entgegen den Tierkreisbildern, und zwar in einem Monat um 1½°. Der Umlauf des Mondes von aufsteigendem zu aufsteigendem Knoten, oder von einer anderen diesbezüglichen Stellung zu derselben zurück, muß daher kürzer sein als der siderische Monat: der *draconische Umlauf* beträgt $27^d\ 5^h\ 5^m\ 36^s$. In einem Jahre rücken die Mondknoten um rund 19°, d. i. etwa um zwei Drittel eines Sternbildes weiter. Ein ganzer Umlauf durch den Tierkreis wird in 18,6 Jahren (oder 18 Jahren 7 Monaten 9 Tagen) vollendet. Auch die anderen Punkte der Mondbahn, z. B. die Orte größter seitlicher Abweichung von der Ekliptik, nehmen an dieser Bewegung teil. So ergibt sich die auf Tafel II festgehaltene 18jährige Lageänderung. Die einzelnen Lagen gehen allmählich ineinander über. Die monatliche Mondbahn durch den Tierkreis ist keine in sich zurücklaufende Linie, sondern eine offene Kurve, wobei sich wie bei einer Wicklung eine Lage neben die andere legt (Fig. 58).

Die vier ausgeprägtesten Stellungen der Mondbahn gegenüber der Ekliptik treten ein, wenn die Mondknoten mit den Äquinoktialpunkten oder den Sonnwendpunkten zusammenfallen (Fig. 59—62). Dabei erhebt sich die Mondbahn einmal über den nördlichsten und senkt sich unter den südlichsten Punkt der Ekliptik um 5°. In solchen Jahren, z. B. 1932, 1950 und 1969 kulminieren die Sommervollmonde besonders tief und die Wintervollmonde besonders hoch. Jeweils 9 Jahre später sind die Extreme am meisten ausgeglichen. Der Wintervollmond wird dann um 10° tiefer, d. h. 5° südlich der Ekliptik seinen Höchststand erreichen und der Sommervollmond entsprechend um 10° höher, d. h. 5° nördlich der Ekliptik (Fig. 61). Dies ist in den Jahren 1940, 1959 und 1978 der Fall.

Das Himmelsfeld, welches die Sonne bei ihrem Jahresgange überdeckt, bleibt jahraus, jahrein gleich groß; es umfaßt eine Zone von $2 \times 23\frac{1}{2}° = 47°$. Dasjenige des Mondes hingegen ist in dauernder Veränderung begriffen. Fällt der aufsteigende Knoten mit dem Frühlingspunkt zusammen, so übergreift das Mondenfeld das der Sonne um 5° nach Norden und Süden; es umspannt 57°. Ist der aufsteigende Knoten im Herbstpunkt, dann liegt das Mondfeld innerhalb dem der Sonne; Nord- und Südgrenze sind jeweils 5° «innerhalb» der Ekliptik, so daß es nur 37° umfaßt (Fig. 63). Dieses Ausdehnen und Zusammenziehen, dieses «Atmen» vollzieht sich in dem oben angegebenen Rhythmus von 18 Jahren und 7 Monaten.

Beim Verfolgen der 18jährigen Verschiebung der Mondbahn im Bezirke eines Sternbildes wird das «atmende» Aufsteigen und Absinken gegenüber der Ekliptik besonders deutlich. Im Sternbild des Stieres z. B. wird der Mond im Jahre 1987 gerade über die Plejaden hinweg zu dem hellen Stern «an der nördlichen Hornspitze» wandern, 1978 dagegen berührt er den Aldebaran (Fig. 64). Das Heben und Senken führt kontinuierlich durch verschiedene Schräglagen hindurch, so daß sich insgesamt eine scherende Auf- und Abwärtsbewegung ergibt.

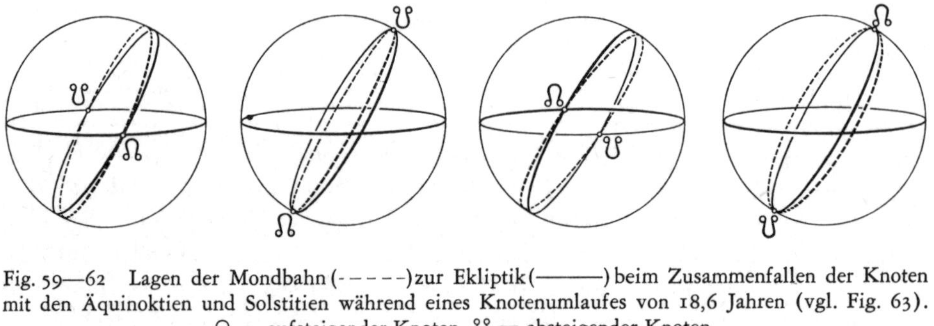

Fig. 59—62 Lagen der Mondbahn (- - - - -) zur Ekliptik (———) beim Zusammenfallen der Knoten mit den Äquinoktien und Solstitien während eines Knotenumlaufes von 18,6 Jahren (vgl. Fig. 63). ☊ = aufsteigender Knoten, ☋ = absteigender Knoten.

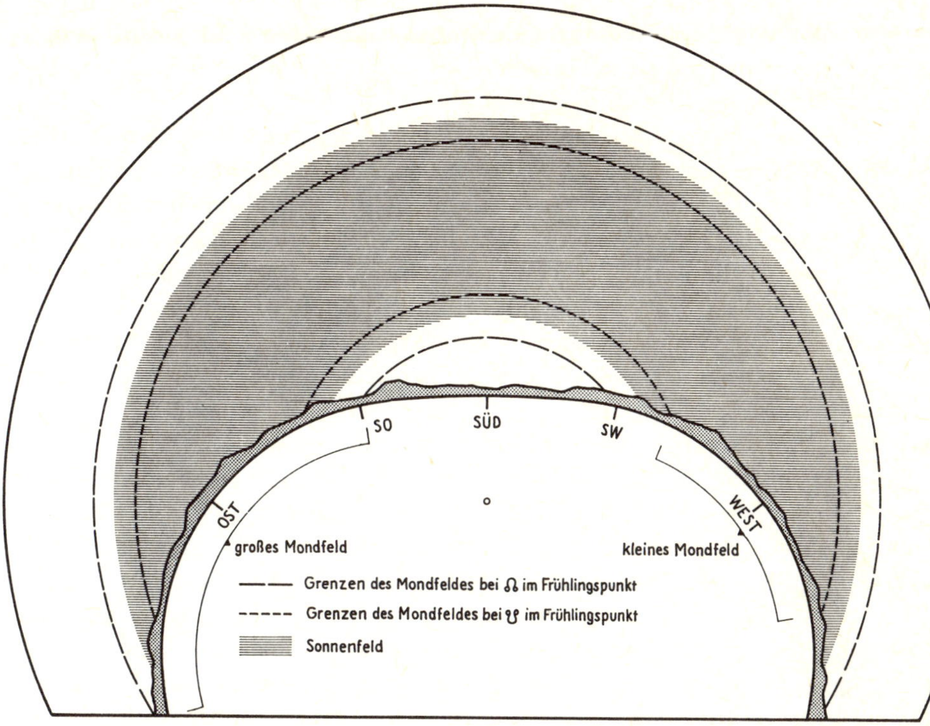

Fig. 63 Größtes und kleinstes Mondfeld bei den Knotenlagen entsprechend Fig. 58/59 und 61. Das Sonnenfeld bleibt konstant.

Ein Überblick über die möglichen Lagen der Mondbahn zu einer bestimmten Stelle der Ekliptik zeigt auch, wie verschieden bei einer Neumondstellung die Konjunktion zwischen Sonne und Mond verlaufen kann. Der Mond vermag dabei in einem Abstand bis zu 5° oberhalb (nördlich) oder unterhalb (südlich) an der Sonne vorbeizuziehen. Liegt dagegen ein Mondknoten bei der Konjunktionsstelle, so tritt der Neumond unmittelbar vor die Sonnenscheibe und es entsteht dann eine Sonnenfinsternis.

Das Pendeln der Mondbahn wird für sehr genaue Beobachtungen noch an einer anderen Stelle des Sternengewölbes sichtbar: Der Himmelspol vollzieht bei seinem kaum merklichen Fortschreiten im Platonischen Weltenjahr ein 18jähriges kleines «Nicken», d. h. sein Weiterrücken erfolgt in einer Wellenlinie. Die Amplitude dieser Wellen beträgt 18 Bogensekunden und ist stets auf den Ekliptikpol gerichtet. Von diesem aus gesehen beträgt die Wellenlänge 6 Bogenminuten, d. i. ungefähr ein Fünftel des Monddurchmessers. Die Zeitspanne von 18,6 Jahren wird daher auch *Nutationsperiode* genannt. Umgekehrt erscheint für den Anblick von der Erde die gesamte Himmelssphäre diese Schwingung auszuführen.

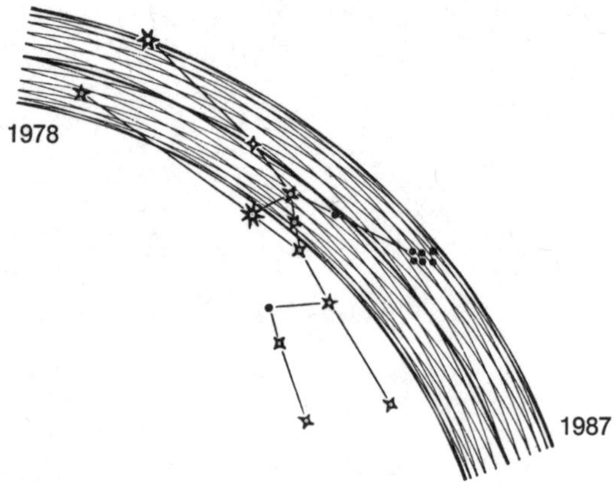

Fig. 64 18,6jähriger Wechsel der Mondbahn-Lage im Stier. ——— = Ekliptik.

Dem intensiven Beobachter wird ein weiteres rhythmisches Mondgeschehen nicht entgehen. Ähnlich, wie es bei der jährlichen Bewegung der Sonne für die Ekliptik der Fall ist, durchläuft der Mond seine Bahn nicht mit gleichbleibender Geschwindigkeit. Sie schwankt zwischen 11¼° und 15¼° pro Tag während eines Umlaufes. Gleichzeitig wechselt die visuelle Größe der Mondscheibe, die im Mittel zirka ½° beträgt, um fast $^1/_7$ ihres Durchmessers, d. h. im Verhältnis von 29:34. Dieser Unterschied wird besonders deutlich sichtbar, wenn ein Vollmond mit den Extremen zusammenfällt. Beide Phänomene, das der Geschwindigkeits- und das der Größenschwankung, weisen auf einen Wechsel zwischen erdnahen und erdfernen Mondstellungen hin.

Die Orte von Erdnähe (Perigäum) und Erdferne (Apogäum), oder die Apsidenpunkte der Mondbahn, verbleiben ebenfalls nicht in derselben Tierkreisrichtung. Sie verschieben sich im Sinne des Tierkreises um gut 40° pro Jahr, bzw. um durchschnittlich 3° pro Mondumlauf (Fig. 65). Der Umgang des Mondes von einer Erdnähe zur nächsten wird daher länger sein als ein siderischer Monat; der *anomalistische Umlauf* beträgt $27^d\ 13^h\ 18^m\ 33^s$. Die Verschiebung in einem Jahre setzt sich nicht aus gleichmäßigen Monatsschritten zusammen, sondern ist das Ergebnis eines recht komplizierten Vor- und Rückwärtspendelns der Apsidenpunkte, bei dem aber das Weiterschreiten im Sinne der Tierkreisbilder überwiegt. Ein ganzer Umgang von Perigäum und Apogäum durch den Zodiakus vollzieht sich in annähernd 9 Jahren (genauer 8,85 Jahren). Auf Tafel III sind die sich hieraus ergebenden Lagen der Mondbahn für einen Umlauf in größeren Intervallen dargestellt.

Wird die Stellung des Mondes am Fixsternhimmel gleichzeitig von zwei weit voneinander entfernten Orten auf der Erde mit dem Fernrohr genau gemessen, wie es z. B. von Europa und Kapstadt aus durchgeführt wurde, so erscheint der Ort des

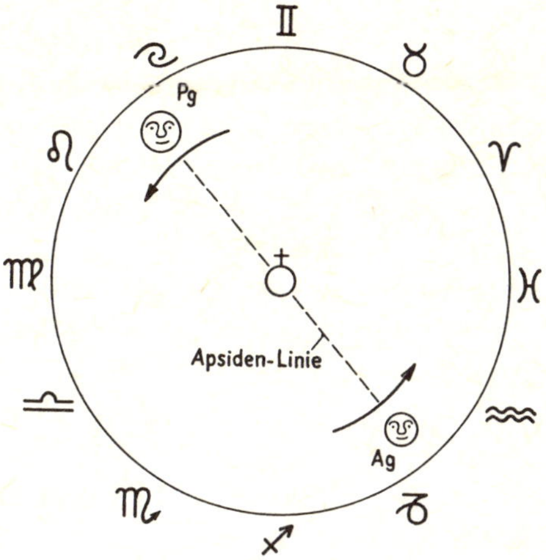

Fig. 65 Wanderung der Apsiden-Linie des Mondes mit Perigäum (Pg) und Apogäum (Ag) im Tierkreis.

Mondes infolge der verschiedenen Visierrichtungen am Himmel etwas verschoben. Die beobachtete Differenz beträgt dabei etwas mehr als 1 Grad. Diese Bestimmung kann dann als Grundlage für eine Berechnung der räumlichen Entfernungen des Mondes von der Erde dienen. Bei mittlerer Entfernung ist der Mond 30 Erddurchmesser weit weg. In Kilometern ausgedrückt beträgt die mittlere Entfernung des Mondes von der Erde 384 400 km; der größtmögliche Abstand ist 407 000 km, der kleinstmögliche 356 000 km.

Die Größe des Mondkörpers wird durch den Vergleich anschaulich, daß der Entfernung von einem Pol des Mondes zum anderen auf der Erde die Strecke vom Nordkap bis nach Süditalien entsprechen würde.

Zusammenfassend ist festzuhalten, daß die Verschiebungen der betrachteten Mondrhythmen im Tierkreis zum Teil in entgegengesetzter Richtung verlaufen:

1. tägliche Mondbewegung	ost-westlich
2. synodischer Umlauf	west-östlich, rechtläufig
3. siderischer Umlauf	west-östlich, rechtläufig
4. Umlauf der Mondknoten	ost-westlich, rückläufig
5. Umlauf der Apsidenpunkte	
im ganzen	west-östlich, rechtläufig
im einzelnen	pendelnd, abwechselnd rechtläufig und rückläufig

Zu diesen wichtigsten Gruppen von Mondrhythmen kommen zahlreiche feinere Schwankungen und Veränderungen, welche die genaue Berechnung der Mondorte und der Mondbahn im einzelnen äußerst erschweren. So wirkt z. B. jede Konjunktion oder Opposition des Mondes mit einem Planeten im feinsten beschleunigend oder verzögernd auf die Mondbahn zurück und greift verändernd in die Bahnelemente ein. Umgekehrt betrachtet kann theoretisch aus einem äußerst exakt vermessenen kleinen Ausschnitt der Mondbahn die Stellung sämtlicher Planeten abgeleitet werden.

In diesem Zusammenhang ist zu beachten, daß alle Zeitangaben für die Länge der verschiedenen Rhythmen Durchschnittswerte sind. Ein einzelner synodischer Monat kann z. B. vom mittleren um ± 6—7 Stunden abweichen. Die Länge dieses Monats berechneten schon Hipparch und Ptolemäus auf drei Dezimalen genau.

Insgesamt lassen sich in der Himmelsmechanik mehrere hundert solcher als Störungen bezeichneter periodischer kleiner Schwankungen unterscheiden. So hat die Erfassung der Mondbahn den Astronomen seit alters her die größten Schwierigkeiten bereitet. Die Mondtheorien mußten immer wieder erweitert und korrigiert werden, nicht zuletzt durch die zunehmende Beobachtungsgenauigkeit. Eine umfassende mathematische Beschreibung der Mondbahn stammt von dem französischen Astronomen Charles Eugène Delaunay. In dem ersten Bande seines Werkes «Théorie du mouvement de la lune» (Paris 1860) hat er neben anderen Riesenformeln seine sogenannte Störungsfunktion des Mondes veröffentlicht. Sie umfaßt 138 Seiten Quartformat. Im zweiten Band (1867) stehen die Formeln für die Berechnung der Mondlänge (173 Seiten), der Mondbreite (155 Seiten) und des reziproken Wertes des Radiusvektors Erde—Mond (16 Seiten). Zusammengenommen sind das 482 Seiten Quartformat! Trotzdem ist die volle Bewegung des Mondes damit nicht erfaßt, da sich immer noch neue Abweichungen ergeben.

Der Mond, dessen Oberfläche wie eine tote, erstarrte Schlacke erscheint, ist der beweglichste, in den vielfältigsten Rhythmen sich bewegende Wandler, der sich letztlich dem rationellen, zahlenmäßigen und berechnenden Erfassen dauernd entzieht.

S. 87: Die beiden letzten Sätze des ersten Absatzes müssen heißen:

Erfolgt die Bedeckung innerhalb eines Knotenabstandes von 9°, so berührt die Schattenachse die Erde, und die Finsternis ist total oder ringförmig. Darüber hinaus – bis zu einem Abstand von 15° – ist sie partiell.

XIII

Die Sonnen- und Mondfinsternisse

Sonnenfinsternisse und Mondfinsternisse entstehen aus den gegenseitigen Bewegungen und Stellungen von Erde, Mond und Sonne. Zu einer *Sonnenfinsternis* kommt es, wenn ein Neumond bei einem der beiden Mondknoten eintritt. Nur in der Umgebung der Schnittpunkte von Mondbahn und Sonnenbahn vollzieht sich die Konjunktion von Sonne und Mond so, daß beim Vorübergang der Mond die Sonnenscheibe ganz oder teilweise verdecken und damit verfinstern kann. Erfolgt die Bedeckung unmittelbar beim Knoten, so wird die Sonnenfinsternis zentral, entweder total oder ringförmig. Bei weiterem Knotenabstand bis zu 6 Grad entsteht nur eine teilweise (partielle) Finsternis.

Die visuelle Größe der Mond- und Sonnenscheibe ist fast die gleiche (½ Grad); sie schwankt aber mit den erdnahen und erdfernen Stellungen beider Himmelskörper. Die Variabilität dieser Verhältnisse bewirkt im Falle erdnaher Mondstellung den Eintritt einer totalen Sonnenfinsternis, bei erdferner Mondstellung den einer ringförmigen Sonnenfinsternis. Bei letzterer hat der Mond einen kleineren Durchmesser als die Sonne und läßt dadurch einen schmalen Lichtring des Tagesgestirnes unbedeckt.

Die *Mondfinsternisse,* welche in vieler Hinsicht polare Verhältnisse zu den Sonnenfinsternissen zeigen, sind an die Oppositionsstellung von Sonne und Mond, an den Vollmond gebunden. Fällt dieser in die Nachbarschaft eines Knotens, so wird für den Mond das Sonnenlicht durch die dazwischentretende Erde ganz oder teilweise abgeschirmt; der Mond kommt in den Bereich des Erdschattens. Taucht er vollständig in ihm unter, ergibt sich eine totale, streift er ihn nur, entsteht eine partielle Mondfinsternis. — Der Erdschatten hat in der Entfernung des Mondes einen Durchmesser von 82 ± 8 Bogenminuten; das ist knapp dreimal so viel wie der Durchmesser des Mondes. Die Schwankung liegt in den früher besprochenen wechselnden Entfernungen Sonne—Erde und Erde—Mond begründet.

Jede totale Mondfinsternis beginnt mit dem Eintritt des östlichen Mondrandes in das Schattengebiet. Die zuerst partielle Verfinsterung nimmt etwa 1 Stunde lang zu und geht in die totale Finsternis über, welche, je nach den Bedingungen, bis zu 1⅔ Stunden andauert. Dann klingt die Finsternis partiell ab und endet mit dem Austritt des westlichen Mondrandes aus der Dunkelheitszone. Die Gesamtdauer einer Mondfinsternis beträgt demnach maximal 4—5 Stunden. Der Ablauf der Erscheinungen wiederholt dabei in Kürze und in verzerrter Form alle Gestalten der Mondphasen, jedoch in rückläufiger Reihenfolge (Fig. 66). Die verdunkelte Mondscheibe wird auch während der Totalität nicht völlig unsichtbar, sondern zeigt im Zentralgebiet des Erdschattens rötlich-bräunliche Tönungen und in seinen Randgebieten düster-bläuliche Farben. — Die aufeinanderfolgenden Phasen einer Mondfinsternis sind gleichzeitig und in derselben Art überall auf der Erde zu beobachten, wo der

Mond sich gerade über dem Horizont befindet, das heißt im Gebiet einer ganzen Erdhälfte.

Demgegenüber ist die Sichtbarkeit bei den *Sonnenfinsternissen* auf kleinere Teile der Erdoberfläche beschränkt. Insbesondere ist die Totalität gleichzeitig nur in einem Bereiche von 100 bis maximal 260 km Durchmesser sichtbar; nämlich da, wo der schmale, gegen die Erde spitz auslaufende Kegel des Kernschattens des Mondes die Erdoberfläche berührt (Fig. 67). Im weiteren Umkreis von mehreren tausend Kilometern erscheint die Sonne in verschiedenem Grade partiell verfinstert. Westlich der Zentralstelle bleibt der westliche Sonnenrand unbedeckt, nach Norden der nördliche Rand finsternisfrei usw. Das ganze Schattengebiet zieht mit einer Geschwindigkeit von zirka 50 km pro Minute in west-östlicher Richtung über die Kontinente und Meere und zeichnet über sie eine Schattenspur, die bis ⅓ des Erdumfanges über-

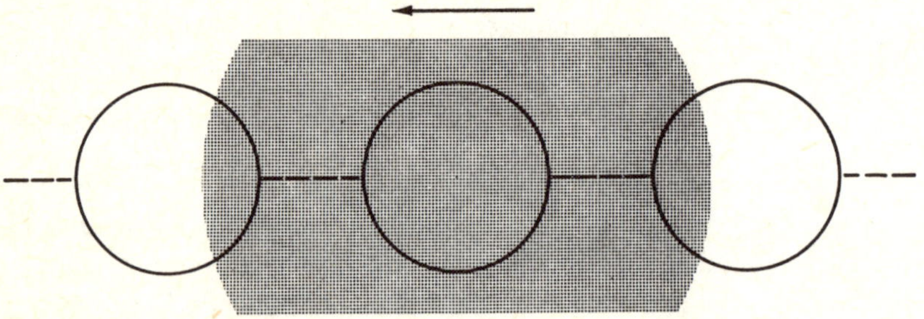

Fig. 66 Durchgang des Mondes durch den Kernschatten der Erde bei einer Mondfinsternis. Der Pfeil gibt die Bewegungsrichtung des Mondes an.

streichen kann. Für einen Beobachtungsort, über welchen die Zentralitätszone hinweggeht, dauert die Totalität daher nur wenige Minuten. Drei bis vier sind schon sehr günstig; ganz selten können es 7—8 Minuten sein.

Das Wandern des Schattenkegels von West nach Ost ist vor allem durch die siderische Bewegung des Mondes bestimmt, welcher bei der Konjunktion vor der Sonne von rechts (westlich) nach links (östlich) vorbeizieht. Außerdem wirkt die Erddrehung modifizierend im Sinne einer Verzögerung herein.

Diesen Verhältnissen entsprechend erfolgt der Beginn und das Anwachsen der Verfinsterung vom westlichen Sonnenrand her und nimmt nach dem Durchgang durch die Totalität nach dem östlichen Sonnenrand wieder ab. Die Gestalt der aufeinanderfolgenden Finsternisphasen zeigt damit gegenüber den Mondfinsternissen eine umgekehrte Bilderfolge (Fig. 68). Die Sichtbarkeitsdauer einer Sonnenfinsternis in allen Phasen beträgt an einem Punkte der Erde bis zu 3—4 Stunden. Der Totalitätsverlauf über die Erdoberfläche währt durchschnittlich 2—6 Stunden.

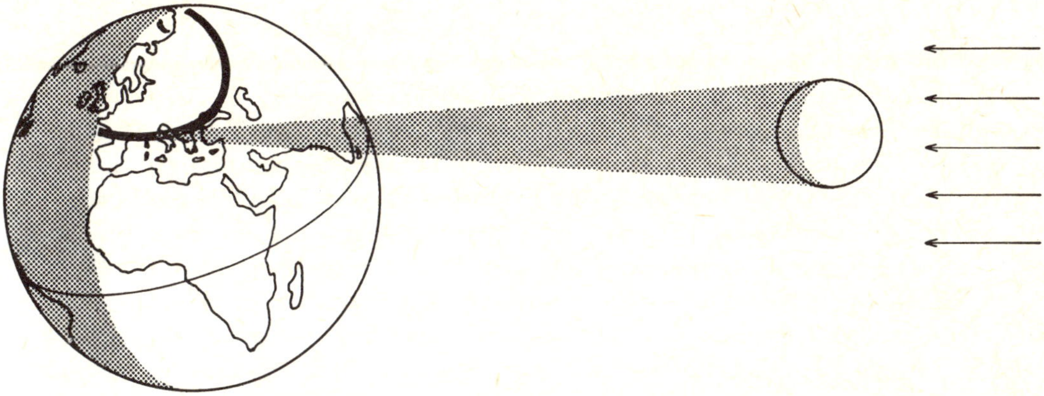

Fig. 67 Spitze des Mondschattenkegels auf der Erde und seine Bahn (▬▬) während der Sonnenfinsternis vom 15. Februar 1961.

In ihrem vollständigen Ablauf wiederholt eine totale Sonnenfinsternis zusammengedrängt und gleichsam polar die Erscheinungen eines ganzen Tageslaufes. Indem sich der Kernschatten des Mondes seitlich der Erde nähert, findet der erste Finsterniskontakt stets an einem Punkte der Erde statt, an dem in diesem Momente die Sonne gerade aufgeht. Beim Hinwandern über die Erdoberfläche kommt der Schatten dann kontinuierlich zu Orten, wo andere Tageszeiten herrschen. Die Mitte und Kulmination der Finsternis tritt an einer Stelle ein, an der gerade Mittag ist, und das Ende erfolgt in einer anderen Gegend bei Sonnenuntergang. Der vollständige Gang einer Sonnenfinsternis vollzieht sich also wie ein räumlich ausgebreiteter «Finsternistag», dessen Erscheinungen sich west-östlich über die Erde hinziehen.

In jedem Jahre gibt es zwei *Finsterniszeiten,* die im Abstand von sechs Monaten eintreten, wenn die Sonne in der Ekliptik einen der beiden Mondknoten überschreitet. Jedesmal kommt es dabei zu einer Sonnenfinsternis, so daß jährlich zwei solcher Finsternisse, eine beim aufsteigenden und eine beim absteigenden Mondknoten,

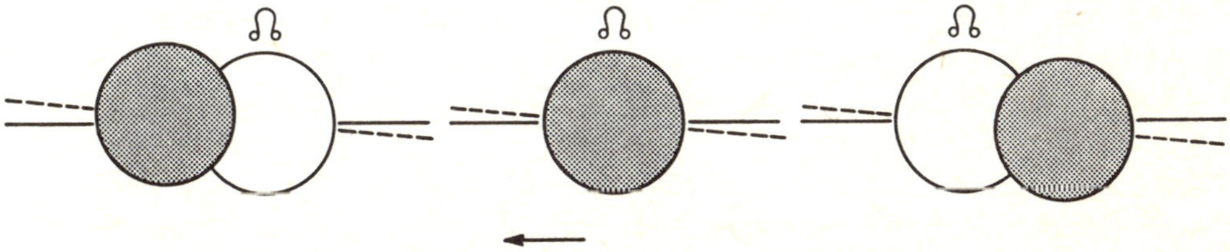

Fig. 68 Vorübergang des Mondes vor der Sonne bei einer totalen Sonnenfinsternis. Der Pfeil gibt die Bewegungsrichtung des Mondes über die Sonnenscheibe an.
---- = Sonnenbahn; —— = Mondbahn.

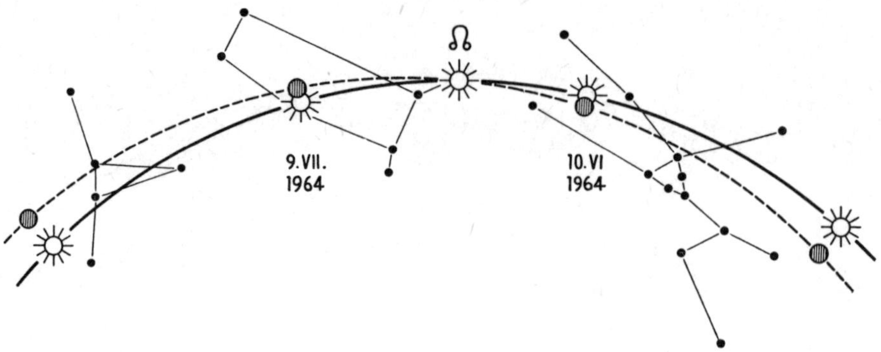

Fig. 69 Situationen bei zwei, sich in vierwöchigem Abstand folgenden, partiellen Sonnenfinsternissen. Durchmesser von Sonne und Mond etwas vergrößert.

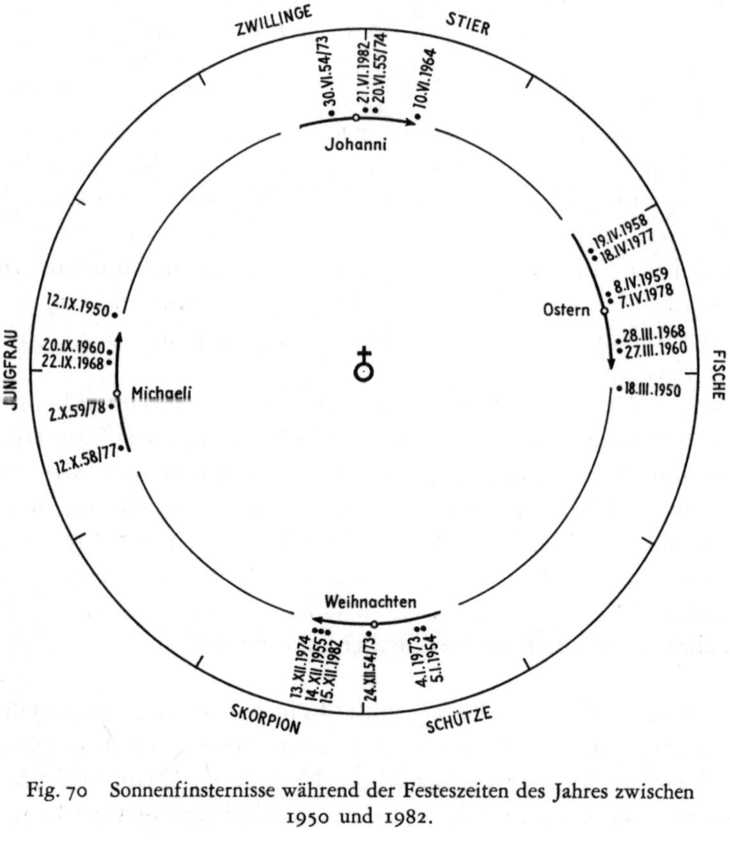

Fig. 70 Sonnenfinsternisse während der Festeszeiten des Jahres zwischen 1950 und 1982.

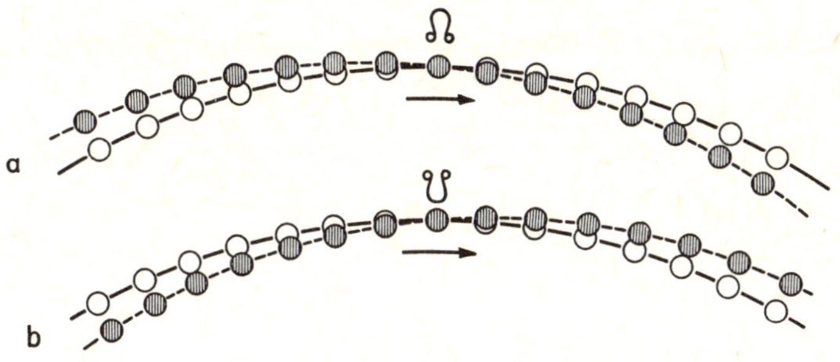

Fig. 71 a und b Wanderung der Finsternisse durch die Knotenbereiche. Die Pfeile geben die Richtungen an. Durchmesser von Sonne und Mond etwas vergrößert, daher Bedeckung bis weiter östlich und westlich vom Knoten, wie am Himmel.

stattfinden. (Siehe Tabelle der Finsternisse 1951—1970 auf Seite 204.) In manchen Jahren erhöht sich die Zahl der Sonnenfinsternisse auf drei, so z. B. 1964 und 1971, wo in einer Finsterniszeit innerhalb von vier Wochen zwei aufeinanderfolgende Neumonde zu Finsternissen führen. In solchen Fällen sind, wie sich aus Fig. 69 ergibt, beide Sonnenfinsternisse partiell und von kurzer Dauer, denn die Begegnungsstellen von Sonne und Mond liegen zu beiden Seiten vom Mondknoten weit entfernt. — In recht seltenen Ausnahmefällen können die zuletzt beschriebenen Verhältnisse in beiden Finsterniszeiten, d. h. an beiden Knoten eintreten. Dann ereignen sich im Laufe eines Jahres vier Sonnenfinsternisse. Dies war 1917 der Fall und wird 1964, 1982 und im Jahre 2000 wiederum auftreten.

In die gleichen Finsterniszeiten des Jahres fallen auch die Mondfinsternisse. Doch sind sie wesentlich seltener. Es wechseln Jahre mit zwei, mit einer und mit gar keiner Mondfinsternis. Im laufenden Jahrzehnt bleiben die Jahre 1962, 1966 und 1969 ohne Mondfinsternisse.

Mit dem 18jährigen Umlauf der Mondknoten verschieben sich auch die jährlichen Finsterniszeiten. Sie treten von Jahr zu Jahr um 10 bis 11 Tage früher ein und rücken so allmählich rückläufig durch die Jahreszeiten hindurch. Alle 9 bis 10 Jahre (selten 8 bzw. 11 Jahre) fallen die Sonnenfinsternisse in die Hochsommer- und Tiefwinterzeit und jeweils 4 bis 5 Jahre später in die Zeit der Tagundnachtgleiche (Fig. 70). Die sich so von Jahr zu Jahr folgenden Finsternisse zeigen konstellationsmäßig keinen Zusammenhang. Nach 18 Jahren ist dieser Kreislauf vollendet und danach kehren alle Finsterisse in zyklischer Folge wieder.

Die eigentliche *Finsternisperiode* umfaßt einen Zeitraum von 18 Jahren 10 Tagen und 8 Stunden; sie war schon im Altertum den Chinesen und Chaldäern bekannt und wird als *Sarosperiode* bezeichnet. Nach ihrem Ablauf treffen Sonne, Mond und derselbe Mondknoten wieder in nahezu gleicher gegenseitiger Lage zusammen.

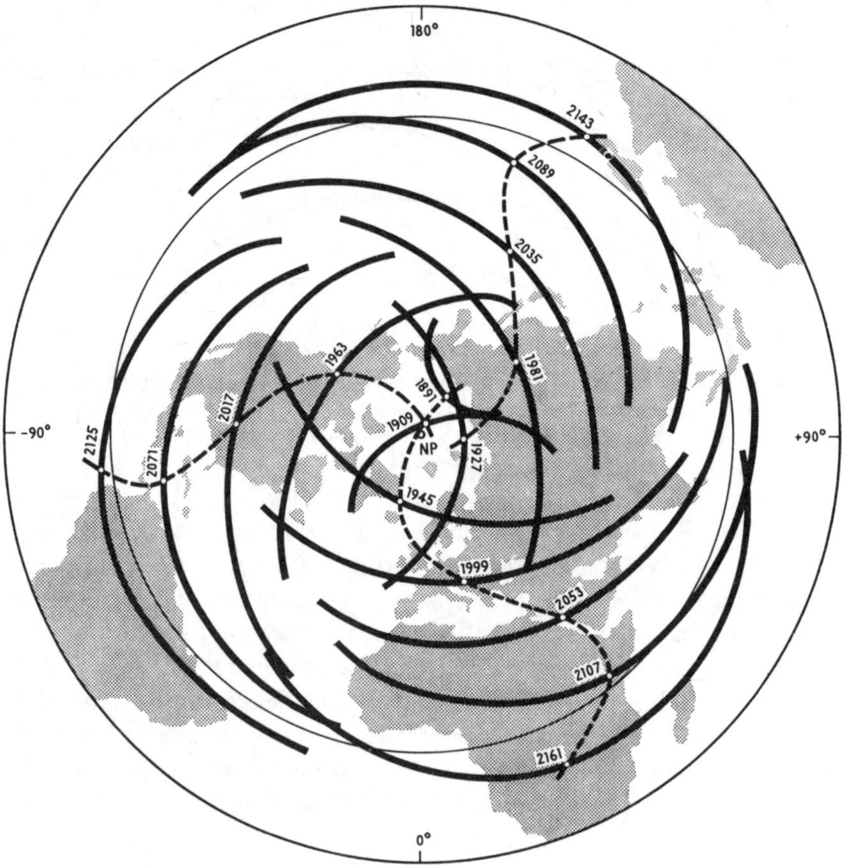

Fig. 72 Verschiebung der Totalitätszone (▬▬) einer Finsternis vom Nordpol gegen den Süden. (In die abgebildete Reihe gehört z. B. die Finsternis vom 9. Juli 1945 und 11. August 1999.) – – – = «Führungslinien». — Das Kartenbild reicht vom Nordpol (NP) bis 30° südliche Breite. Durchgezogener Kreis = Erdäquator.

Diese Periode ist in sehr guter Annäherung ein gemeinsames Vielfaches folgender hier in Betracht kommender Sonnen- und Mondrhythmen.

Die Sonne trifft den gleichen Mondknoten in jedem Jahr einmal. Die genaue Zeit zwischen zwei Begegnungen oder ein draconischer Sonnenumlauf ist wegen der jährlichen Knotenbewegung etwa drei Wochen kürzer als ein Jahr und beträgt 346,620 Tage. In der Sarosperiode sind 19 solcher Intervalle enthalten.

In derselben Zeit verlaufen von den Mondrhythmen 223 synodische Monate, 242 draconische Monate und zugleich 239 anomalistische Mondumläufe. Die letztgenannten besagen, daß auch in bezug auf Erdnähe und Erdferne für den Mond fast gleiche Verhältnisse wiederkehren.

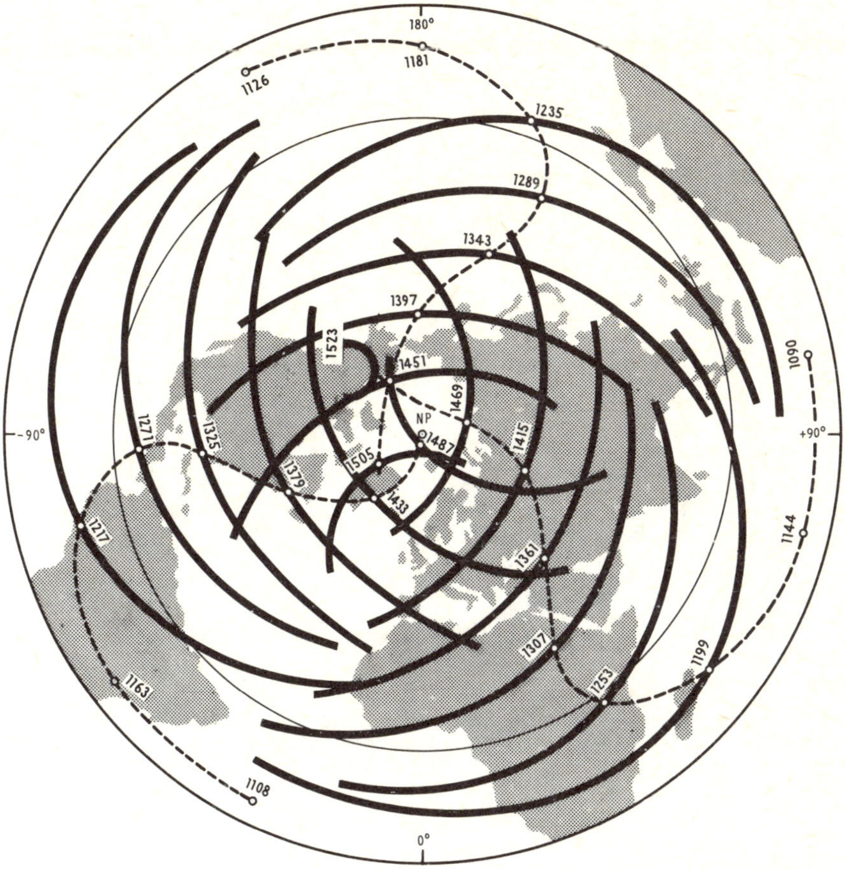

Fig. 73 Verschiebung der Totalitätszonen (▬▬) einer Finsternis, die vom Südpol zum Nordpol wanderte. – – – = «Führungslinien». — Das Kartenbild reicht vom Nordpol (NP) bis 30° südliche Breite. Durchgezogener Kreis = Erdäquator.

Es sind:

19	draconische Sonnenumläufe	=	6585,780 Tage
242	draconische Mondumläufe	=	6585,357 Tage
239	anomalistische Mondumläufe	=	6585,540 Tage
223	synodische Mondumläufe	=	6585,321 Tage = 1 Sarosperiode.

Wie die Gleichungen zeigen, kehrt nach 223 Lunationen oder einer Sarosperiode von 18 Jahren $11\frac{1}{3}$ Tagen ein Neumond wieder, der eine sehr ähnliche Sonnenfinsternis herbeiführt wie 18 Jahre vorher. Der geringe zeitliche Unterschied mit den Umläufen der Sonne von einem Mondknoten zu demselben (Differenz = 0,46 Tage),

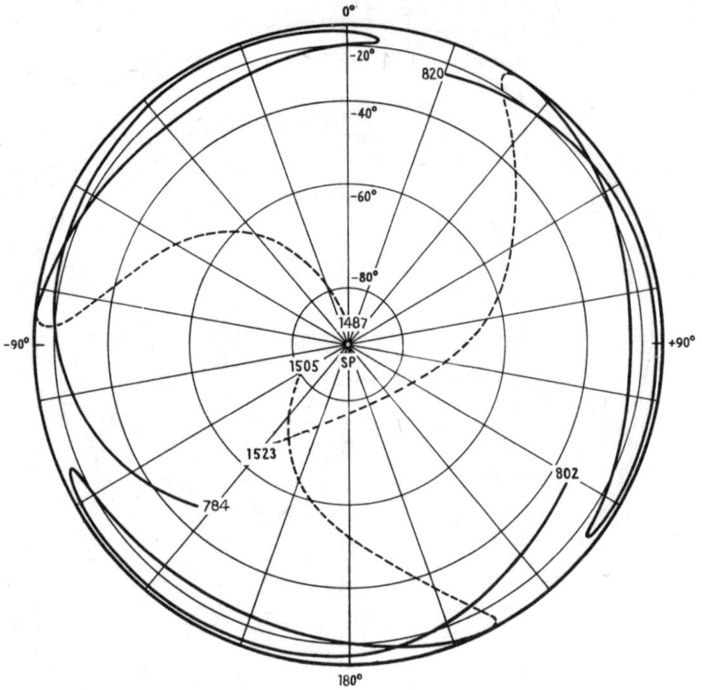

Fig. 74 Dieselben Führungslinien wie Fig. 73, aber vom Südpol aus gesehen. Das Gradnetz reicht vom Südpol (SP) bis zum Erdäquator.

führt zu einer kleinen Veränderung der neuen Finsternis. Die Konjunktion Sonne—Mond findet dadurch nach 18 Jahren etwas gegen den Knoten verschoben statt. Die Verschiebungen von jeweils 0,48 Grad gehen in ost-westlicher Richtung. Sie bewirken für eine Finsternis und die mit ihr in der Sarosperiode verbundenen Glieder eine kontinuierliche Metamorphose und Entwicklung.

Figur 71 erläutert die Verhältnisse für eine Sonnenfinsternisreihe am aufsteigenden Mondknoten (a) und für eine andere, die mit dem absteigenden Knoten (b) verbunden ist. Die Sonnenfinsternisse rücken dabei in den 18jährigen Intervallen allmählich durch den ganzen Knotenbereich hindurch. Sie entwickeln sich von anfangs kleinen partiellen Finsternissen (Fig. 71, linke Seite) über eine Reihe von Gliedern hin zu totalen (eventuell ringförmigen) Sonnenfinsternissen, welche nach mehreren Jahrhunderten wieder in abnehmend-partielle Finsternisse übergehen und schließlich erlöschen.

Bei der Überschau einer solchen Reihe organisch zusammengehöriger Finsternisse zeigt sich noch einmal das Bild eines einzelnen Finsternisablaufes im Großen mit einem Beginn, einem Anschwellen zur größten Intensität, einem Abklingen und wieder Verschwinden.

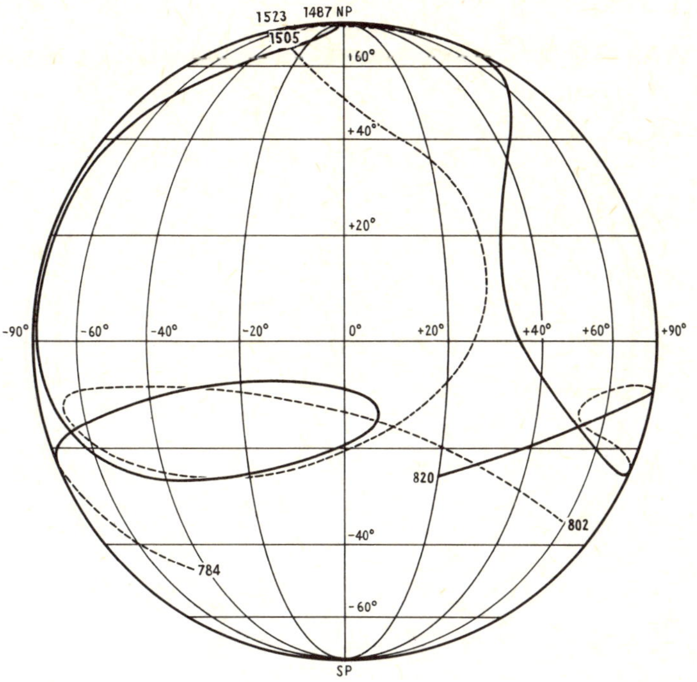

Fig. 75 Gesamtverlauf der Führungslinien derselben Sonnenfinsternis. Reihe wie Fig. 73 vom Südpol (SP) zum Nordpol (NP). Die gestrichelten Teile der Linien sind auf der Rückseite dieser Erdsicht zu denken.

Die ganze Entwicklung einer Sarosreihe dauert bei einer Sonnenfinsternis 1200—1400 Jahre und umfaßt durchschnittlich 70 Einzelglieder ($70 \times 18 = 1260$). Die Sarosreihe einer Mondfinsternis enthält im Mittel nur 45 Einzelfinsternisse und hat daher die kürzere Existenzdauer von durchschnittlich etwa 800 Jahren ($45 \times 18 = 810$ Jahre).

In jeder Periode von 18 Jahren treten wiederum durchschnittlich 42 verschiedene Sonnenfinsternisse und 27 einzelne Mondfinsternisse[19] auf. Es gibt also insgesamt 42 bzw. 27 Sarosreihen von Sonnen- bzw. Mondfinsternissen. Sie alle gehen unabhängig voneinander, aber zeitlich sich übergreifend und abwechselnd rhythmisch auftauchend durch die Jahrhunderte, wie die verschlungenen Fäden eines Gewebes. Jeder einzelnen Finsternis gegenüber kann also gefragt werden, wie sie im Ablauf ihrer Sarosperiode steht, ob sie den größeren Teil ihrer Entwicklungsgeschichte hinter sich oder noch vor sich hat. Die kurzen partiellen Finsternisse sind immer entweder jung und im Entstehen, oder alt und «im Absterben» begriffen. Ausgedehnte

[19] Je nach der Zusammenfassung 18jähriger Gruppen, vor allem aber im Laufe einer etwa 600-jährigen Periode schwankt die Anzahl zwischen 38 und 46 Sonnen- und zwischen 25 und 29 Mondfinsternissen. Auf den Zeitraum von 1953—1970 entfallen 39 Sonnen- und 26 Mondfinsternisse.

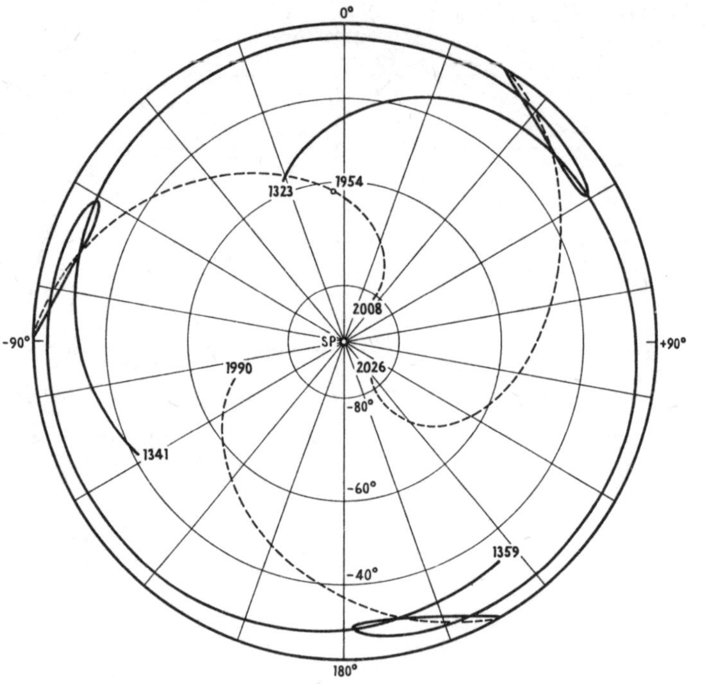

Fig. 76 Führungslinien einer anderen Finsternisreihe, welche ebenfalls vom Südpol zum Nordpol wandert. — Das Gradnetz reicht vom Südpol (SP) bis zum Erdäquator.

totale Verfinsterungen stehen in der Mitte ihrer Sarosentwicklung. In der Tabelle auf Seite 204 sind für die Finsternisse zwischen 1951 und 1970 die Entstehungsjahre der dazugehörigen Perioden mit angegeben.

Im ganzen 20. Jahrhundert entstehen nur zwei Saroszyklen neu; sie traten am 17. Juni 1928 und am 30. Juli 1935 als kleine partielle Finsternisse erstmals in Erscheinung. Demgegenüber kommen fünf Sonnenfinsternisreihen zum Erlöschen (am 8. April 1902, 12. September 1931, 5. Januar 1935, 12. August 1942 und 22. Juli 1971). Das Jahr 1935 hat in dieser Beziehung eine exzeptionelle Stellung, da in ihm gleichzeitig eine Finsternisreihe neu entstand und eine andere zu Ende ging.

Bei den ersten Gliedern einer Sarosreihe, welche sich beim aufsteigenden Mondknoten entwickelt, wird nur der nördliche Sonnenrand verfinstert (Fig. 71a, ganz links). Solche Finsternisse sind ausschließlich in der Nähe des Nordpoles der Erde sichtbar. Die letzten Glieder der gleichen Reihe, bei denen nur noch der Südrand der Sonne vom Monde gestreift wird, sind lediglich in der Südpolargegend zu beobachten. Umgekehrt entstehen alle Saroszyklen des absteigenden Knotens am Erd-

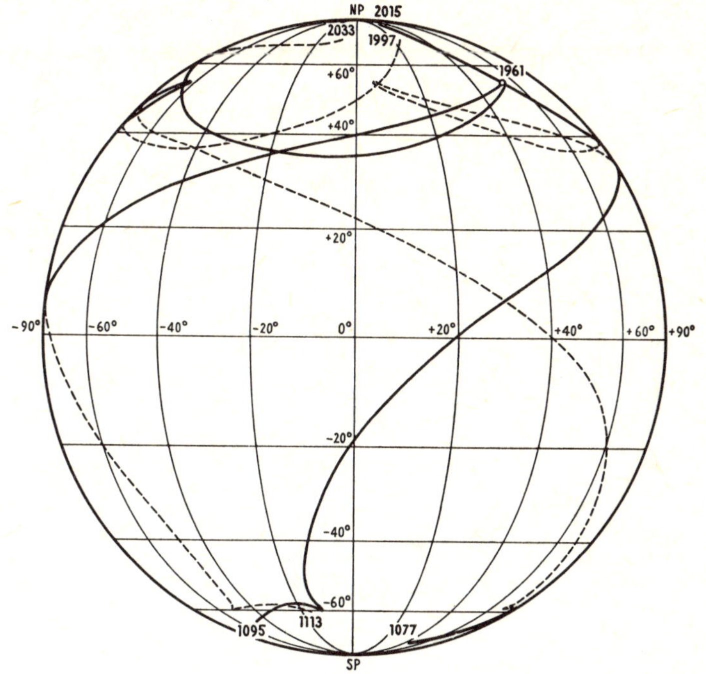

Fig. 77 Führungslinien desjenigen Zyklus, zu dem die Finsternis vom 15. Februar 1961 gehört; er wandert vom Südpol (SP) zum Nordpol (NP).

südpol und verlagern sich allmählich nördlich auf der Erdoberfläche, bis sie am Nordpol verschwinden.

Die eine Hälfte der Sonnenfinsternisse (beim aufsteigenden Knoten) wandert also im Saroszyklus nord-südwärts über die Erde, die andere Schar (beim absteigenden Knoten) umgekehrt vom Südpol gegen den Nordpol. Die Verlagerungen rücken von 18 zu 18 Jahren spiralig um die Erde weiter, so daß von jeder Sonnenfinsternis allmählich die ganze Erdoberfläche überstrichen wird.

Figur 72 zeigt als Beispiel das Wandern des Zyklus, zu dem die totale Sonnenfinsternis vom 9. Juli 1945 gehört, welche in Mitteleuropa partiell sichtbar war und die 18 Jahre vorher, am 29. Juni 1927, ebenfalls in unseren Gegenden in den Morgenstunden als sehr starke Verfinsterung zu beobachten gewesen ist. Sie spielt sich am aufsteigenden Mondknoten ab und ist demgemäß in der Nordpolgegend, erstmals am 4. Januar 1639, in Erscheinung getreten. Ihre 18jährigen Wiederholungen waren bis zum Jahre 1873 durch 14 Glieder hindurch wachsende partielle Finsternisse. Dann folgte die erste Totalität am 6. Juni 1891, woran sich die weiteren Finsternisse vom 17. Juni 1909, 29. Juni 1927, 9. Juli 1945, 20. Juli 1963, 31. Juli 1981, 11. August 1999 usw. anschließen. Auf der Erdkarte, die im Mittelpunkt den

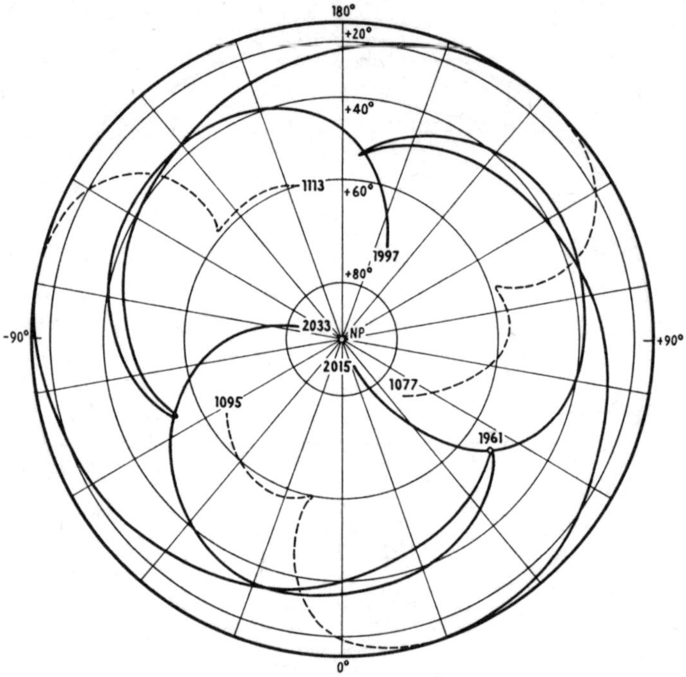

Fig. 78 Führungslinien desselben Finsterniszyklus wie Fig. 77, jedoch in der Sicht auf den Nordpol. — Das Gradnetz reicht vom Nordpol (NP) bis zum Erdäquator.

Nordpol hat, sind nur die Totalitätszonen der einzelnen Finsternisse eingezeichnet, wie sie sich jeweils in ost-westlicher Richtung auf der Erdoberfläche verschieben. Mit der Verlagerung der Kurven gegen Süden zeigt sich deutlich eine Gliederung der Linien in drei Gruppen. Die Finsternisse einer solchen Gruppe liegen 3 × 18 oder 54 Jahre auseinander. Auch diese dreifache Sarosperiode war schon im Altertum bekannt und wurde Exelegismos genannt. Da die einfache Sarosperiode 18 Jahre 10 Tage und 8 Stunden oder ⅓ Tag umfaßt, tritt die Finsternis bei ihrer Wiederkehr, also 8 Stunden später, d. h. infolge der Erddrehung um ⅓ des Erdumfanges weitergerückt, auf. Erst nach 3 × 18 Jahren wiederholt sich die Sonnenbedeckung etwa zur gleichen Tagesstunde, und die Sichtbarkeit kommt geographisch in eine eng benachbarte Lage zur Verfinsterung von 54 Jahren vorher.

Figur 73 zeigt den zweiten Teil der Totalitätskurven des Sonnenfinsterniszyklus, der in der Zeit vom 3. Januar 550 bis zum 8. April 1902 vom Südpol zum Nordpol wanderte und seither erloschen ist, seine Totalität währte von 784—1505.

Die Gesetzmäßigkeit, die den Bewegungsbildern das so verschiedene Aussehen gibt, läßt sich dadurch sichtbar machen, daß die Mittelpunkte aller Einzelkurven verbunden werden und so die «*Führungslinien*» der Kurvenscharen hervortreten.

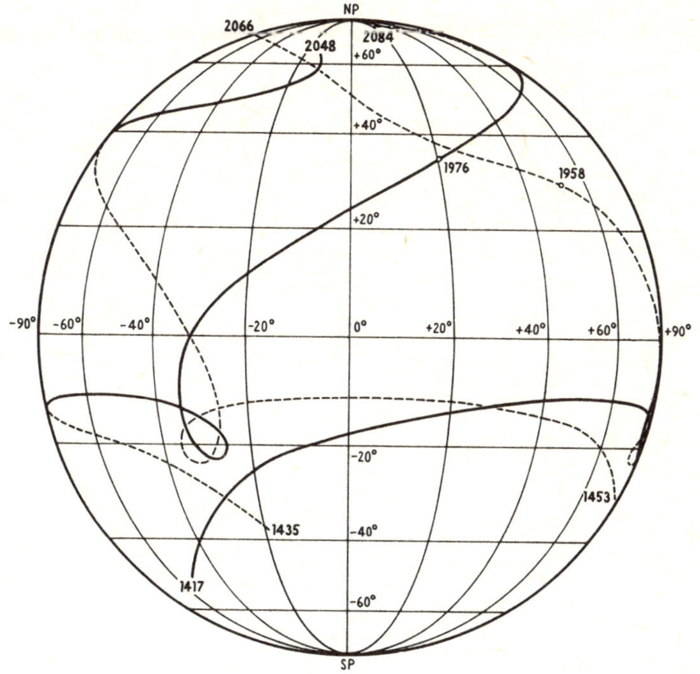

Fig. 79 Weiteres Beispiel für die Führungslinien eines Sonnenfinsternis-Zyklus.

Sie sind in Fig. 72 und 73 gestrichelt gezeichnet. Diese Linien ziehen nicht geradlinig den Erdmeridianen folgend von Pol zu Pol, sondern zeigen Schleifenbildungen verschiedenster Art. In den folgenden Abbildungen sind dafür einige Beispiele gegeben. In Fig. 74 und 75 sind die Führungslinien des bereits in Fig. 73 dargestellten Finsterniszyklus in zwei weiteren Ansichten gezeichnet. Fig. 74 gibt die Ergänzung zu Fig. 73, d. h. den zugehörigen Blick auf die südliche Erdhälfte. Fig. 75 macht die Wanderung vom Südpol zum Nordpol deutlicher. In Fig. 76 sind die entsprechenden Kurven der Finsternisreihe vom Südpol her gesehen dargestellt, deren eine Totalitätszone am 30. Juni 1954 über Nordeuropa hinzog. Sie trat am 10. März 1179 zum erstenmal in Erscheinung, war von 1323 bis 1846 ringförmig, ab 1864 bis 2044 ist sie total und erlischt am 3. Mai 2495 am Nordpol; sie weist somit eine «Lebensdauer» von 1316 Jahren auf. Die Fig. 77 und 78 zeigen in zwei Darstellungen die Führungslinien der Totalitätskurven zu der Finsternis, welche am 15. Februar 1961 in Südeuropa als totale Verfinsterung beobachtet werden konnte. Die Totalitätszeit bzw. Ringförmigkeit dieses Saroszyklus liegt zwischen dem 11. August 1059 und dem 20. März 2015; ihr erstes partielles Auftreten am Südpol war am 27. Mai 933, ihr letztes wird gegen das Jahr 2200 am Nordpol sein. Ihre Lebensdauer be-

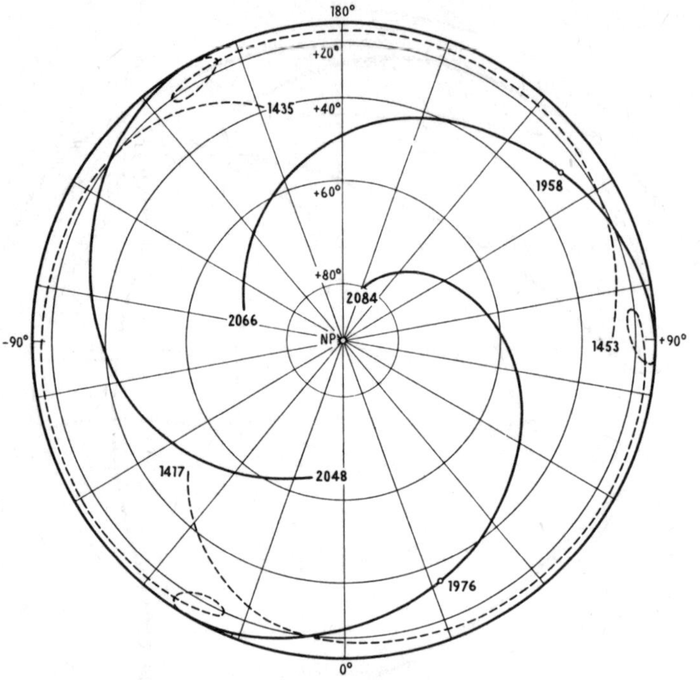

Fig. 80 Führungslinie desselben Finsternis-Zyklus wie Fig. 79, jedoch in der Sicht auf den Nordpol. — Das Gradnetz reicht vom Nordpol (NP) bis zum Erdäquator.

trägt zirka 1250 Jahre. Die Figuren 79 und 80 stellen die Führungslinien dar, welche mit den Finsternissen vom 19. April 1958 und 29. April 1976 (in Südeuropa partiell sichtbar) zusammenhängen; Ringförmigkeit zwischen 16. Mai 1417 und 25. Juli 2120, partiell ab 29. August 984 am Südpol und bis nach 2200 am Nordpol, Gesamtdauer zirka 1250 Jahre.

Die ungleichmäßige Bewegung der Exelegismoskurven in nord-südlicher bzw. süd-nördlicher Richtung entsteht, weil die in Zeitintervallen von 54 Jahren und 33 Tagen aufeinanderfolgenden Glieder sich jeweils um einen Monat im Jahreslauf verschieben. Es sind also in jeder Gruppe der dreifachen Sarosperiode Finsternisse zusammengefaßt, die nacheinander bei Frühlings-, Sommer-, Herbst- und Winterneumonden zustandekommen. Das Aufwärtssteigen und Abwärtssinken der jahreszeitlichen Sonnen- und Neumondstellungen zeigt sich hier beschleunigend oder hemmend in bezug auf die meridionale Verschiebung der Finsternisse. Die außerdem vorhandenen Abweichungen in ost-westlicher Richtung entstehen dadurch, daß die Länge der Sarosperiode selbst rhythmischen Schwankungen unterliegt.

Auch die *Mondfinsternisse* ziehen innerhalb der Saroszyklen über die Erdoberfläche weiter. Doch besteht eine Polarität zu den Sonnenfinsternissen. Eine Mond-

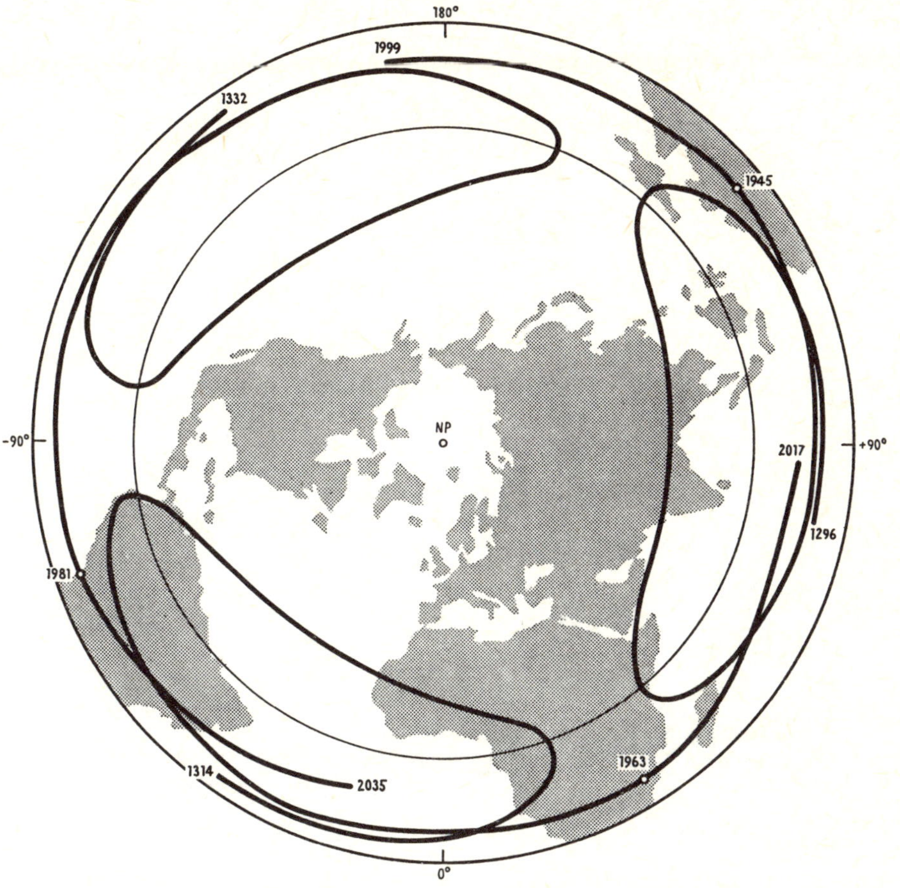

Fig. 81 Schleifenförmige Führungslinien eines Mondfinsternis-Zyklus. — Das Kartenbild reicht vom Nordpol (NP) bis 30° südliche Breite. Der ausgezogene Kreis bezeichnet den Erdäquator.

verfinsterung ist immer gleichzeitig auf einer ganzen Erdhälfte sichtbar. Als Mitte des Finsternisfeldes kommt daher stets ein Punkt in der Nähe des Erdäquators in Betracht. Er liegt je nach der Deklination des Mondes in nördlicher oder südlicher geographischer Breite. Das Zentrum der Mondfinsternisgebiete wandert dementsprechend in der dreifachen Sarosperiode schleifen- oder wellenförmig in der Äquatorzone um die Erde. Es rückt also prozessual senkrecht zur Bewegungsrichtung der Sonnenfinsternisse weiter.

Zwei Beispiele seien angeführt. Die Mondfinsternis, deren Führungslinien die Fig. 81 darstellt, begann am 18. Mai 1296 und endet am 19. August 2035, sie ereignet sich jeweils am absteigenden Mondknoten und umfaßt also 739 Jahre. In den gegenwärtigen Jahrzehnten gehören in diese Reihe die Mondfinsternisse vom 25. Juni

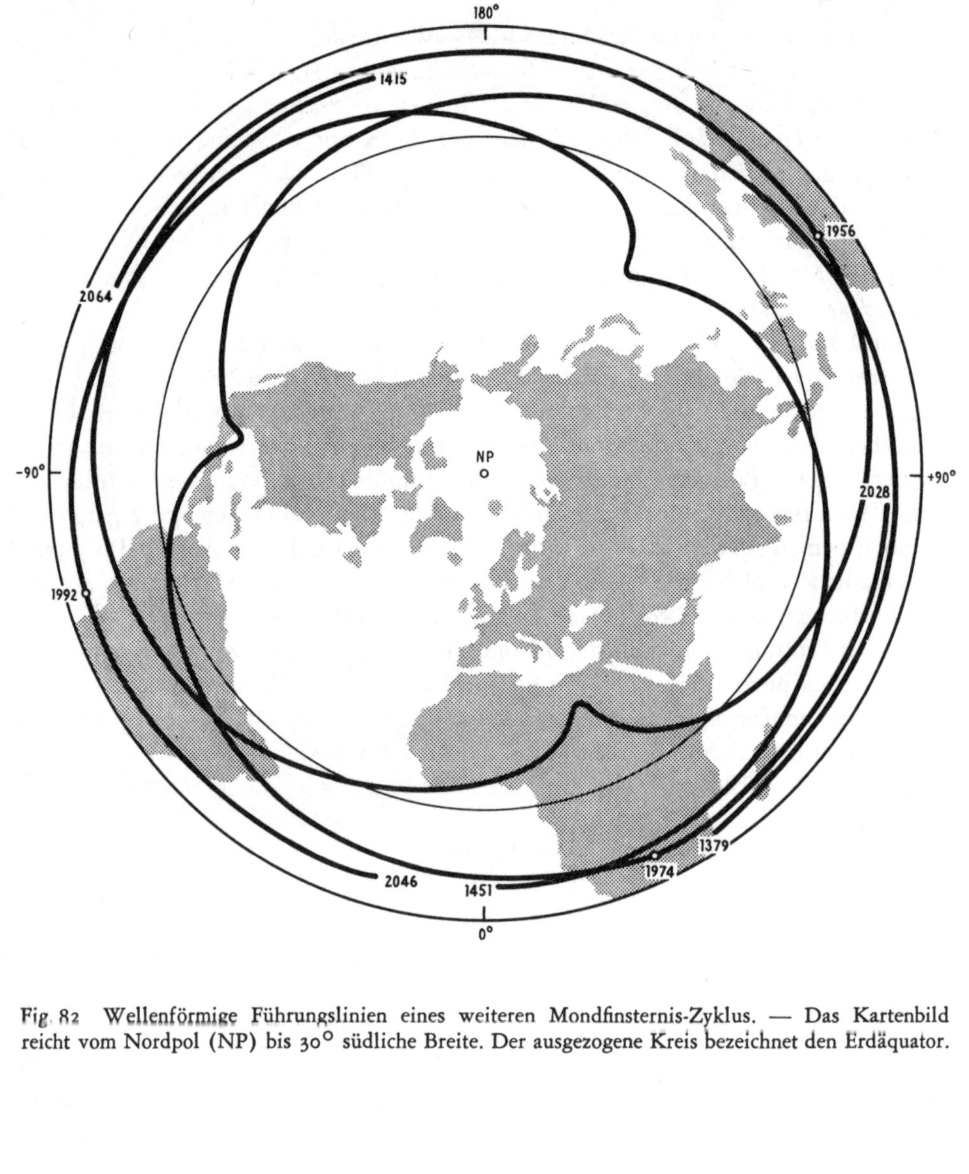

Fig. 82 Wellenförmige Führungslinien eines weiteren Mondfinsternis-Zyklus. — Das Kartenbild reicht vom Nordpol (NP) bis 30° südliche Breite. Der ausgezogene Kreis bezeichnet den Erdäquator.

1945, vom 6. Juli 1963 und vom 17. Juli 1981. Figur 82 vergegenwärtigt die Wanderung der Zentralitätspunkte einer Finsternis, welche am 31. Mai 1379 begann und am 28. Juli 2064 endet; sie umfaßt eine Zeitspanne von 685 Jahren. Dieser Saroszyklus ist mit dem aufsteigenden Mondknoten verbunden. In diese Reihe gehören die Mondverfinsterungen vom 24. Mai 1956, vom 4. Juni 1974 und vom 15. Juni 1992. — Die Linienzüge der erstgenannten liegen nahezu ganz gesondert und zeigen große Schleifenbildungen. Diejenigen der letztgenannten umgreifen etwas mehr als einmal die ganze Erde und überschneiden einander dadurch.

Frühere Zeiten empfanden intensiv das Abnormale, das eine Finsternis in den Tageslauf oder den Monatsgang des Mondes hineinbringt. Die kosmische Harmonie, das irdische Leben waren gestört und schienen zu stocken. Im mythischen Bilde wurde von einem Wolf oder Drachen, der die Sonne bei den Finsternissen verschlingt, gesprochen. Der Rest dieses Bildes lebt noch in der Bezeichnung der Mondknoten als Drachenpunkte, wobei der aufsteigende Knoten Drachenkopf, der absteigende Drachenschwanz genannt und auch illustrativ dargestellt wurden. Daher wird der Mondumlauf zum gleichen Knoten zurück noch heute als draconischer Monat bezeichnet.

Nicht finster, sondern eher lichtvoll, erscheint die gesetzmäßige Ordnung, nach der, trotz der Fülle und des Wechsels der Einzelerscheinungen, die Finsternisse geregelt eintreten und sich gleichmäßig über die Erde verteilen. All diese Verhältnisse zwischen Erde, Sonne und Mond zeigen deutlich, daß nicht jeder Himmelskörper isoliert einer zufälligen eigenen Bewegung folgt. Das Zusammenwirken der verschiedenen Bewegungen trägt ein einheitliches weisheitsvolles Gepräge. So erscheint es auch bemerkenswert, daß die visuellen Durchmesser der Sonnen- und Mondenscheibe nahezu gleich groß sind. Dadurch überbrückt der Kernschatten des Mondes die Entfernung bis zur Erde gerade; seine Schattenspitze erreicht eben noch die Erde. Bei einer zentralen Sonnenfinsternis und gleichzeitiger Erdferne des Mondes endet die Schattenspitze schon über der Erdoberfläche; in der Zentralitätszone herrscht dann eine ringförmige Finsternis. Es zeigt sich auch hier eine feine Abstimmung der Verhältnisse, denn wenn der Mond nur um einen Erddurchmesser (12 700 km) weiter von der Erde entfernt wäre, so könnte es nur partielle Verfinsterungen der Sonne geben.

XIV

Das Gemeinsame der Erscheinungen bei Saturn, Jupiter und Mars

Der nächtliche Sternenhimmel bietet ein besonders eindrucksvolles Bild, wenn der mild scheinende Saturn, der gelbweiß strahlende Jupiter oder der rötlich leuchtende Mars sichtbar sind und aus der funkelnden Schar der größeren und kleineren Fixsterne hervortreten. Unter diesen drei Gestirnen nimmt insbesondere Jupiter eine überragende Stellung ein; überstrahlt er doch, wo und wann er auch am Himmel erscheint, alle anderen Sterne seiner Umgebung. Demgegenüber hält sich das Licht des Saturn in bescheideneren Grenzen, obwohl auch sein Licht an Helligkeit alle Fixsterne übertreffen kann. Der rote Glanz des Mars endlich wird nur von Zeit zu Zeit am Nachthimmel allbeherrschend, nämlich jedesmal, wenn nach etwa zweijährigen Intervallen die Zeiten seiner besten Sichtbarkeit wiederkehren.

Jede Sichtbarkeitsperiode der drei Planeten spielt sich regelmäßig in folgendem Zyklus ab: Zur Zeit einer Konjunktion mit der Sonne bleiben Saturn, Jupiter oder Mars unsichtbar. Der Planet begleitet hier, in enger Nachbarschaft der Sonne stehend, deren Tageslauf und geht daher gemeinsam mit ihr auf und unter. Nach mehreren Wochen wird der Wandelstern dann als schwach leuchtendes Sternchen am östlichen Morgenhimmel sichtbar. Der Zeitpunkt, an dem er erstmals in der Morgendämmerung vor Sonnenaufgang gesehen werden kann, wird als sein heliakischer Aufgang bezeichnet. Von nun an geht der Planet immer früher vor der Sonne auf und erobert sich bezüglich seiner Sichtbarkeitsdauer zunächst mehr und mehr die zweite Nachthälfte. Gleichzeitig nimmt seine Helligkeit langsam zu. Die genaue Lage und Höhe des Bewegungsbogens, auf dem er allnächtlich vom Osthorizont gegen Süden emporsteigt, ist dabei verschieden und hängt von dem Tierkreissternbild ab, in dem er sich befindet. Nach einiger Zeit erfolgt der Planetenaufgang schon vor Mitternacht und endlich erscheint er am östlichen Horizont abends bei Sonnenuntergang; er befindet sich in Gegenstellung (Opposition) zum Tagesgestirn. Der Planet hat jetzt seine beste Sichtbarkeit und seine größte Leuchtkraft. Er kommt in den ersten Nachtstunden am östlichen Himmel herauf, erreicht um Mitternacht seinen höchsten Stand, die Kulmination im Süden, und sinkt während der zweiten Nachthälfte zum Westhorizont. Das Licht des Planeten erfüllt während der Oppositionszeit die ganze Nacht von Sonnenuntergang bis zum Sonnenaufgang. In den folgenden Wochen und Monaten wird die Beobachtungsdauer wieder kürzer. Sie beschränkt sich zunehmend auf den ersten Teil der Nacht und schließlich auf die Abendstunden kurz nach Sonnenuntergang. Nun ist der Planet gegen

Südwesten, Westen oder Nordwesten, je nach seiner Tierkreisstellung, über dem Horizont aufzusuchen. In dieser ganzen Periode nimmt die Helligkeit des Planeten langsam wieder ab. Wie der Anfang der ganzen Sichtbarkeitsperiode mit dem heliakischen Aufgang am Morgenhimmel einsetzt, so endet sie mit dem heliakischen Untergang, d. h. dem Unsichtbarwerden des Gestirnes in der hellen Abenddämmerung.

Der geschilderte Kreislauf der Erscheinungen oder ein *synodischer Umlauf* umfaßt also bei Saturn, Jupiter und Mars nacheinander die folgenden charakteristischen Stationen:

Planetenstellung relativ zur Sonne	Planetensichtbarkeit
Konjunktion	unsichtbar
Heliakischer Aufgang (Planet in westl. Abstand von der Sonne)	Sichtbarwerden am Morgenhimmel
Erste Quadratur (90° westl. Abstand)	sichtbar in der zweiten Nachthälfte
Opposition	sichtbar während der ganzen Nacht
Zweite Quadratur (90° östl. Abstand)	sichtbar in der ersten Nachthälfte
Heliakischer Untergang (Planet in östl. Abstand von der Sonne)	Unsichtbarwerden am Abendhimmel
Konjunktion	unsichtbar

Die rhythmische Wiederkehr der gleichen Stellungen, d. h. der synodische Umlauf, vollzieht sich bei Saturn und Jupiter in wenig mehr als einem Jahre, während Mars zum Durchlaufen dieser ganzen Periode die doppelte Zeit, mehr als zwei Jahre, benötigt.

Da die Sichtbarkeitszeiten bei Saturn, Jupiter und Mars monatelang in die Nachtstunden fallen, lassen sich ihre Bewegungen im Tierkreis sehr gut an der jeweiligen Sternbildumgebung verfolgen. Wird die Planetenstellung am Himmel regelmäßig durch Wochen beobachtet, dann zeigt sich, wie Saturn, Jupiter oder Mars gegenüber den benachbarten Fixsternen weiterrücken. — Ihre Wanderung im Tierkreis erfolgt wesentlich langsamer als bei der Sonne. Während letztere in einem Monat um zirka 30 Grad in der Ekliptik weiterwandert, verändern sich die Jupiterstellungen im Zodiakus erst in einem Jahre, und die des Saturn sogar erst in 2½ Jahren im gleichen Maße. Mars steht in dieser Beziehung der Sonne näher.

Die charakteristischen Geschwindigkeitsunterschiede in der Bewegung durch den Tierkreis führen dazu, daß die Sonne als rascher laufendes Gestirn die drei lang-

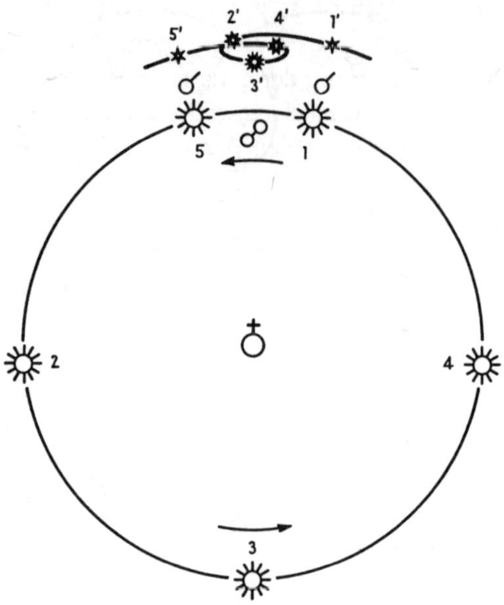

Fig. 83 Bewegung von Sonne und Jupiter im Tierkreis während eines synodischen Umlaufes des Planeten.

samen Wandelsterne periodisch überholt und in den Zwischenzeiten ihren sphärischen Abstand gegenüber den Planeten regelmäßig verändert. Es ergibt sich so ein anderer Aspekt des Stellungswechsels, der sich während des synodischen Umlaufes zwischen der Sonne und einem jeden der drei Planeten abspielt und in welchem sich aufeinanderfolgend die Konjunktions-, Quadratur- und Oppositionsstellungen usw. ergeben.

Über größere Zeiträume hin betrachtet rücken Saturn, Jupiter und Mars bei ihrem Tierkreislauf rechtläufig vorwärts, d. h. in der gleichen Richtung wie die Sonne bei ihrer Jahresbewegung. Doch wird die rechtläufige Planetenbewegung periodisch unterbrochen, und die Planeten werden für die Beobachtung am Himmel einige Zeit rückläufig. Mit dem abwechselnden Vor- und Rückwärtswandern ergeben sich Schleifenbewegungen, und zwar führen diese drei Wandelsterne während jedes synodischen Umlaufes eine Schleife aus. Die Mitte der Schleife, bzw. der Rückläufigkeit, wird dabei immer zur Zeit der Opposition zur Sonne erreicht. In der Mitte zwischen zwei aufeinanderfolgenden Schleifen im rechtläufigen Bahnteil liegt jeweils die Konjunktionsstellung.

Das Zusammenspiel der gleichzeitig verlaufenden Sonnen- und Planetenbewegung im Tierkreis in einem synodischen Umlauf ist am Beispiel des Jupiter in Fig.

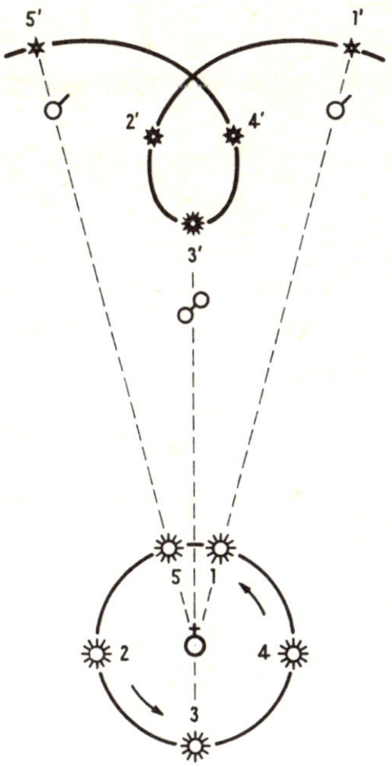

Fig. 84 Entfernungsverhältnisse zwischen Erde, Sonne und Jupiter im synodischen Umlauf.

83 veranschaulicht. — Während die Sonne von einer Konjunktionsstellung mit dem Planeten (1—1′) ausgehend im Laufe eines Jahres über die Stellungen 2, 3, 4 die ganze Ekliptik bis 1 durchläuft, hat der Planet seinerseits inzwischen die jeweils zugehörigen Stellungen 2′, 3′ und 4′ eingenommen. Das Tagesgestirn muß nun den vorgerückten Planeten noch einholen, so daß es erst bei 5—5′ zur nächsten Konjunktion kommen kann. Mit der gegenseitigen Lage 2—2′ ist die erste Quadratur, mit 3—3′ die Opposition, und mit 4—4′ die zweite Quadratur zwischen Sonne und Planet gekennzeichnet.

An dieser Darstellung wird der Zusammenklang der Bewegungen, wie er sich zwischen Sonne und Wandelgestirn innerhalb jedes synodischen Umlaufes ergibt, deutlich. Zur Zeit der Konjunktionen wandern Sonne und Planet am Himmel in gemeinsamer Richtung, jedoch mit verschiedener Geschwindigkeit. Während sich die Sonne dann zunehmend von dem Planeten entfernt und auf die entgegengesetzte Tierkreisseite übergeht, begleitet der zurückgebliebene Wandler durch die Rückläufigkeit seiner Schleifenbewegung gleichsam den Umgang der Sonne. Unter diesem Aspekt, welcher sich an die wahrnehmbaren Himmelserscheinungen unmittelbar anschließt, erscheint die Schleifenbewegung wie ein Mitschwingen des Planeten mit dem jahreszeitlichen Gang der Sonne durch den Tierkreis. Noch viel deutlicher tritt dieses Mitschwingen in Erscheinung, wenn die wechselnden Entfernungen des Planeten zur Erde in die Betrachtung hineingenommen werden.

Zur Zeit der Konjunktionen sind Saturn, Jupiter und Mars jeweils räumlich hinter der Sonne zu suchen und stehen in ihrer erdfernsten Stellung. Dann verringert sich ihre Entfernung von der Erde, und während der Opposition kommen sie immer in die erdnächsten Lagen. In Fig. 84 sind diese Entfernungsverhältnisse in Zusammenhang mit der auf die Erde bezogenen Sonnen- und Planetenbewegung dargestellt. Indem sich Saturn, Jupiter oder Mars bei einer Schleifenbewegung der Erde am meisten nähern, folgen sie dabei gleichzeitig der dann jenseits der Erde in der Oppositionsstellung zum Planeten befindlichen Sonne nach. Die zur Erde hin und wieder von ihr wegführende Schleifenbewegung zeigt also während jedes synodischen Umlaufes auch in räumlich-radialer Richtung die Hinorientierung auf den jeweiligen Sonnenort und eine unmittelbare Bewegungsbeziehung zum jährlichen Sonnenlauf durch die Ekliptik.

Die geringere Entfernung dieser drei Planeten von der Erde zur Zeit ihrer Opposition bewirkt auch, daß sie neben der längsten Sichtbarkeit dann zugleich ihren hellsten Glanz entfalten.

XV

Die Rhythmen des Saturn und Jupiter

Werden die Erscheinungen und der Lauf der Planeten Saturn und Jupiter am Sternenhimmel verfolgt, so fällt bald auf, daß diese beiden Wandelsterne ihre Lage im Tierkreis nur recht langsam verändern. Während einer Sichtbarkeitsperiode leuchten Saturn und Jupiter für viele Monate im gleichen Sternbildbereich. Jupiter rückt erst im Laufe eines Jahres um etwa ein Sternbild weiter; er braucht daher zu einem vollen Durchgang durch den ganzen Zodiakus annähernd 12 Jahre. Und Saturn beendet einen Umlauf seiner Tierkreisstellungen erst in rund 30 Jahren.

Im Vergleich zur Sonnenbewegung vollzieht sich demnach das Weiterschreiten Saturns und Jupiters im Tierkreis außerordentlich langsam. Da die Sonne alljährlich die ganze Ekliptik durchläuft, ändert sich ihr Abstand am Himmel gegenüber Jupiter bzw. Saturn ziemlich rasch. Dabei entsteht der schon beschriebene Wechsel gegenseitiger Stellungen mit den markanten Stationen: der Konjunktion, den Quadraturen und der Opposition zwischen Sonne und Planet. Das Durchlaufen dieser Stellungen geht in regelmäßiger Reihenfolge vor sich; in rhythmischen Zeitabläufen kommt die Sonne immer wieder in die gleiche Lage zum Planeten.

Für Jupiter ist die Periode von einer Konjunktion bis zur nächsten, d. h. ein synodischer Umlauf, rund 1 Jahr und 1 Monat, oder genauer 1 Jahr 33 Tage (399 Tage).

Bei Saturn ist die entsprechende Zeit etwas kürzer, denn die Sonne holt den langsamer wandernden Planeten schon früher ein. Der synodische Saturnumlauf umfaßt 1 Jahr und ½ Monat; der genauere Wert beträgt 1 Jahr 13 Tage oder 378 Tage.

Wie schon erwähnt, werden in der synodischen Umlaufsperiode eines Planeten alle in Frage kommenden Stellungen relativ zur Sonne einmal durchlaufen. Gleichzeitig ist damit auch der Wechsel der Sichtbarkeitsverhältnisse gegeben. Zur Zeit einer Konjunktion mit der Sonne ist der Planet unsichtbar, während er mit zunehmendem Abstand von ihr kurz und dann immer länger sichtbar wird, bis die besten Beobachtungsverhältnisse in der Oppositionsstellung eintreten.

Der Zyklus der Erscheinungen und der periodische Wechsel von Sichtbarkeit und Unsichtbarkeit vollzieht sich demgemäß in den wichtigsten Etappen bei Saturn und Jupiter in nachstehender zeitlicher Reihenfolge:

Planetenstellung relativ zur Sonne	Zeitliche Intervalle Saturn	Zeitliche Intervalle Jupiter	Planetensichtbarkeit
Konjunktion			unsichtbar
	98 Tage	114 Tage	
Erste Quadratur			2. Nachthälfte und Morgenstunden
	91 Tage	85,5 Tage	
Opposition			während der ganzen Nacht
	91 Tage	85,5 Tage	
Zweite Quadratur			1. Nachthälfte und Abendstunden
	98 Tage	114 Tage	
Konjunktion			unsichtbar
1 synodischer Umlauf =	378 Tage (1 Jahr 13 Tage)	399 Tage (1 Jahr 33 Tage)	

Die Differenzen der synodischen Umlaufszeiten zu einem vollen Sonnenjahr von 13 bzw. 33 Tagen bewirken eine Verschiebung, so daß die Saturn- und Jupitererscheinungen in aufeinanderfolgenden Jahren sich stetig gegenüber dem Jahreslauf verspäten.

Bei Saturn treten also die entsprechenden gleichen Sichtbarkeitsbedingungen von Jahr zu Jahr um etwa einen halben Monat später ein. Diese Verlagerung führt die Zeiten der besten Sichtbarkeit durch alle Jahreszeiten, von den Frühlings- und Sommermonaten in die Herbst- und Wintermonate hinein, bis sich dieser Kreislauf endlich nach einer Periode von rund 30 Jahren schließt.

Jupiter zeigt in entsprechender Art eine jährliche Verspätung in der Wiederkehr seiner Erscheinungen um 33 Tage. Das Wandern seiner Konstellationen und Sichtbarkeitszeiten durch alle Jahreszeiten hindurch vollzieht sich daher im Laufe von 12 Jahren.

Datenmäßig sind die fraglichen Verschiebungen von Jahr zu Jahr aus dem tabellarischen Überblick (Seite 206) zu entnehmen, wo die Erscheinungen und Sichtbarkeitstermine für Saturn von 1941 bis 1970 und für Jupiter von 1951 bis 1970 zusammengestellt sind. Auch aus dem jährlichen Sternkalender sind die Daten zu entnehmen.

Wird die Verschiebung des Saturn oder des Jupiter gegenüber den Fixsternen des Tierkreises genauer ins Auge gefaßt, so zeigt sich während jedes synodischen Umlaufes ein rhythmischer Wechsel zwischen rechtläufig und rückläufig gerichteter Bewegung; mit anderen Worten, eine Schleifenbewegung des Planeten (s. Fig. 83). Die Orte, an denen der Planetengang im Tierkreis seine Richtung umkehrt, werden Stationärpunkte oder Stillstände genannt. Diese treten bei Saturn und Jupiter jeweils 3—4 Wochen nach der ersten bzw. vor der zweiten Quadratur zur Sonne ein. Von der ersten Stationärstellung und dem Beginn des Schleifenrücklaufes vergehen bis zur Schleifenmitte, wo die Opposition zur Sonne eintritt, bei Saturn annähernd 70 Tage und bei Jupiter rund 60 Tage. Nach jeweils denselben Zeiten kommt es zum zweiten Stillstand der Planetenbewegung; die rückläufige Wanderung geht an diesem zweiten Umkehrpunkt der Schleife wieder zur Rechtläufigkeit über.

Saturn benötigt somit für einen Schleifenrücklauf durchschnittlich 140 Tage oder 4½ Monate und Jupiter 120 Tage oder 4 Monate. Der Bahnabschnitt der Rückläufigkeit beträgt bei Saturn durchschnittlich nur 6,5°; bei Jupiter ist die Länge der Schleife im Mittel 10°.

Da die Schleifenbewegungen bei Saturn und Jupiter immer in die Perioden der besten Sichtbarkeit hineinfallen, läßt sich die wechselnde Stellung der Planeten gut verfolgen und die ganze Schleifenbildung am Himmel beobachten.

Von einer Synode zur anderen rücken die Stellungen von Jupiter und Saturn kontinuierlich im Tierkreis weiter, und die Schleifen entstehen dadurch an anderen Tierkreisstellen. Tafel V zeigt diese Verschiebung bei *Jupiter* für die Jahre 1959 bis 1970. Der Planet rückt von Jahr zu Jahr um rund 33° oder $^1/_{11}$ im Zodiakus weiter. Auf einen vollständigen Umlauf kommen 11 Jupiterschleifen, die in 11 synodischen Umläufen oder rund 12 Jahren beschrieben werden; genauer sind 11 synodische Jupiterumläufe = 4388 Tage, und 12 Jahre = 4383 Tage, bleibt eine Differenz von 5 Tagen.

Immerhin entsteht durch die Differenz eine weitere Metamorphose der Erscheinungen. Denn während jeder nächsten 12-Jahres-Periode verschieben sich alle Jupiterschleifen um etwa 5 Grad in östlicher Richtung, was einer Verspätung im

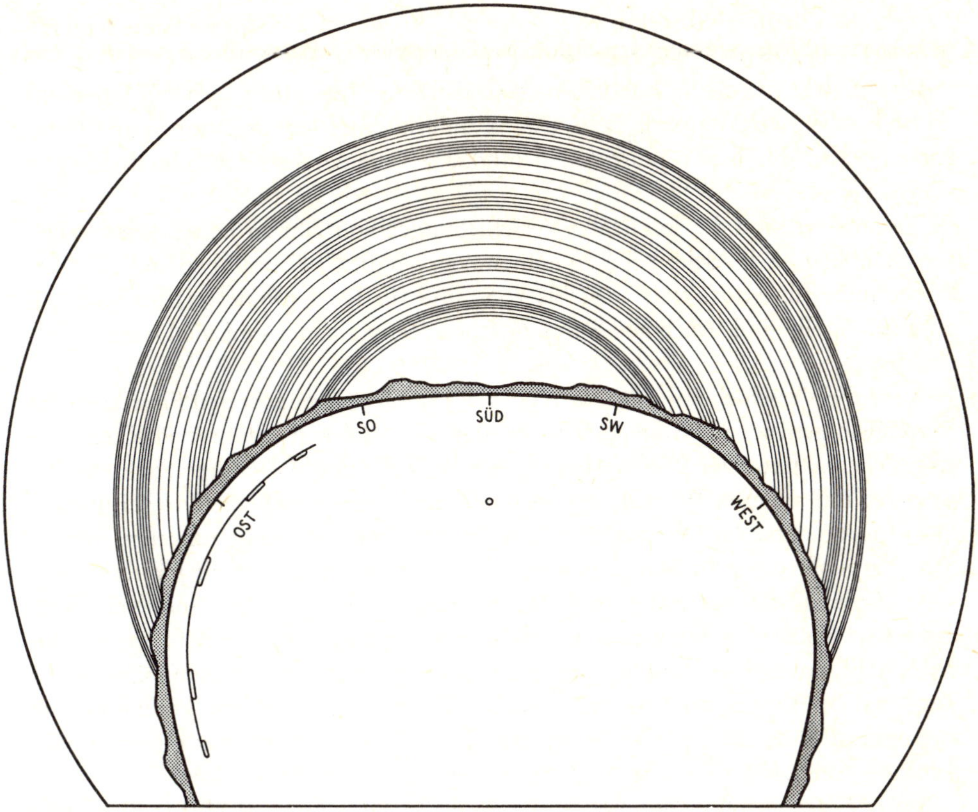

Fig. 85 Rhythmisches Weiten und Zusammenziehen im Himmelsfeld des Jupiter während seiner sechsjährigen Wanderung vom Schützen zu den Zwillingen.

Jahreslaufe um etwa 8 Tage entspricht. Ein Ausgleich dieser Verschiebungen tritt erst nach 83 Jahren mit 76 Jupiterperioden ein. Dann wiederholen sich räumlich wie zeitlich die Jupitererscheinungen mit einer Differenz von nur etwa 10′ bzw. von 3 Stunden später.

Auf Tafel VI sind die bereits im vorigen Kapitel erwähnten wechselnden Entfernungen Jupiters von der Erde für einen Tierkreisumgang aufgezeichnet (geozentrische Bahn). Genaue Zahlenwerte können den Übersichten Seite 211 entnommen werden.

Die 12jährige Planetenperiode des Jupiter ist bezüglich der Tierkreisstellungen ein großer «Jahreslauf». Sie kann mit dem Jahreslauf der Sonne verglichen werden. Während dieser Periode ändert sich bei Jupiter allmählich die Höhe seiner täglichen Bewegungsbögen und die Lage seiner Auf- und Untergangsorte am Horizont. Dieselben Verhältnisse, welche in dieser Hinsicht die Sonne in einem Monat aufweist, gelten bei Jupiter für ein ganzes Jahr. Daher erhebt er sich 6 Jahre lang, wenn er die obere Tierkreishälfte durchwandert, zu besonders hohen Kulminationen am Südhimmel, was z. B. zwischen 1963 und 1969 der Fall ist. Dann ist auch eine gesteigerte Sichtbarkeitsdauer bei seinen Oppositionen vorhanden, da Jupiter während dieser ganzen Zeit infolge der hohen Tierkreisstellungen täglich für mehr als 12 Stunden über dem Horizont steht. Die anschließenden 6 Jahre bringen Jupiter in die tiefgelegenen Tierkreisbilder. Er verbleibt dann am Südhimmel in horizontnäheren Stellungen und hat während dieser Jahre wesentlich ungünstigere Sichtbarkeitsbedingungen und kürzere Beobachtungszeiten.

Das Steigen und Fallen der Bewegungsbögen erfolgt nicht gleichförmig, sondern wie bei der Sonne gemäß einer harmonischen Schwingung (vgl. Kap. IV), allerdings hier über 12 Jahre gedehnt. Genauerer Beobachtung ergibt sich jedoch, daß Auf- und Abstieg nicht kontinuierlich fortschreiten, vielmehr infolge der Schleifenbildungen in feiner Weise rhythmisch gegliedert sind. Bei der Wanderung des Jupiter vom Schützen zu den Zwillingen werden die Bewegungsbögen während der Rechtläufigkeit jeweils geweitet und bei der folgenden Rückläufigkeit wiederum etwas zusammengezogen. Dann erfolgt erneute Weitung, darauf kleine Zusammenziehung usw. Das 6jährige Heben geschieht gewissermaßen stufenweise mit alljährlichen rhythmischen Verdichtungen im Himmelsfelde des Jupiter. Dieses Vorrücken und im Zurückgehen Verdichten zeigt sich entsprechend an den Auf- und Untergangsorten des Planeten (Fig. 85). Beim Laufe Jupiters von den Zwillingen zum Schützen sind die Verhältnisse gerade umgekehrt. — Da die täglichen Bewegungsbögen sukzessive ineinander übergehen, ergibt sich im ganzen von der Erde aus gesehen ein spiraliges Heben und Senken.

Saturn verbleibt entsprechend seiner langsamen Bewegung durchschnittlich während 14—15 Jahren in der gleichen Tierkreishälfte. Im Zeitraum von 1937—1950 durchwanderte er die nördlichen Tierkreisbilder von den Fischen bis zur Jungfrau. Die Sichtbarkeitsperioden der Jahre 1942—1946 zeigten ihn in besonders steilen Stellungen am Südhimmel und in ausgeprägt langer und schöner Sichtbarkeit. Infolge des langsamen Weiterrückens im Tierkreis verbleibt Saturn für durchschnittlich 2½ Jahre im gleichen Sternbild und beschreibt dort 2—3 aufeinanderfolgende Schleifen. Auf Tafel IV ist die Schleifenbahn Saturns durch den ganzen Tierkreis von 1941—1970 dargestellt. In dieser Periode von 29 Jahren werden 28 synodische Saturnumläufe zu Ende geführt und dabei 28 Planetenschleifen beschrieben. — Tafel VI zeigt die wechselnden Entfernungen zwischen Erde und Saturn (geozentrische Bahn) während eines Tierkreisumlaufes (Zahlenwerte Seite 211).

Da im ganzen die Zeit von 28 Saturnsynoden um 5½ Tage kürzer ist als volle 29 Jahre (28 synodische Saturnumläufe = 10 586,6 Tage, 29 Jahre = 10 592 Tage), so treten die Saturnerscheinungen von einer großen Saturnperiode zur anderen um diese Zeitspanne früher ein. Am Himmel zeigt sich eine entsprechende Verschiebung aller Schleifen in westlicher Richtung gegenüber den Schleifenlagen der vergangenen 29-Jahres-Periode. In Tafel IV ist diese Veränderung z. B. aus dem Vergleich der beiden Saturnschleifen vom Jahre 1940/41 und von 1969/70 zu entnehmen. — Nach der etwa doppelten Periode von 59 Jahren mit 57 Saturnperioden findet in bezug auf die Wiederholung der Saturnerscheinungen ein wesentlich genauerer Ausgleich statt: es wiederholen sich dann dieselben Saturnkonstellationen mit nur jeweils 1½ Tagen Verspätung. Ein Tierkreisumgang oder ein siderischer Umlauf beträgt bei Saturn 29 Jahre 167 Tage oder 10 759,2 Tage.

Das Durchlaufen des Tierkreises weist, ähnlich wie es bei Sonne und Mond der Fall ist, auch bei allen Planeten Unregelmäßigkeiten auf und erfolgt nicht mit immer gleichbleibender Geschwindigkeit. Diese Phänomene treten bei Jupiter und Venus am meisten zurück, während sie bei Mars besonders stark hervortreten. Auch Saturn zeigt hier größere Unterschiede. Das Durchschreiten der oberen Tierkreishälfte, von 1937 bis 1951, erfolgt bei ihm schon in rund 14 Jahren, also in weniger als der Hälfte der ganzen Umlaufszeit, wogegen die untere Tierkreishälfte zwischen 1951 und 1969 erst in rund 16 Jahren durchzogen wird. Dementsprechend entfallen auf die untere Tierkreishälfte 16 Saturnschleifen, während sich auf die obere Hälfte in etwas größeren Abständen voneinander nur 14 Schleifen verteilen.

* Ebenso wie bei Jupiter wird das 15jährige Weiten der Bewegungsbögen des Saturn über dem Horizont alljährlich während der Rückläufigkeit des Planeten von einem Kontrahieren unterbrochen. In relativ kurzer Zeit überdeckt Saturn dadurch einen schmalen Streifen seines Himmelsfeldes dreifach — im Weiten, Zusammenziehen und wieder Weiten. So entstehen im Auf- und Abstieg Saturns durch den Tierkreis je 15 dichtere Bänder in dem Spiralgewebe seiner Himmelsbögen. Die Breite dieser Zonen wechselt — auch bei Jupiter — je nach dem Ort der Rückläufigkeit im Zodiak. Entsprechendes gilt für die Auf- und Untergangsstellen am Horizont. *

XVI

Die Rhythmen des Mars

Unter den Planeten Saturn, Jupiter und Mars bietet letzterer hinsichtlich seines Erscheinungsablaufes und seiner Bewegungsrhythmen die am schwersten überschaubaren Verhältnisse. Einerseits erstreckt sich sein synodischer Umlauf auf mehr als 2 Jahre, wodurch Mars unter sämtlichen Planeten die längste Zeitspanne bis zur Wiederkehr der gleichen Erscheinungen benötigt. Andererseits zeigt er überall in seinen Bewegungen, sowohl vom zeitlichen wie vom räumlichen Aspekt aus, Unregelmäßigkeiten und Schwankungen, wie sie in solchem Maße bei keinem der anderen Planeten vorkommen.

Schon die Zeit zwischen zwei aufeinanderfolgenden Konjunktionen oder Oppositionen zur Sonne, also der synodische Umlauf, kann um etwa 50 Tage schwanken. Die Zeit variiert zwischen 2 Jahren 34 Tagen und 2 Jahren 80 Tagen. Der Durchschnittswert beträgt 2 Jahre und 50 Tage oder 780 Tage, mithin fast 2 Jahre und 2 Monate.

Ein halber Ablauf der Erscheinungen, z. B. der Wechsel von einer Konjunktion mit der Sonne bis zu einer Oppositionsstellung, erfolgt demnach in etwas mehr als einem Jahre. Parallel dazu geht der allmähliche Übergang von einer Unsichtbarkeitsperiode bis zur Zeit der besten Sichtbarkeit. Die Sichtbarkeit des Mars nimmt jeweils ein volles Jahr lang zu; das anschließende Jahr bringt dann die abklingende Sichtbarkeitsperiode.

Vor und nach jeder Konjunktion mit der Sonne wandert Mars sehr lange in enger Sonnennachbarschaft. Er bleibt hier reichlich ein halbes Jahr (für 6—7 Monate) unsichtbar. Am Ende einer solchen Zeit, also rund ¼ Jahr nach der Konjunktion, erfolgt der heliakische Aufgang, d. h. sein erstes Sichtbarwerden am Morgenhimmel. Mars erscheint zunächst als recht unscheinbares Gestirn von geringerer Leuchtkraft als ein Fixstern erster Größe; er ist daher wenig auffällig. Erst ein halbes Jahr später, zirka ¾ Jahre nach der Konjunktion, erreicht Mars seine erste Quadraturstellung zur Sonne, wobei er etwa von Mitternacht ab am Osthimmel sichtbar wird. In den anschließenden 3—4 Monaten bis zur Opposition nimmt seine nächtliche Sichtbarkeitsdauer ständig zu. Gleichzeitig steigert sich sein roter Glanz. Im ganzen kann die Mars-Helligkeit um mehr als 4 Größenklassen, d. h. maximal um etwa das 60-fache, anwachsen. Zur Zeit der Opposition übertrifft der Planet an Leuchtkraft weit alle Fixsterne; und unter den Wandelsternen zeigt nur Venus einen noch größeren Glanz. Allerdings ist bei Mars das starke Aufflammen seines Lichtes nur von kurzer Dauer; es klingt schon wenige Wochen später wieder ab. Endlich erlischt die Marssichtbarkeit, nachdem sie lange in zunehmendem Maße auf die Zeit der Abendstunden beschränkt war, mit dem heliakischen Untergang des Planeten am westlichen Abendhimmel. Dieser tritt etwa ¼ Jahr vor der nächsten Konjunktion mit der Sonne ein.

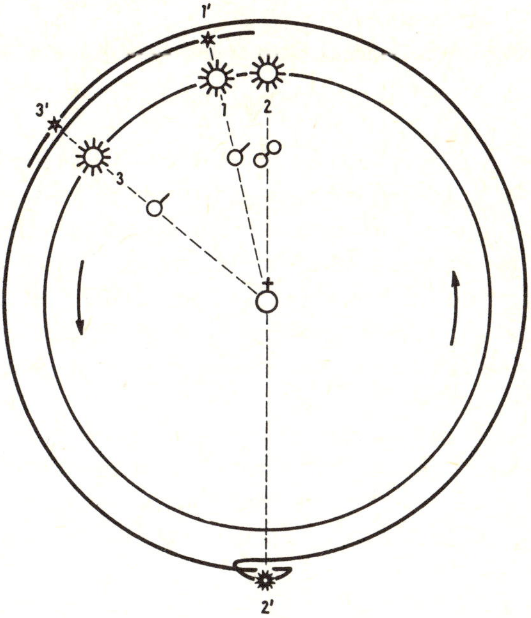

Fig. 86 Bewegung von Sonne und Mars im Tierkreis während eines synodischen Umlaufes des Planeten.

Der zweijährige Sichtbarkeitszyklus des Mars gliedert sich also nach seinen wichtigsten Stellungen überschläglich in die folgenden Zeitintervalle:

Marsstellung relativ zur Sonne	Durchschnittliche zeitliche Intervalle	Sichtbarkeit
Konjunktion		unsichtbar
	¼ Jahr	
Heliakischer Aufgang	9½ Monate	Sichtbarwerden am Morgenhimmel
	½ Jahr	
Erste Quadratur		sichtbar in der zweiten Nachthälfte
	¼ Jahr 3½ Monate	
Opposition		sichtbar während der ganzen Nacht
	¼ Jahr 3½ Monate	
Zweite Quadratur		sichtbar in der ersten Nachthälfte
	½ Jahr	
Heliakischer Untergang	9½ Monate	Unsichtbarwerden am Abendhimmel
	¼ Jahr	
Konjunktion		unsichtbar

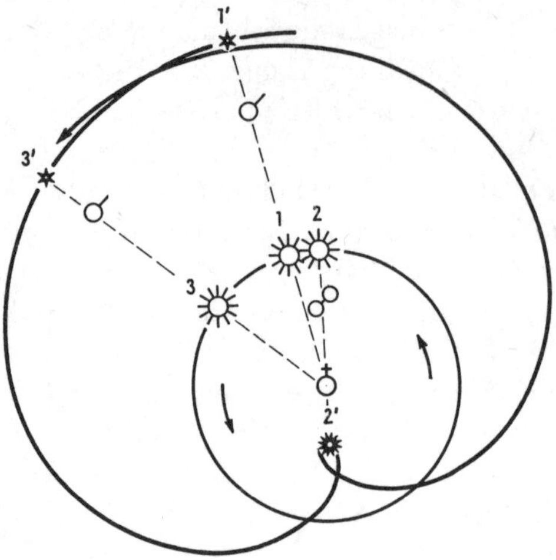

Fig. 87 Entfernungsverhältnisse zwischen Erde, Sonne und Mars im synodischen Umlauf.

Der Wechsel der gegenseitigen Stellungen zwischen Mars und Sonne im Laufe der zweijährigen Periode ist durch die verschiedene Geschwindigkeit bedingt, mit welcher die beiden Gestirne den Tierkreis durchlaufen. Einen Überblick vermittelt Fig. 86. Mars verändert im Durchschnitt nur halb so schnell seine Tierkreisstellungen wie die Sonne. Ausgehend von einer Konjunktion (1—1′) wird die Sonne nach einem Jahre einen vollen Umgang durch die Ekliptik vollendet haben, während Mars in der gleichen Zeit erst bis zur gegenüberliegenden Tierkreisgegend weitergerückt ist; dort tritt er in Opposition zur Sonne (2—2′). Nach einem weiteren reichlichen Jahre holt das Tagesgestirn, welches inzwischen ein zweites Mal den Zodiakus durchläuft, Mars erneut in einer Konjunktion ein (3—3′). In Fig. 87 sind die entsprechenden Entfernungsverhältnisse zur Erde veranschaulicht, worauf auf S. 119 noch näher eingegangen wird.

Da eine synodische Marsperiode im Mittel 2 Monate länger als 2 Jahre dauert, rücken die Begegnungsorte zwischen den beiden Gestirnen jeweils auch im Tierkreis weiter. Entsprechend werden die Oppositionsstellen und -daten verlagert. Einen Überblick geben die Daten der Marserscheinungen zwischen 1951 und 1970 auf Seite 208.

Ebenso verschieben sich die in zweijährigen Intervallen jeweils mit den Oppositionen zusammenfallenden Planetenschleifen des Mars. Auf Tafel VII ist die Lage der Marsschleifen für den Zeitraum von 1954—1969 dargestellt. Hierbei ist die zwischen zwei aufeinanderfolgenden Schleifen einmal durch den ganzen Zodiakus führende rechtläufige Bewegung nicht mit aufgezeichnet. Wie aus der Tafel entnommen werden kann, rücken die Marsschleifen alle 2 Jahre in recht unregelmäßigen Abständen weiter. Ferner zeigen die Schleifen in den verschiedenen Teilen des Tierkreises eine sehr unterschiedliche Länge. Ihre rückläufige Bahnstrecke beträgt durchschnittlich 15°. Die längsten Schleifen in den Sternbildern Löwe und Jungfrau haben eine Ausdehnung von über 19°, während die kleinsten in Steinbock, Wassermann und Fische nur etwa 10½° lang sind. Entsprechend variiert die Zeit, während der Mars in den Schleifen rückläufig ist. Im Mittel wird der erste Stillstand im Tierkreis 37 Tage vor der Opposition, und die zweite Stationärstellung, bzw. das Ende der Rückläufigkeit, 37 Tage nach der Opposition erreicht. Während des ganzen Schleifenrücklaufes vergehen somit durchschnittlich 74 Tage oder 2½ Monate. Diese Zeit kann jedoch zwischen 60 und 82 Tagen schwanken. Zugleich ist damit etwa der Zeitraum begrenzt, in welchem Mars bei einer Sichtbarkeitsperiode besonders lang und vor allem besonders lichtstark am Himmel zu beobachten ist.

Nach 7 Schleifenzügen, d.h. 7 synodischen Umläufen oder nach rund 15 Jahren ist eine Verlagerung der Marsschleifen durch den ganzen Tierkreis beendet. Alle 15 Jahre kommt also eine Schleifenbildung in derselben Tierkreisgegend zustande.

Allerdings ist die zyklische Wiederkehr gleicher Phänomene bei Mars nach 15 Jahren nur eine annähernde. Denn 7 mittlere Marssynoden sind um 19 Tage kürzer als 15 mittlere Sonnenjahre (genauere Zahlen vgl. S. 214). Die Marsschleifen fallen daher in den aufeinanderfolgenden 15jährigen Perioden nicht wieder auf die gleichen Tierkreisstellen, wie es z. B. der Vergleich zwischen den Schleifen von 1954 und 1969 auf Tafel VII deutlich zeigt. Bei der Wiederholung rücken die Schleifen vielmehr im wesentlichen in die bei der ersten Periode freibleibenden Lücken hinein. — Erst mit der großen Periode von 79 Jahren, nach Ablauf von 37 synodischen Umläufen, entsteht ein ziemlich guter Ausgleich. Dann kehren die Marserscheinungen datenmäßig um nur jeweils 3 Tage verspätet wieder; auch die Marsschleifen kommen in eine recht ähnliche, wenn auch nie in die völlig gleiche Lage zurück.

Zeitlich führt das Weiterrücken der Marsoppositionen und -konjunktionen von zwei zu zwei Jahren zu einer jahreszeitlichen Verschiebung der Sichtbarkeitsverhältnisse. Die optimale Sichtbarkeit tritt nach 2 Jahren immer durchschnittlich 2 Monate später ein und durchläuft so in der 15jährigen Marsperiode einmal alle Jahreszeiten.

Dabei ergeben sich in den verschiedenen Jahren auch recht unterschiedliche Beobachtungsbedingungen. Treten die Marsoppositionen im Herbst und Winter ein, wie es z. B. in den Jahren 1958, 1960/61 und 1962/63 der Fall war (vgl. die Marserscheinungen 1951—1970 S. 208), so liegen die zugehörigen Marsschleifen in den oberen Tierkreisbildern. Der Mars beschreibt in den Herbst- und Wintermonaten dieser Jahre einen hohen Bogen über dem Horizont und ist daher unter günstigen Bedingungen am südlichen Nachthimmel zu sehen. Er ist dann viel länger und besser beobachtbar, als zur Zeit derjenigen Oppositionen, welche in die Frühlings- und Sommermonate, z. B. der Jahre 1954, 1956 und 1969, hineinfallen, in denen er seine Schleifen in den tieferen Sternbildern beschreibt.

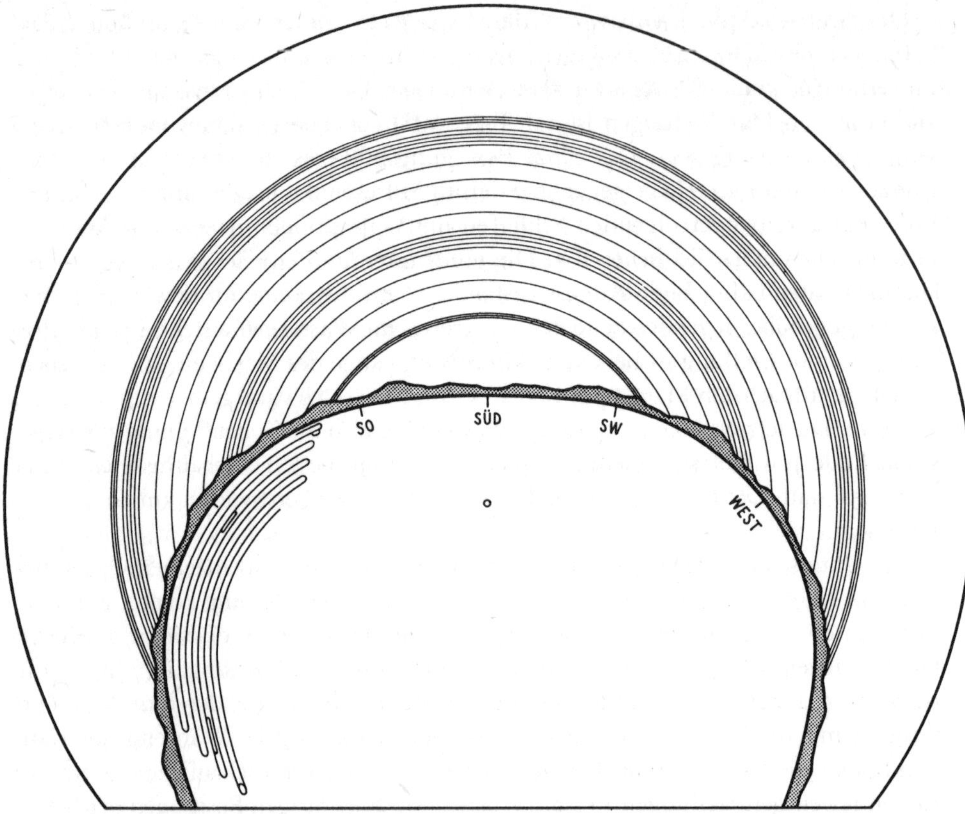

Fig. 88 Rhythmisches Weiten und Zusammenziehen im Himmelsfeld des Mars während einer Periode von zirka 4 Jahren.

* Die Sichtbarkeitsbedingungen hängen also nicht nur von dem synodischen Umlauf des Planeten ab, sondern auch von seinem knapp zweijährigen Umgang durch den Tierkreis. Im Verlaufe dieser Zeit heben und senken sich die Kulminationshöhen einmal zwischen ihren Grenzwerten. Dieses Weiten und Kontrahieren wird jedoch wie bei Saturn und Jupiter durch die Rückläufigkeit unterbrochen, während welcher eine dreifache «Verdichtung» der Himmelsbögen des dann hellstrahlenden Mars erfolgt. Da die synodische Umlaufszeit des roten Planeten 2 Jahre und 2 Monate währt, können seine «Verdichtungsbänder» nicht unmittelbar nacheinander entstehen. Vielmehr vollzieht sich zwischendurch mehr als ein voller Tierkreisdurchgang. Das heißt aber, daß von einer Verdichtung ausgehend zunächst alle Höhen und Tiefen der Himmelsbögen spiralig durchlaufen werden und erst nach weiterer Verschiebung, 2 Monaten entsprechend, ein Streifen des Himmelsfeldes dreimal überdeckt wird (Fig. 88). *

Die Sichtbarkeitsverhältnisse des Mars, wie sie aus seiner Stellung im hohen oder tiefen Teil des Tierkreises resultieren, werden durch seine verschiedenen räumlichen Entfernungen von der Erde noch stark modifiziert. Der Wechsel zwischen erdfernen und erdnahen Marsstellungen ist auf Tafel VIII für eine 15-Jahres-Periode dargestellt (vgl. auch Fig. 87). Das ganze Bewegungsbild zeigt in einer solchen Epoche eine stark exzentrische Lage gegenüber der im Mittelpunkt der Zeichnung gedachten Erde. Bei aufeinanderfolgenden Schleifen mit Oppositionen nähert sich Mars der Erde in sehr unterschiedlicher Art. Die günstigsten und erdnächsten Oppositionen kommen datenmäßig Ende August zustande, wenn die Sonne im Löwen und Mars auf der gegenüberliegenden Seite des Tierkreises im Wassermann steht. Die günstigste Oppositionsstellung ist bei einer ekliptikalen Länge des Mars von 334° gegeben. — Solche erdnächsten Marsoppositionen wiederholen sich naturgemäß nur zirka alle 15 Jahre. Die letzten fanden 1924, 1939 (wobei jedoch die Gegenstellung zur Sonne schon Ende Juli eintrat, so daß sich nicht die extrem besten Verhältnisse ergaben) und 1956 statt. Die nächste erdnahe Marsopposition wird erst wieder am 10. August 1971 sein.

Die Unterschiede der Marsentfernung von der Erde bei den einzelnen Oppositionen sind recht beträchtlich. Bei einer extrem nahen Gegenstellung kommt Mars der Erde um etwa die Hälfte näher, als dies bei einer erdfernen Opposition geschieht. Die Distanzen betragen 0,37 resp. 0,68 der Sonnen-Erd-Entfernung. In jedem Falle ist Mars in dieser Zeit der Erde wesentlich näher als die Sonne, deren mittlere Entfernung mit rund 150 Millionen Kilometer berechnet wurde. Während der Konjunktionen steht Mars räumlich hinter der Sonne. Dies veranschaulicht Fig. 87, wo zu den jeweiligen Stellungen (1′, 2′, 3′ usw.) die zugehörigen Positionen der Sonne angegeben sind. In größter Erdferne ist Mars um das 2,68fache des Sonnen-Erd-Abstandes entfernt. Er hat dann also eine etwa siebenmal größere Entfernung von der Erde als zur Zeit seiner größten Erdnähe. — Damit ist Mars unter allen Planeten derjenige, welcher bezüglich der Erde die größten Entfernungs-Schwankungen aufweist.

Entsprechend seinen unterschiedlichen Entfernungen erscheint Mars im Fernrohr als eine verschieden große, rötlich gefärbte Scheibe, deren Durchmesser zwischen 3,5″ und 26″ schwanken kann.

Mars wird vor und nach der Konjunktion, wie auch zur Opposition von der Erde aus gesehen, voll von der Sonne beschienen. Zur Zeit der Quadraturen jedoch erscheint die Marsscheibe nicht ganz voll beleuchtet, so daß sie dann etwas oval aussieht, d. h. einen kleinen Phasenwechsel zeigt.

XVII

Saturn, Jupiter und Mars im Fernrohr
Ring und Monde

Wird *Saturn* im Fernrohr beobachtet, so zeigt er eine in mattem Lichte bläulichweiß scheinende Planetenscheibe, die von einem freischwebenden Ring umgeben wird. Dieser verleiht ihm sein einzigartiges Gepräge unter allen Planeten. Er wurde zum ersten Male von Galileo Galilei im Jahre 1610 beobachtet.

Der Durchmesser der Planetenscheibe ist geringen Schwankungen unterworfen. Hieraus und nach anderen astronomischen Beobachtungen (z. B. Winkelmessungen) kann auf eine wechselnde Entfernung des Planeten von der Erde geschlossen werden. Die mittlere Distanz von der Erde, bezogen auf die mittlere Entfernung Sonne-Erde als Einheit, beträgt 9,5. — Die Saturnscheibe erscheint nicht rund, sondern ziemlich abgeplattet.

Die Oberfläche des Saturn weist schwache dunklere Streifen auf; konturierte Flecken sind selten. Aus der Beobachtung der Bewegung der Flecken wurde eine Umdrehungszeit des Planeten von meist 10¼ Stunden gefunden; für einzelne Teile der Planetenoberfläche ergaben sich jedoch auch etwas größere Werte. Der sichtbare Saturnkörper ist demnach keine starre Kugel. — Der Äquator des Saturn ist 28° gegen die Ekliptik und 27° gegen seine Bahnebene geneigt.

Der *Ring* des Saturn weist eine deutliche Gliederung in drei Zonen auf, welche durch dunkle Linien getrennt sind. Die stärkste von ihnen, die Cassinische Teilung, trennt den heller leuchtenden mittleren von einem matteren äußeren Ring. An den hellen Ring schließt sich nach innen der schwachleuchtende durchscheinende Flor- oder Schleierring an.

Der Ring rotiert in der Äquatorebene des Saturn um den Planeten. Er dreht sich dabei jedoch nicht als eine starre Einheit[20], vielmehr nimmt die Rotationsgeschwindigkeit mit wachsender Entfernung vom Saturnzentrum ab. Ein Punkt des innersten Ringes umkreist den Saturn schon in etwa 5 Stunden, ein Punkt des äußeren Randes dagegen erst in zirka 14 Stunden. Die inneren Teile des Ringes eilen also der 10-stündigen Eigendrehung des Saturn voran, während die langsameren äußeren Ringteile ihr gegenüber zurückbleiben.

In aufeinanderfolgenden Jahren bietet der Saturnring für die Beobachtung ganz verschiedene Aspekte. Von der Erde aus gesehen wechseln die Stellungen periodisch in einem Rhythmus von 29½ Jahren, also entsprechend dem Saturnumlauf durch den Tierkreis (Fig. 89). Da die Ringebene unter einem Winkel von 28° gegen die Ekliptik geneigt ist, wird abwechselnd einmal die obere, nördliche Ringseite, und zu anderen Zeiten die untere, südliche Seite sichtbar. Bei den Übergängen fällt die Ringebene direkt in die Blickrichtung. Dann erscheint die Kante des Ringes als

[20] Die Bestimmung dieser Bewegungen und Geschwindigkeiten wurde auf spektralanalytischem Wege unter Zuhilfenahme des Dopplerschen Prinzipes möglich.

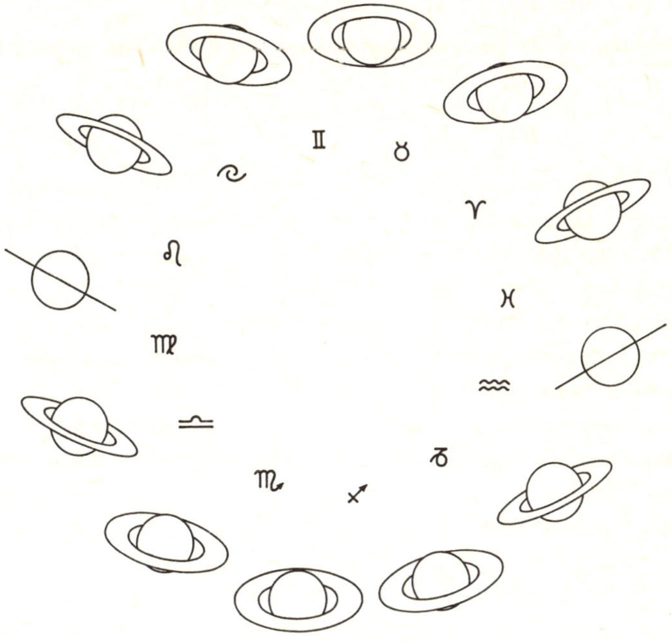

Fig. 89 Die wechselnde Lage des Saturnringes zur Erde bei einem Tierkreisumlauf.

Linie. Der Durchgang durch diese Ringlage findet jeweils am Ende des Sternbildes Löwe und zwischen den Sternbildern Wassermann und Fische statt. Entsprechend tritt die größte Ringöffnung ein, wenn Saturn zwischen Skorpion und Schützen, bzw. zwischen Stier und Zwillingen, steht. Dann erscheint die Saturnscheibe wie eingebettet in den Ring und ganz von ihm umschlossen. In Fig. 89 ist der Wechsel der Ringstellungen in 12 Stadien wiedergegeben. Infolge der ungleichmäßigen Wanderung Saturns durch den Zodiakus ist die Zeit, in der die nördliche Ringseite zu sehen ist (15,7 Jahre), wesentlich länger als der Zeitraum, in dem Saturn die südliche Ringfläche zeigt (13,7 Jahre). Von 1966 bis 1980 liegt die letztgenannte Stellung vor; danach bleibt bis 1996 die Nordseite des Ringes sichtbar.

Die wechselnde Lage des Ringes bedingt eine erhebliche Schwankung der Gesamthelligkeit des Saturn, welche auch für die Beobachtung mit bloßem Auge durchaus bemerkbar ist. So zeigt der Planet während des 29½jährigen Umlaufes eine zweimalige Zunahme und Abnahme seiner Leuchtkraft. Die Maxima seines Glanzes fallen natürlich in die Zeiten der größten Ringöffnung; die Minima treten bei unsichtbarem Ring ein. Die Helligkeitsunterschiede bemessen sich auf fast zwei Größenklassen.

Jahre mit extremen Ringstellungen sind die folgenden:

	Ring unsichtbar		*Größte Ringöffnung*
Jahr	Tierkreisstellung	Jahr	Tierkreisstellung
1861	Löwe/Jungfrau	1869	Skorpion/Schütze
1878	Wassermann/Fische	1885	Stier/Zwillinge
1891	Löwe/Jungfrau	1899	Skorpion/Schütze
1907	Wassermann/Fische	1914	Stier/Zwillinge
1921	Löwe/Jungfrau	1929	Skorpion/Schütze
1936	Wassermann/Fische	1943	Stier/Zwillinge
1950	Löwe/Jungfrau	1958	Skorpion/Schütze
1966	Wassermann/Fische	1973	Stier/Zwillinge
1979	Löwe/Jungfrau	1988	Skorpion/Schütze
1995	Wassermann/Fische	2002	Stier/Zwillinge

Im einzelnen Fall erfolgen die Durchgänge durch die Ringunsichtbarkeit unter recht verschiedenen Bedingungen. Wesentlich ist dabei vor allem die gleichzeitige Situation innerhalb des synodischen Umlaufes. Besonders ausgezeichnete Verhältnisse ergeben sich, wenn der Durchgang der Ringebene bezüglich der Erde mit der Oppositionsstellung Saturns zusammenfällt, weil dann Saturn, Erde und Sonne in

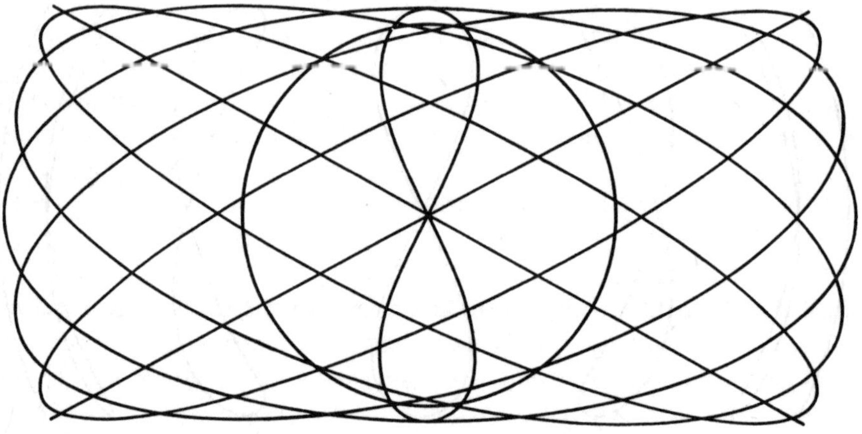

Fig. 90 Zusammenfassung der Ringlagen von 30 Jahren.

einer Linie stehen. Auch bei der Konjunktionsstellung sind ähnliche perspektivische Verhältnisse gegeben, doch bleibt der Durchgang dabei unsichtbar. Der Ring ist in diesen Fällen infolge seiner Lage zur Erde, und weil er vom Sonnenlicht nur von der Kante her beleuchtet wird, nicht zu sehen. Zu anderen Zeiten fällt der Durchgang der Ringebene durch die Erde nicht mit der Konjunktion des Planeten mit der Sonne zusammen, obwohl beide Ereignisse immer nur wenige Monate auseinanderliegen können. Es kann sich z. B. ergeben, daß der Ring für mehrere Tage und Wochen ganz oder wenigstens nahezu unsichtbar bleibt, weil er der Erde die dunkle, von der Sonne nicht mehr oder noch nicht beleuchtete Ringfläche zukehrt.

Etwa alle 15 Jahre können, je nach den gegebenen Verhältnissen, ein, zwei oder drei aufeinanderfolgende Durchgänge bezüglich der Erde zustandekommen. So brachten z. B. die Jahre 1907/1908 und 1936/1937 einen dreifachen Durchgang der Ringunsichtbarkeit. Die mehrfachen Durchgänge, die im Abstand von mehreren Monaten aufeinanderfolgen, entstehen, wenn der Saturn bei seiner Schleifenbewegung dreimal die Tierkreisstelle passiert, wo die Ringebene mit der Blickrichtung von der Erde zusammenfällt.

Eine Zusammenfassung der Bewegungserscheinungen des Saturnringes gegenüber der Erde in 30 Jahren ist in den Fig. 90 und 91 dargestellt. Der Wechsel der Ringlage mit der sich ändernden Öffnungsweite und mit den zugleich eintretenden verschiedenen Schrägstellungen ist dabei in einem Bilde vereinigt[21].

Die Gesamtbewegung des Saturnringes — von den zusätzlichen kleinen jährlichen Schwankungen wurde hier abgesehen — zeigt bei diesem Überblick denselben Charakter einer scherenden Auf- und Abwärtsbewegung, wie er schon verschiedentlich,

[21] Die gezeichneten Ringlagen sind jeweils nach ekliptikalen Koordinaten orientiert.

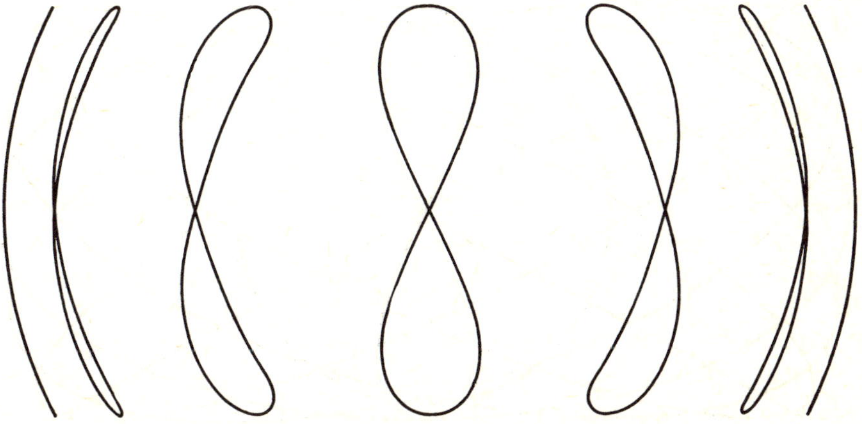

Fig. 91 Lemniskatische Bewegung einzelner Ringorte in 30 Jahren.

z. B. bei der jährlichen Verlagerung des Sonnenäquators relativ zur Erde, beschrieben wurde.

Wird dabei noch besonders der Punkt der Kantenmitte des Saturnringes ins Auge gefaßt, so beschreibt derselbe in 30 Jahren vor der Saturnscheibe auf- und niederschwingend eine sphärische Lemniskate (Fig. 90). Punkte des Ringes, welche seitlich von dieser Kantenmitte im Abstand von 30° und 60° liegen, verlagern sich während der 30jährigen Saturnringbewegung längs der lemniskatischen Linien, wie sie in Fig. 91 mit eingezeichnet sind.

Außer von seinem Ring wird der Saturn noch von 9 *Monden* umkreist. Die drei saturnnächsten bewegen sich in den sehr kurzen Zeiten von 22½ Stunden, 1,4 und 1,9 Tagen um ihren Zentralkörper. Die weiter entfernten Monde haben Umlaufszeiten von mehreren Tagen und Wochen, der äußerste von 550 Tagen. Dieser Satellit (Phoebe) zeigt ferner ein den anderen Saturnmonden gegenüber anormales Verhalten; er umkreist den Planeten in umgekehrter Richtung, retrograd, und fällt damit ganz aus dem gleichmäßigen System der übrigen Monde heraus.

Jupiter zeigt sich im Fernrohr als eine lichte, gelblich-weiße Planetenscheibe. Auch ihr Durchmesser ist geringen Schwankungen unterworfen. Hieraus und aus Winkelmessungen wurde eine mittlere Entfernung von 5,2, bezogen auf die mittlere Distanz Sonne-Erde, errechnet.

Quer über dem Planeten ist eine Reihe dunklerer Streifen von ungleicher Breite und ungleichen Abständen sichtbar. An den Details, insbesondere an dem sogenannten «roten Fleck», läßt sich die Eigenrotation des Jupiter beobachten; sie beträgt knapp 10 Stunden, nimmt jedoch gegen die Pole hin etwas zu. Die Umdrehungsachse des Planeten steht nahezu senkrecht auf seiner Bahnebene. Die Rotation erfolgt in der Richtung der Streifen, diese liegen also parallel der Äquatorzone des Planeten. An den Polen weist Jupiter eine ziemlich große Abplattung auf.

Etwa in der Verlängerung des Jupiteräquators, dessen Ebene auch sehr nahe mit der Ekliptik zusammenfällt, kreisen vier große *Jupitermonde*. Sie wurden erstmals von Simon Marius (Mayr), einem früheren Schüler Tycho de Brahes, in Prag und Galileo Galilei in Florenz in den Jahren 1609/10 beobachtet, als sie als erste das Fernrohr für die Himmelsbeobachtung anwandten. Diese vier hellen Monde umkreisen ihren Planeten in Abständen von 3—13 Jupiterdurchmessern und mit Umlaufszeiten von 1,7, 3,5, 7,2 und 16,7 Tagen. Im Laufe dieses Jahrhunderts wurde eine Reihe weiterer Jupitermonde entdeckt; der letzte, zwölfte, erst 1951. Diese Trabanten sind jedoch alle sehr klein und lichtschwach. Bemerkenswert ist insbesondere, daß die jupiterfernen Monde VIII, IX, XI und XII, deren Umlaufszeiten zwischen 625 und 755 Tagen liegen, sehr stark gestörte und nicht geschlossene Bahnen bezüglich des Planeten beschreiben; außerdem umkreisen sie Jupiter in zu den übrigen Monden entgegengesetzter Richtung, sind also rückläufig. Ebenso wie der äußerste Saturnmond fallen sie damit ganz aus dem System der Jupitermonde heraus.

Mars ist im Fernrohr als rötliche Scheibe sichtbar. Über die große Schwankung seines Durchmessers, die Entfernungen von der Erde und den feinen Phasenwechsel wurde bereits auf Seite 119 berichtet. — Die geringe Abplattung des Mars ist etwas kleiner als diejenige der Erde.

Die Oberfläche des Mars ist besser als die irgendeines anderen Planeten bekannt. Dunkle Streifen und Punkte liegen zwischen helleren Gebieten. Von den veränderlichen Flecken sind besonders die beiden hellen an den Polen bemerkenswert. Ihr Umfang vergrößert und verringert sich, je nachdem, ob auf der entsprechenden Marshälfte «Sommer» oder «Winter» herrscht.

An diesen Oberflächenstrukturen wurde die Eigenrotation des Mars mit $24^h\ 37^m$ festgestellt; die Neigung des Äquators gegen die Bahnebene beträgt 25°. Dies entspricht ungefähr den Verhältnissen, wie sie bei der Erde vorhanden sind.

Bei starker Fernrohrvergrößerung und sehr guten Beobachtungsverhältnissen werden die zwei kleinen Trabanten des Mars, seine *Monde* Phobos und Daimos (Furcht und Schrecken), sichtbar. Sie wurden 1877 bei einer günstigen Marsopposition entdeckt. Die beiden umkreisen den Planeten in äußerst engem Abstand und sehr großer Geschwindigkeit. Der Mond Phobos läuft nur 1,4 Marsdurchmesser vom Zentrum des Planeten entfernt und beendet eine Umlaufszeit schon in $7^h\ 39^m$, d.h. in wesentlich kürzerer Zeit, als sich der Mars selbst um seine Achse dreht. Der zweite Mond, Daimos, umkreist in 3,5 Marsdurchmesser Entfernung den Planeten in 30 Stunden einmal.

XVIII

Die Schleifenbildungen bei Saturn, Jupiter und Mars
Zusammenschau

Durch die Schleifenbildungen hebt sich der Wandelsterngang gegen den Sonnen- und Mondenlauf charakteristisch ab.

Der Betrachtung im einzelnen seien einige Bemerkungen vorangeschickt.

Seit in Griechenland die alte Himmelskunde und Sternenweisheit der Mysterien sich zur Himmelswissenschaft wandelte, war es immer von neuem das Rätsel des geheimnisreichen und vielverschlungenen Hin- und Widerganges der Planeten, das zu einer geometrischen Darstellung und verstandesmäßigen Deutung aufforderte. Der planetare Schleifengang wurde zum Ansporn und hauptsächlichen Anlaß des astronomischen Bemühens, welches zu den geistesgeschichtlich bedeutsamen antiken Weltbildern des Eudoxus und Ptolemäus führte. Mit der heraufkommenden Neuzeit entwickelten Kopernikus und Kepler neue Lösungen zu diesem alten Rätselproblem der Menschheit[22].

Die Planetenschleifen sind in den konkreten Einzelheiten und der reichen Differenzierung für die verschiedenen Planeten selbst dem Kundigen zumeist wenig bekannt. Der Grund dafür liegt vor allem darin, daß eine nähere Beschäftigung überflüssig erscheint, seit das heliozentrisch-kopernikanische Weltbild den Scheincharakter der Schleifenbahnen enthüllt hat. Damit wurde klargelegt, daß diese nicht die wirklichen, realen Planetenbahnen im Sonnensystem wiedergeben, so wie es die naiv hinnehmende Anschauungsart noch des Mittelalters geglaubt hatte. Die Planetenschleifen wurden als perspektivische Abzeichnungen der Blickrichtung zu den Planeten an der Himmelssphäre infolge des gleichzeitigen, aber verschieden raschen Laufes der Erde und der Planeten auf ihren kreisförmigen, bzw. elliptischen Bahnen um die Sonne aufgewiesen.

Im heliozentrischen Weltaspekt haben die «scheinbaren» Planetenbewegungen als Relativbewegungen gewiß die ihnen früher zugeschriebene Bedeutung eingebüßt. Durch eine Erweiterung der Fragestellung kann aber der mit den Erscheinungen der Schleifenbahnen verknüpfte Sinn in gewandelter, höherer Art erschlossen und neu gefunden werden. Denn der fraglichen bewegungsmäßigen Relativität liegt als Wirklichkeit offenbar eine *Relation* zugrunde; und diese wurzelt in der realen Gegebenheit, daß der Bewegungsumlauf der Erde und der eines Planeten räumlich und zeitlich in bestimmten Maß- und Zahlenverhältnissen zueinander stehen.

Die sphärisch beschriebenen Schleifenbahnen zeigen zwar nicht in naivem Sinne die Bewegungen des einzelnen Planeten als solche, aber sie lassen am Wechsel der beobachtbaren Planetenstellungen das spezifisch geartete *Bewegungsverhältnis* sichtbar werden, das zwischen der Erde und einem jeden Planeten waltet. In der Art des Verhältnisses zweier Dinge zueinander spiegelt sich immer auch etwas von ihrem *Verhalten.* Das zeigt auch das Studium der Schleifenbewegungen und läßt sich an ihnen miterleben. *Wie* die Schleifenzüge der einzelnen Wandelsterne sich am Himmel verteilen und anordnen, darin kommt etwas vom «Verhalten» eines jeden Planeten zu der Erde in der ihm eigenen individuellen und charakteristischen Art zum Ausdruck.

Die Methode der Darstellung, welche sich im Sinne Goethes vorzugehen bemüht, sei nochmals folgendermaßen zusammengefaßt: Es werden gewisse astronomische *Einzelphänomene* aneinandergereiht und die dadurch entstehenden Erscheinungsketten verfolgt. Wenn derart die Überschau der räumlich-zeitlichen Abläufe nur genügend weit fortgeführt wird, so erwachsen und formen sich aus den Einzelerscheinungen von selbst bestimmte zusammenfassende *Bilder,* zu welchen jedes Einzelphänomen seinen Anteil beiträgt. Hieran anschließend ergibt sich die Möglichkeit eines weiteren Schrittes, wenn die gewonnenen Bilder bei demselben oder bei verschiedenen Planeten miteinander verglichen werden. Ein solches vergleichendes An-

[22] Auf die verschiedenen Weltsysteme wird im II. Teil näher eingegangen. Vgl. auch den Hinweis im Nachwort.

schauen kann dazu führen, daß *Urphänomene* sichtbar werden. Mit ihrem Gewahrwerden wird innerlich eine ordnende Gesetzmäßigkeit ergriffen, welche verborgen im Erscheinungsgang waltet, von welchem ursprünglich der Ausgang genommen wurde.

Die Schleifenformen eines einzelnen Planeten, sowie diejenigen der Planeten untereinander, variieren. Es gilt, die darin waltende Ordnung aufzufinden.

Bei genauerer Beobachtung wird deutlich, wie sich Saturn, Jupiter und Mars während eines halben Tierkreisumganges in südlicher und, während der anderen Hälfte, in nördlicher Breite von der Ekliptik bewegen. An zwei gegenüberliegenden Tierkreisstellen überschneiden ihre Bahnen die Ekliptik; diese Schnittpunkte werden wie beim Monde als aufsteigender (☊) und absteigender (☋) Knoten bezeichnet. Sie befinden sich bei Saturn und Jupiter in den Sternbildern Zwillinge und Schütze, sind aber bei Saturn mehr gegen den Krebs und den Steinbock hin gelegen (Saturn ☊ 113°, ☋ 293° Länge; Jupiter ☊ 100°, ☋ 280° Länge). Bei Mars liegt der aufsteigende Knoten am Ende des Sternbildes Widder (49° Länge), der absteigende Knoten im Sternbild der Waage (229° Länge). — Wie beim Mond sind die Knotenrichtungen auch bei den Planeten nicht feststehend. Jedoch macht sich die äußerst geringe Verschiebung erst in sehr, sehr großen Zeiträumen bemerkbar; sie kann daher hier außer acht gelassen werden.

Die Neigung der Planetenbahn gegenüber der Ekliptik ist bei Saturn etwa doppelt so groß als bei Jupiter. Die größte nördliche und südliche Breitenabweichung von der Sonnenbahn ist bei Saturn ± 2,5°, bei Jupiter etwa ± 1,3°. Mars steht mit ± 1,8° dazwischen. Diese maximalen Breiten werden jeweils in der Mitte zwischen zwei Knoten erreicht, d. h. für Saturn in Jungfrau und Fische (203° bzw. 23° Länge), bei Jupiter in denselben Sternbildern, jedoch in 190° bzw. 10° Länge, und für Mars in Löwe und Wassermann (139° und 319° Länge).

Bei den Knoten der Planetenbahnen entstehen offene, zickzack- bzw. S-förmige Schleifen, deren schräglaufender, rückwärtsgerichteter Teil immer die Ekliptik überschneidet. Neunzig Grad davon entfernt ergeben sich die symmetrischen runden Schleifenformen. Dazwischen gliedern sich Formenübergänge der Schleifenzüge ein.

* Am Beispiel des *Jupiter* seien die Schleifenformen noch genauer ins Auge gefaßt. Figur 92 stellt etwas schematisiert 12 Jupiterschleifen dar, wie sie sich im Tierkreis bei einem siderischen Umlauf des Planeten ergeben. Zum besseren Vergleich sind sie außerdem aus der Tierkreisrichtung heraus in die «Horizontale» gedreht.

Die Schleife in der Jungfrau ist nach oben (Norden) gewendet und symmetrisch gebildet, diejenige in den Fischen entsprechend nach unten (Süden). Bei den Knoten in den Zwillingen und im Schützen bilden sich die S-förmigen Linienzüge. Dazwischen liegen jeweils zwei Übergangsformen. Von der Jungfrau zur Waage wird die nach Norden gewendete Schleife asymmetrisch, von Skorpion zu Schütze löst sie sich zur S-Form auf. Dann wird sie nach der anderen Seite neu geknüpft und strebt aus der Asymmetrie zu der nach Süden gewandten Symmetrie in den Fischen. Es

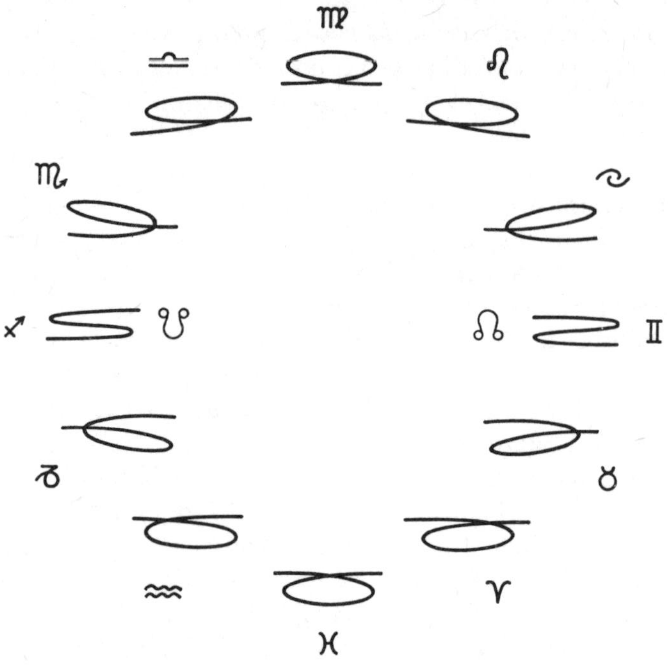

Fig. 92 Schleifenmetamorphose des Jupiter im Tierkreis. (Das Grundprinzip hervorgehoben.)

folgt eine Verschiebung des Schleifenschnittpunktes nach der anderen Seite und vom Stier zu den Zwillingen eine Auflösung. Sie knüpft sich erneut gegen Norden und gewinnt in der Jungfrau die Symmetrie der Ausgangslage zurück. Dieser Gestaltenwandel kann als eine Art kosmischen Urbildes einer Metamorphose angesprochen werden.

Außerdem ergeben sich symmetrische Verhältnisse zwischen linker und rechter Seite der Fig. 92, andere zwischen oberer und unterer Hälfte. Jedoch wird der aufmerksame Betrachter noch weitere Symmetrien entdecken. In dem Gestaltenwandel liegen also noch die vielfältigsten gegenseitigen Beziehungen, wobei stets eine Form einer oder mehreren die Waage hält.

Wird eine Schleife etwas verschoben(was in größeren Zeitintervallen geschieht, wie auf Seite 110 dargestellt), müssen ihr alle anderen folgen. Aber ein neues «inneres Gleichgewicht» der Einzelteile stellt sich ein. Neben dem Urbild der Metamorphose entsteht das Bild eines großen Schleifenorganismus, dessen Glieder sich harmonisch und gegenseitig tragend zum Ganzen fügen.

Auf Tafel V ist dieser ganze Formenwandel in seiner richtigen Tierkreislage für die Jahre 1959—1970 dargestellt.

Bei *Saturn* umfaßt dieser Organismus 28 Schleifen, wodurch die Schritte von einer Schleifenform zur nächsten kleiner sind. Das Grundprinzip ist jedoch dasselbe (vgl. Tafel IV). *

Der Schleifenorganismus des *Mars* umfaßt in einer ersten Stufe in 15 Jahren 7 bis 8 Schleifen (s. S. 117). Figur 93 zeigt die Formenreihe im Schleifenring mit der zugehörigen Schräglage gegenüber der Ekliptik perspektivisch und halbschematisch. In Richtung der Sternbilder Krebs und Löwe erhebt sich bei Mars die Schleifenlage zur größten nördlichen Breite über der Ekliptik; gegenüber, im Steinbock und Wassermann, senkt sie sich am meisten südlich unter die Ekliptikebene. Bei den Knoten ergeben sich wiederum die S-förmigen Gestalten, dazwischen jeweils nur eine Übergangsform. Auch hier sind dieselben Polaritäten und Spiegelungen innerhalb des ganzen Schleifenreigens wie bei Jupiter zu erkennen.

* In der nächsten 15-Jahres-Periode verschieben sich die Schleifenlagen ungefähr auf die Zwischenräume der Formen in der Fig. 93. Sämtliche Schleifengestalten verwandeln sich damit in Zwischenstufen der abgebildeten. Die gegenseitigen Verhältnisse bleiben jedoch erhalten. Nach einer langen Reihe solcher Verwandlungen (s. S. 117) tritt dann annähernd die dargestellte Ur-Situation wiederum auf.

Während Saturn und Jupiter jedes Jahr von Stufe zu Stufe eine Gestalt ihres Schleifenorganismus zum Aufleuchten bringen, erglänzt bei Mars nur jedes zweite Jahr eine Schleife, ebenfalls die nächste in der Gestaltenreihe. Aber dazwischen durchwandert er den ganzen Tierkreis, wie dies bereits ausgeführt wurde. *

Als nächstes seien die *Schleifengrößen* betrachtet. — Die Rückläufigkeit nimmt von Saturn (6,5°) über Jupiter (10°) zu Mars (durchschnittlich 15°) zu, hingegen verkürzt sich die Zeit, in welcher die Planeten gegenläufig sind (Saturn 140, Jupiter

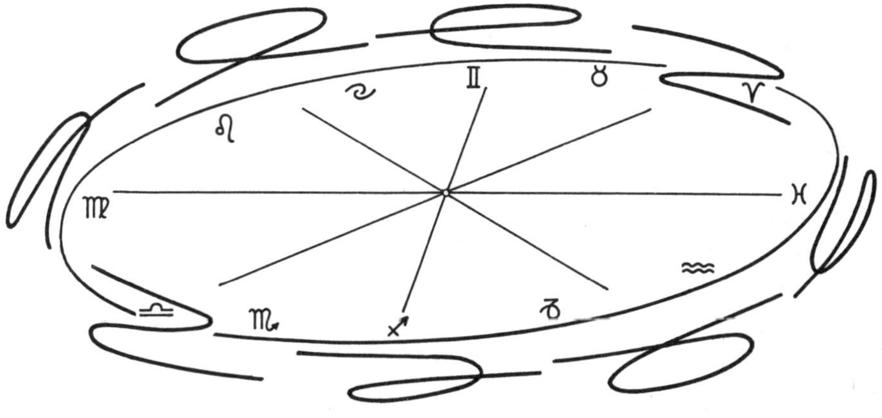

Fig. 93 Formenreihe im Schleifenring des Mars, perspektivisch und halbschematisch.

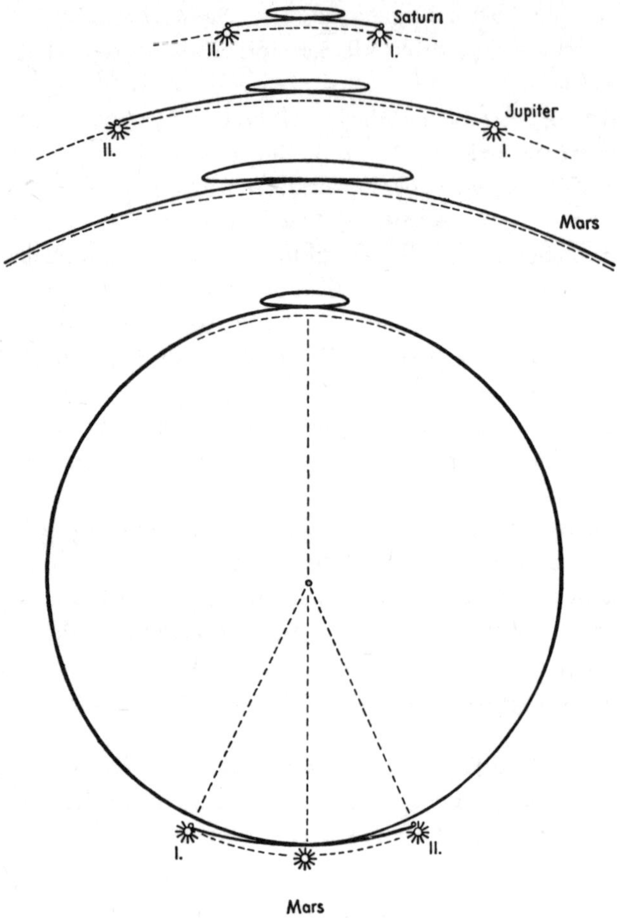

Fig. 94 Vergleich der Schleifenbahnen der oberen Planeten im synodischen Umlauf.

120 und Mars 74 Tage im Mittel). Auch im Verhältnis zur Dauer des ganzen synodischen Umlaufes treten von Saturn zu Mars die Planetenschleifen in zeitlicher Hinsicht immer mehr zurück.

Figur 94 zeigt im oberen Teil die maßstäblich gleiche Gegenüberstellung für eine Saturn-, eine Jupiter- und eine Marsschleife, wobei sich die Maße des sphärischen Weiterrückens und die mittlere Schleifengröße ablesen lassen. Die Wiederkehr einer Konjunktion mit der Sonne (synodischer Umlauf) ist durch die Punkte I und II bezeichnet. Bei Saturn und Jupiter beträgt diese Zeit wenig mehr als 1 Jahr. Der über 2jährige synodische Umlauf des Mars ist im unteren Teile der Figur abgebildet (vgl. Kap. XVI).

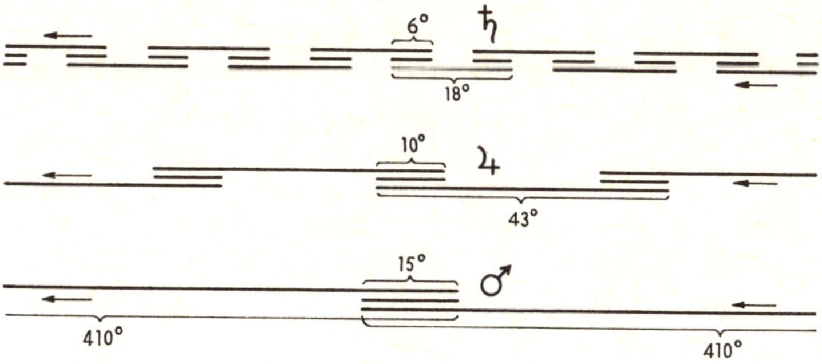

Fig. 95 Verhältnis von Rechtläufigkeit zu Rückläufigkeit bei Saturn, Jupiter und Mars.

* Weitere charakteristische Unterschiede zwischen den Planeten Saturn, Jupiter und Mars ergeben sich, wenn das Verhältnis *Rechtläufigkeit zu Rückläufigkeit* angeschaut wird; es ist in Fig. 95 schematisch dargestellt. — *Saturn* ist im Mittel gut 18° rechtläufig und 6—7° rückläufig. Daraus resultiert ein Verhältnis von 3:1, d. h. zwischen zwei Schleifen liegt ein rechtläufiges Bahnstück, welches der Größe einer Schleife entspricht. Oder noch anders ausgedrückt: Saturn geht zwei Schritte voraus und beschreibt dann eine Schleife (mit Rückläufigkeit und entsprechender Rechtläufigkeit, so daß die Schleife vollendet ist), welche wiederum der Größe eines Schrittes entspricht. Also 2 Schritte voraus — Schleife — 2 Schritte voraus — Schleife — usw.

Bei *Jupiter* beträgt die Rechtläufigkeit 43°, die Rückläufigkeit im Mittel 10°; es ist etwa das Verhältnis 4:1. Die Rechtläufigkeit zwischen zwei Schleifen ist doppelt so lang wie eine Schleife. In obigem Sinne kann gesagt werden: Jupiter wandert 3 Schritte voraus — dann Schleife — 3 Schritte voraus — Schleife — usw.

Für *Mars* sind die entsprechenden Werte großen Schwankungen unterworfen. Als Mittel können für die Rechtläufigkeit 410° und für die Rückläufigkeit 15° angenommen werden. Dies entspricht einem Verhältnis von zirka 27:1. Für den roten Planeten ergibt sich demnach: 26 Schritte voraus — Schleife — 26 Schritte voraus — Schleife — usw.

Jupiter reiht in einem gewissen harmonischen Gleichmaß eine Schleife mittlerer Größe an die andere. Saturn beschreibt seine kleinen, engen Schleifen in dichter Folge. Bei Mars hingegen erscheinen die großen, ausholenden Schleifen im Verhältnis zum 2jährigen Tierkreisumlauf fast nebensächlich.

Mit dem zuletzt beschriebenen Phänomen hängt unmittelbar die Ausweitung und Zusammenziehung der Himmelsbögen der Planeten und ihr synodischer Umlauf zusammen. Die diesbezüglichen Himmelserscheinungen wurden bei den drei Planeten dargestellt und seien hier nur kurz in Erinnerung gebracht. — Das Weiten vom kleinsten zum größten Bogen erfolgt bei *Jupiter* durch die jeweilige Rückläufigkeit in sechs Verdichtungsstufen gegliedert. Entsprechendes gilt für das Kontrahieren beim Gang des Planeten von den Zwillingen zum Schützen. *Saturn* fügt zweimal mehr Stufen sehr eng aneinander; es sind 15 im Ausdehnen und 15 im Verengen. *Mars* hingegen überstreicht nach einer Verdichtung etwas mehr als einmal sein ganzes Himmelsfeld, bevor es zur nächsten Verdichtung kommt.

Die rhythmische Untergliederung des Himmelsfeldes der drei Planeten ist ein Ausdruck für das charakteristische *Verhältnis des Tierkreisumlaufes zum synodischen Umlauf* bei den einzelnen Wandelgestirnen. *Saturn* hat einen langen Tierkreisumgang (29,5 Jahre) und einen kurzen synodischen Umlauf (378 Tage). Bei *Mars* ist der Tierkreisumgang rund 3 Monate kürzer als die Synode mit 780 Tagen. *Jupiter* steht mit einem Tierkreisumlauf von rund 12 Jahren und einer Synode von 399 Tagen dazwischen, obwohl sehr viel näher dem Saturn.

Als letztes sei hier die Schwankung der *Lichtstärken* von Saturn, Jupiter und Mars betrachtet. — Die gewöhnlichen Fixsterne zeigen stets die gleiche Helligkeit bzw. Größenklasse. Sie leuchten aus sich heraus, verstrahlen Eigenlicht. Die Planeten reflektieren das Sonnenlicht, das allerdings jeder etwas modifiziert. Dies kommt in den verschiedenen Farbtönungen zum Ausdruck: Saturn bläulich-weiß, Mars stark rötlich, Jupiter gelblich.

Die visuelle Helligkeit der drei Wandler hängt einerseits von ihrer Erdentfernung, andererseits von ihrer Sonnennähe in bezug auf die Blickrichtung von der Erde ab. (Die verhältnismäßig geringen Schwankungen durch die wechselnde Entfernung von der Sonne seien hier nicht gesondert berücksichtigt.) Könnte zu Zeiten der Konjunktion dieser Planeten mit der Sonne die Helligkeit des Tagesgestirnes völlig abgeschirmt werden — was z. B. sehr weitgehend bei einer Sonnenfinsternis geschieht —, so wären die Planeten in der Umgebung der Sonne zu sehen. Sie erleiden keinen Unterbruch ihres Leuchtens wie der Mond bei Neumond.

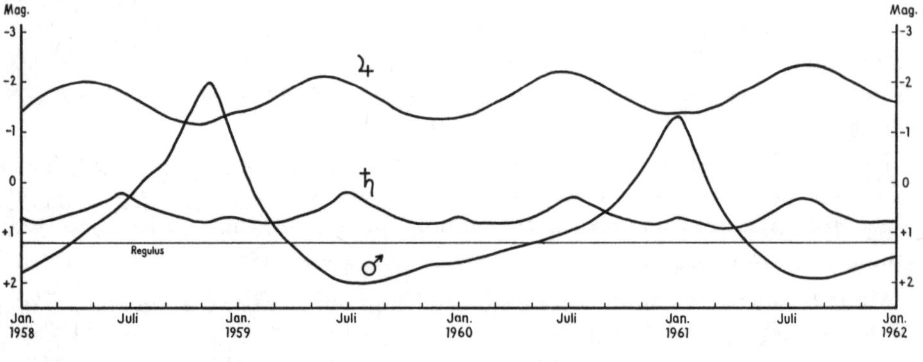

Fig. 96 Mittlere Helligkeitsschwankungen von Saturn, Jupiter und Mars von 1958—1961. Als Vergleich Regulus im Löwen (horizontale Linie).

Figur 96 stellt die mittleren Helligkeitsschwankungen von Saturn, Jupiter und Mars dar. Als Vergleich ist die Helligkeit von Regulus im Löwen angegeben. — Die Höhepunkte dieser «Leuchtkurven» ergeben sich bei den Oppositionen zur Sonne und folgen einander in den Abständen der synodischen Umläufe. — *Saturn* schwankt in seiner Helligkeit bei diesen Umläufen im Mittel um etwa 0,5 Größenklassen. Durch die hinzukommende, oben erwähnte Veränderung der Ringlage ergibt sich ein Gesamtschwankungsbereich von 0^{mag} bis $1{,}5^{mag}$. *Jupiter* erscheint bei der Opposition zur Sonne in Stärke —2 bis —2,4, in der Konjunktion würde er sich in Stärke —1,2 bis —1,5 zeigen. Seine Schwankung beträgt etwa 0,8 Größenklassen. Für *Mars* wurde bereits die enorme Helligkeitsdifferenz von 4 Größenklassen erwähnt. Wie bei allen Marserscheinungen zeigen sich jedoch auch hier große Unterschiede. Die größte Leuchtkraft, welche der Planet erreichen kann, entspricht der Größe —2,8; sie tritt bei den früher dargestellten besonders erdnahen Oppositionen ein. In den erdfernen Gegenstellungen zur Sonne wird nur eine Größe von —1 erreicht. Der Aufstieg zur größten Leuchtkraft und der nachfolgende Abfall erfolgen bei Mars besonders rasch.

Im ganzen betrachtet weisen Jupiter und Saturn ruhige «Lichtkurven», d. h. geringe Schwankungen auf; Mars dagegen zeigt einen sehr «dramatischen» Helligkeitswechsel.

XIX

Das Gemeinsame der Erscheinungen bei Venus und Merkur

Venus und Merkur zeigen in dem zyklischen Verlauf ihrer Himmelserscheinungen durchgehende und wesentliche Unterschiede gegenüber den Planeten Saturn, Jupiter und Mars.

Die Erscheinungen von Venus und Merkur sind vor allem durch den periodischen Wechsel ihres Auftretens als Abendstern und Morgenstern charakterisiert. Sie sind sonnennahe Planeten und stehen am Himmel im wesentlichen im gleichen Beobachtungsfeld wie die Sonne. Merkur erreicht höchstens einen seitlichen Abstand (Elongation) von etwa 28° östlich oder westlich des Tagesgestirnes. Für Venus beträgt die größtmögliche Elongation rund 48°. Auch bei weitester gegenseitiger Distanzierung stehen die drei Himmelskörper Sonne, Merkur und Venus immer im gleichen Himmelsquadranten und damit auch in unmittelbar benachbarten Tierkreisbildern. So gesehen sind Merkur und Venus vorzugsweise Planeten des Taghimmels. Bei abgedämpftem Sonnenglanz wären sie bei Tage für viele Stunden sichtbar. In den Mittelmeerländern und im Orient mit ihrem atmosphärisch reinen Himmel bleibt Venus bei größerem Sonnenabstand auch tagsüber dem bloßen Auge sichtbar. In Mitteleuropa ist dies in Jahren besonders günstiger Sichtbarkeitsbedingungen, wie etwa im Sommerhalbjahr 1948, 1956 und 1964 ebenfalls zeitweise möglich.

Die eigentliche Beobachtungszeit von Venus und Merkur ist auf die Abend- oder Morgenstunden beschränkt. Bei östlichen Stellungen relativ zur Sonne gehen die Planeten nach der Sonne unter und werden als Abendstern sichtbar; morgens gehen sie dann erst nach der Sonne auf. Die Planeten haben eine Abendsternperiode. Umgekehrt sind Venus und Merkur bei westlichem Sonnenabstand, im Tageslauf der Sonne voranschreitend, schon untergegangen, wenn es Nacht wird. Sie sind dann am Abendhimmel nicht zu beobachten, werden aber dafür jetzt morgens vor Sonnenaufgang am östlichen Himmel als Morgenstern sichtbar. Es gibt bei Venus und Merkur keine Opposition zur Sonne; sie können nie um die Mitternachtsstunden über dem Horizont stehen.

Die Sichtbarkeitszeiten als Abend- oder Morgenstern werden jeweils von Perioden der Unsichtbarkeit abgelöst. Während dieser rücken Venus und Merkur in engste Nachbarschaft zur Sonne: es finden Konjunktionen mit dem Tagesgestirn statt. Dabei wechseln die beiden Planeten von der Abendstern- zur Morgensternseite der Sonne oder umgekehrt. Den zwei Sichtbarkeitsphasen morgens und abends entsprechen also auch zwei entgegengesetzte Durchgänge durch die Unsichtbarkeit. Beim Wechsel vom Abend- zum Morgenstern wandern die beiden Gestirne ost-westlich durch den Sonnenbereich. Der Vorbeigang wird dann als «untere Konjunktion» bezeichnet. Umgekehrt wird beim Wechsel vom Morgen- zum Abendhimmel die Sonnenregion in einer sogenannten «oberen Konjunktion», in west-östlicher Richtung, passiert.

Der Gegensatz und die Bezeichnungsweise der oberen und unteren Konjunktionen wird deutlich, wenn außer den seitlichen Verschiebungen der Planetenstände, welche am Himmel unmittelbar sichtbar sind, auch die Planetenentfernungen von der Erde und ihre Veränderungen berücksichtigt werden. Es zeigt sich, daß Venus und Merkur bei ihren oberen Konjunktionen immer am weitesten von der Erde entfernt sind und dabei jenseits der Sonne stehen. Zur Zeit der unteren Konjunktionen hingegen kommen sie in Erdnähe und befinden sich dann räumlich zwischen Sonne und Erde. Bei der oberen Konjunktion sind diese Wandler am weitesten von der Erde weggerückt und dem «Oben» der kosmischen Weite zugekehrt, während sie bei der unteren Konjunktion dem «Unten», d. h. der Erde zugewandt sind.

Mit dem Wechsel der räumlichen Stellungen vor und hinter der Sonne entstehen auch die im Fernrohr sichtbar werdenden Phasengestalten von Venus und Merkur. Hierüber wird in einem späteren Abschnitt ausführlich gesprochen.

Der vollständige Kreislauf der Venus- und Merkurerscheinungen durch sämtliche Stationen führt endlich wieder zur gleichen Konstellation zwischen Sonne und Planet zurück; er entspricht einem synodischen Umlauf. — Der Wechsel zwischen den Abendstern- und Morgensternzeiten erfolgt bei Venus und Merkur in verschiedenen Rhythmen. Die wichtigsten Phänomene und Stellungen, die dabei eintreten, sind in zeitlicher Aufeinanderfolge:

Planetenstellung relativ zur Sonne	Planetensichtbarkeit	Stellung zur Erde
Obere Konjunktion	unsichtbar	Erdferne Planet hinter der Sonne
Heliakischer Aufgang	Sichtbarwerden als Abendstern	
Größte östliche Elongation	Ungefähre Zeit längster Abendsternsichtbarkeit	
Heliakischer Untergang	Unsichtbarwerden als Abendstern	
Untere Konjunktion	unsichtbar	Erdnähe Planet zwischen Sonne und Erde
Heliakischer Aufgang	Sichtbarwerden als Morgenstern	
Größte westliche Elongation	Ungefähre Zeit längster Morgensternsichtbarkeit	
Heliakischer Untergang	Unsichtbarwerden als Morgenstern	
Obere Konjunktion	unsichtbar	Erdferne Planet hinter der Sonne

Wie sich aus der Zusammenfassung der Erscheinungen während eines synodischen Umlaufes ergibt, zeigen Venus und Merkur eine die Sonne umkreisende Bewegung. Die Ebene dieser Bahnen fällt annähernd mit der Ebene des Tierkreises zusammen. Für den Anblick von der Erde erscheinen die Bahnen als flache, langgezogene Ellipsen.

Indem die Sonne durch den Tierkreis wandert, wird das Zentrum der Venus- und Merkurbahn beständig längs der Ekliptik mitverschoben. Die Bahnkurven der beiden Planeten im Tierkreis entstehen daher aus der Kombination der kreisenden Bewegung um die Sonne mit dem gleichzeitigen jahreszeitlichen Weiterrücken gemeinsam mit der Sonne längs der Ekliptik. Das Ergebnis ist eine nach Art einer Zykloide gebildete Schleifenlinie.

XX

Die Rhythmen der Venus

Venus wird abwechselnd bald als Abendstern, bald als Morgenstern sichtbar. Zu Zeiten ihrer größten Helligkeit bietet sie in ihrem Strahlenglanze eine auffällige und anziehend-eindrucksvolle Erscheinung am Dämmerungshimmel. Überstrahlt sie dann doch um ein Vielfaches alle Fixsterne und anderen Planeten.

In einer *Abendsternperiode,* die sich jeweils an eine obere Konjunktion mit der Sonne anschließt, ist Venus zuerst nur kurz am Dämmerungshimmel dicht über dem westlichen Horizont zu beobachten. Das erste Sichtbarwerden, der heliakische Aufgang als Abendstern, erfolgt rund 36—40 Tage nach der oberen Konjunktion, wenn Venus etwa 10° seitlichen Abstand von der Sonne gewonnen hat. Nur sehr langsam nimmt dann die Sichtbarkeitsdauer zu. Und erst nach 6 Monaten wird mit der größten östlichen Elongation (46°—48°) die beste Sichtbarkeitszeit erreicht, bei der Venus bis zu 4 Stunden nach Sonnenuntergang am Westhimmel beobachtet werden kann (Fig. 97b). Da während dieser ganzen Zeit der Planet auch beständig im Tierkreis weiterwandert, so verschieben sich dementsprechend merklich die Stellen, an denen er über dem südwestlichen, westlichen oder nordwestlichen Horizont sichtbar ist und untergeht. Fällt die Abendsternperiode in den Herbst, so rücken die Untergangsstellen der Venus von Woche zu Woche mehr gegen Südwesten, während sie sich bei einer Abendsternzeit in der ersten Jahreshälfte zunehmend gegen Westen und Nordwesten verlagern, da der Planet dann im aufsteigenden Teil des Tierkreises wandert.

Nach der größten östlichen Elongation verringert sich der Abstand zwischen Venus und Sonne verhältnismäßig rasch wieder, wobei jedoch der Planet zunächst weiter an Leuchtkraft zunimmt. Der größte Glanz wird 36 Tage nach der größten Elongation erreicht. Danach geht die Abendsternperiode sehr rasch ihrem Ende entgegen. Schon 3 Wochen später erfolgt der heliakische Untergang, bei dem Venus bei einem seitlichen Sonnenabstand von etwa 10° unsichtbar wird. Nach weiteren 12 Tagen zieht sie in einer unteren Konjunktion an der Sonne vorüber.

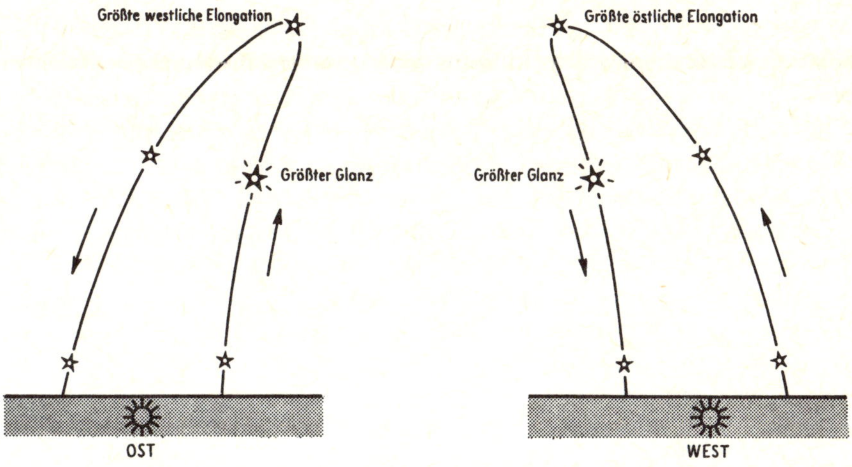

Fig. 97a Fig. 97b

Auf- und Abstieg der Venus bei einer Morgensternperiode im Osten und einer Abendsternperiode im Westen (schematisiert).

Die nun folgende *Morgensternperiode* zeigt einen spiegelbildlichen, d. h. in der zeitlichen Folge der Erscheinungen entgegengesetzten Verlauf. Die größte Glanzstellung wird 36 Tage nach der unteren Konjunktion gewonnen. Die größte westliche Elongation (46°—48°) mit den besten Sichtbarkeitsbedingungen tritt nach weiteren 36 Tagen ein. Daran schließt sich dann für ein halbes Jahr die sehr langsame Abnahme der Leuchtkraft und Beobachtungszeit bis auf weniger als 1 Stunde an. Etwa 5 Wochen vor der oberen Konjunktion ist der seitliche Abstand von der Sonne wieder so klein, daß Venus als Morgenstern heliakisch untergeht (Fig. 97a).

Die Unsichtbarkeit während der oberen Konjunktionen dauert wesentlich länger als diejenige zur Zeit der unteren Konjunktionen. Bei den letzteren vollzieht sich der Übergang von der Abendstern- zur Morgensternsichtbarkeit durchschnittlich in etwa drei Wochen. Die Unsichtbarkeit beim Übergang vom Morgen- zum Abendhimmel dauert hingegen fast ebensoviele Monate.

Die synodische Umlaufszeit der Venus beträgt annähernd 1 Jahr und 7 Monate. Sie kann zwischen 577 und 592 Tagen schwanken; das Mittel ist 584 Tage oder 1 Jahr 219 Tage. — Die einzelnen Abendstern- und Morgensternzeiten dauern jeweils etwa ¾ Jahre.

Eine approximative Gliederung des Ablaufes der Venuserscheinungen ist in natürlicher Weise durch die Zeitintervalle von je 36 oder 72 Tagen gegeben. Unmittelbar zeigt sich diese Ordnung bei den Abständen zwischen den größten Elongationen, den Stellungen größten Glanzes und den unteren Konjunktionen, welche jeweils in 36tägigen Intervallen aufeinanderfolgen. Zwischen einer oberen Konjunktion und der vorangehenden oder folgenden größten Elongation liegt die wesentlich längere

Zeit von rund 216 Tagen, das sind 6 × 36 Tage (diese Zeitspanne kann zwischen 216 und 223 Tagen variieren). Im ganzen läßt sich demnach eine synodische Venusperiode aus 16 Einheiten von 36 Tagen oder aus 8 Einheiten von 72 Tagen aufbauen. Die Unterteilungen sind dabei etwa mit Monatsabschnitten in einem «Jahr» der Venuserscheinungen zu vergleichen. — Da ferner 36 Tage rund $^1/_{10}$ und 72 Tage rund $^1/_5$ des Sonnenjahres ausmachen, so kann der Venuslauf auch sehr übersichtlich nach Jahreszehntel oder Jahresfünftel gegliedert werden. Der synodische Venuslauf umfaßt also 16 Zehntel, bzw. 8 Fünftel oder $1\,^3/_5$ Sonnenjahre.

Die wichtigsten Venusstellungen und die dazugehörigen Sichtbarkeitsverhältnisse sind in zeitlicher Aufeinanderfolge in nachstehendem Überblick zusammengefaßt:

Venusstellung relativ zur Sonne	Durchschnittliche zeitliche Intervalle in Tagen		Sichtbarkeit
Obere Konjunktion			unsichtbar
	6 × 36	3 × 72	
Größte östliche Elongation			beste Abendsternsichtbarkeit
	36	1 × 72	
Größter Glanz			
	36		
Untere Konjunktion			unsichtbar
	36	1 × 72	
Größter Glanz			
	36		
Größte westliche Elongation			beste Morgensternsichtbarkeit
	6 × 36	3 × 72	
Obere Konjunktion			unsichtbar

1 synodischer Umlauf = 16 × 36 Tage = 8 × 72 Tage = 576 Tage (584 Tage)

Für die Zeit von 1944 bis 1970 sind die Sichtbarkeitsperioden sowie die oberen und unteren Konjunktionen der Venus auf Seite 209/10 zusammengestellt.

Gemäß der Länge einer synodischen Venusperiode unterscheiden sich aufeinanderfolgende Zyklen der Venuserscheinungen vor allem durch die jahreszeitlich verschobene Wiederkehr sämtlicher Stellungen. Die Abendstern- und Morgensternzeiten gliedern sich dem Jahreslaufe immer anders ein. Damit wechseln auch die Sichtbarkeitsbedingungen der Venus als Abend- oder Morgenstern. Die unscheinbarsten Abendsternperioden fallen in den Herbst, wie z. B. in den Jahren 1957 und 1965. In diesen Monaten nimmt der Tierkreis bei Sonnenuntergang seine flachste Stellung ein; daher bleibt die Venus, trotz großer seitlicher Abstände von der Sonne, am südwestlichen Abendhimmel sehr horizontnah. Fallen die Abendsternzeiten hingegen in die erste Jahreshälfte, wie etwa 1959 und 1967, so sind sehr gute Sichtbarkeitsverhältnisse gegeben. Die steile Stellung des Tierkreises an den Frühlingsabenden läßt die Venus dann am Westhimmel hoch über dem Horizont sichtbar werden. Umgekehrt zeigt Venus als Morgenstern die schönsten Erscheinungen, wenn ihre größte Elongation in der zweiten Jahreshälfte eintritt (z. B. 1959 und 1967). Die in den Frühling fallenden Morgensternzeiten sind demgegenüber für die Beobachtung viel weniger günstig (z. B. 1958 und 1966).

Fünf aufeinanderfolgende synodische Venusumläufe tragen in dieser Art einen ganz verschiedenen Charakter. Nun kommen aber 5 Venussynoden fast genau nach 8 Jahren zum Abschluß. Es umfassen 5 synodische Venusumläufe 2919,60 Tage und 8 Jahre 2922,00 Tage, so daß nur eine Differenz von 2,4 Tagen besteht. Um diese treten alle Venuserscheinungen nach 8 Jahren früher ein.

So wird jeweils ein sechster Venusumlauf dem ersten außerordentlich ähnlich sein; es wiederholen sich dann alle Venuserscheinungen in fast der gleichen Art. Mit dem Überblick über die achtjährige Venusperiode ist eine Art «Venuskalender» gewonnen, in welchem sich der Ablauf sämtlicher Erscheinungen auch in größeren Zeitspannen leicht überschauen läßt.

Bisher wurde allein das Verhältnis der Venus zur Sonne beachtet. Dieses spielt sich jedoch vor dem infolge der Jahresbewegung der Sonne wechselnden Tierkreishintergrund ab. Zunächst fällt eine Rückläufigkeit mit Schleifenbildung bei Venus nicht auf. Erst genaueres Beobachten zeigt, daß auch dieser Planet, für den Anblick von der Erde, eine Gegenbewegung im Tierkreis vollzieht. Sie beginnt im Mittel 14 Tage nach dem größten Glanz am Abendhimmel und endet ebenso lange vor dem größten Glanz am Morgenhimmel. Die Rückläufigkeit umfaßt durchschnittlich 42 Tage bzw. 16°. Da in diese Zeit die untere Konjunktion fällt mit der durchschnittlich dreiwöchigen Unsichtbarkeit der Venus und außerdem am Dämmerungshimmel nur selten Fixsterne zu sehen sind, tritt die Gegenbewegung für die gewöhnliche Beobachtung völlig in den Hintergrund.

So bringt jeder synodische Umlauf der Venus um die Zeit der unteren Konjunktion eine Schleifenbildung mit sich. Zwei Venusschleifen folgen also erst in zeitlichem Abstand von 1 Jahr 7 Monaten oder von $1^3/_5$ Jahren aufeinander. Dieses Maß bietet sich nun auch unmittelbar in der Verteilung der einzelnen Venusschleifen im Tierkreis. Da die Venus am Himmel stets in der Nachbarschaft der Sonne steht, so beendet sie durchschnittlich einen ganzen Umgang längs der Ekliptik ebenso rasch wie die Sonne, d. h. in einem Jahre. Der $1^3/_5$ Jahre langen synodischen

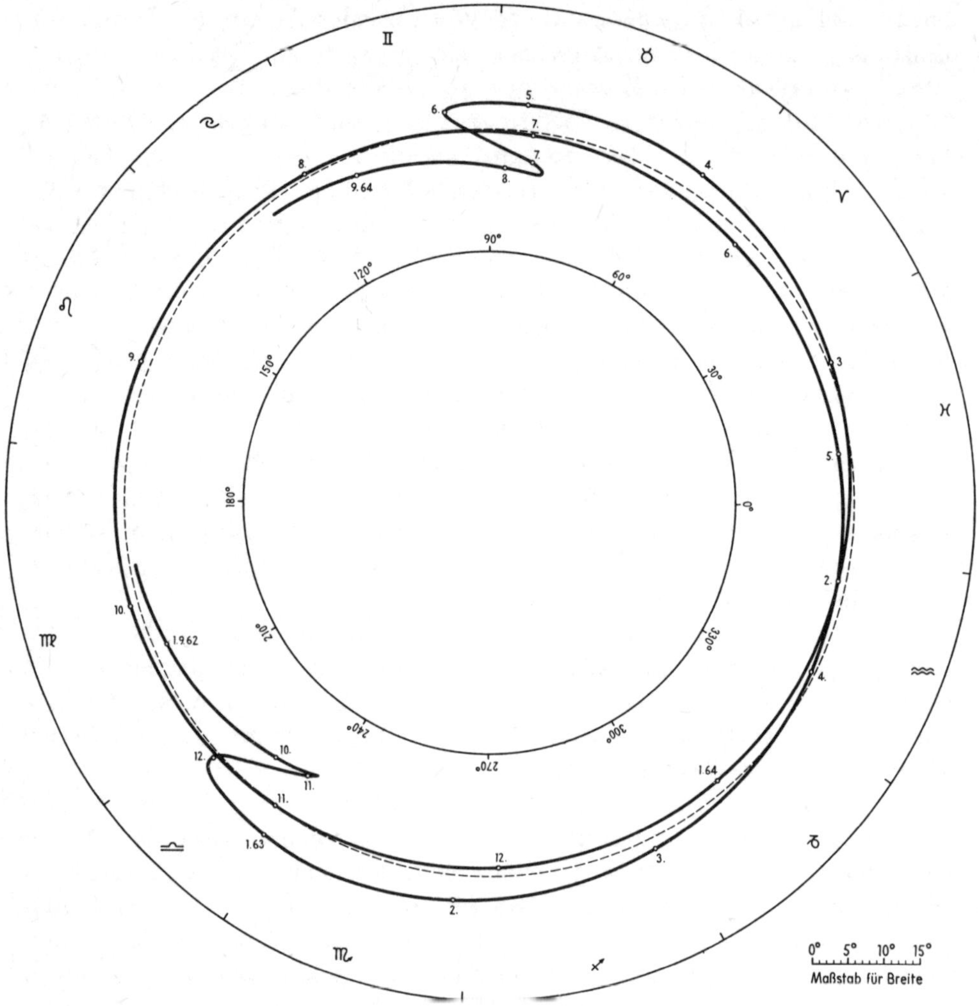

Fig. 98 Aufeinanderfolgende Venus-Schleifen 1962—1964.

Umlaufszeit entspricht bei ihr also ein ebenso vielfaches Weiterrücken im Tierkreis. Nach Beendigung einer ihrer Schleifen wandert Venus demnach immer erst einmal durch alle 12 Tierkreissternbilder und setzt dann diesen Weg noch um $^{3}/_{5}$ oder um dreimal 72° weiter fort, ehe die nächste Schleifenbildung eintritt. Fig. 98 zeigt derart die Tierkreisbewegung der Venus von Monat zu Monat für die Jahre 1962—1964.

Die folgenden Venusschleifen rücken ebenso regelmäßig im Zodiakus weiter. Fünf aufeinanderfolgende Schleifenzüge verteilen sich symmetrisch in den gleichen Abständen von rund 72° im Tierkreis (Tafel IX). Jede sechste Schleife fällt wieder sehr eng mit der ersten zusammen, da der Planet nach 5 Synoden, d. h. in 8 Jahren, gerade auch 8 volle Durchgänge durch den Tierkreis ($5 \times 1^3/_5$) beendet hat.

Die in 8 Jahren im Umkreis der Erde sich abzeichnende Bewegungsform der Venus zeigt einen streng fünfgliedrigen Aufbau. Neben dem Zyklus von 8 Jahren hat auch die halbe Periode von 4 Jahren eine besondere Bedeutung für den Ablauf der Venuserscheinungen. Der ganze achtjährige Zyklus umfaßt 5 Venussynoden mit je 5 oberen und 5 unteren Konjunktionen. Nach 4 Jahren sind also genau 2½ Synoden beendet, so daß, wenn von einer oberen Konjunktion ausgegangen wird, fast auf den Tag genau 4 Jahre später eine untere Konjunktion eintritt.

Wird zuerst die Gruppe der oberen und unteren Konjunktionen gesondert betrachtet, so lassen sich, unter Benutzung der Achtjahresperiode, je 5 zusammengehörige Konjunktionsreihen mit achtjährigen Intervallen aufstellen. Daraus ergibt sich für die bezeichneten Orte ein alternierender Wechsel von oberen und unteren Konjunktionen in vierjährigem Rhythmus. So folgt zum Beispiel der oberen Konjunktion vom 24. Juni 1952 jeweils 4 Jahre später eine untere (22. Juni 1956), eine obere (22. Juni 1960), eine untere (20. Juni 1964) usw. Einen genaueren Überblick über die 5 verschiedenen Konjunktionsreihen zwischen Venus und Sonne in ihrer Ordnung nach dem vier- und achtjährigen Rhythmus gibt eine Tabelle auf Seite 210.

Infolge der genannten Periodizitäten sind sämtliche Venuskonjunktionen an fünf Gruppen von Monatsdaten mit je zirka 73 Tagen Abstand gebunden. Die Konjunktionen treten gegenwärtig nur Anfang Februar, Mitte April, in der zweiten Hälfte des Juni, in der ersten Hälfte des September und in der zweiten Hälfte des November ein. Dementsprechend finden die Begegnungen zwischen Sonne und Venus an fünf engbegrenzten Tierkreisorten statt. Diese befinden sich gegenwärtig in den Sternbildern Fische, Zwillinge, Löwe, Waage und Steinbock. In Fig. 99 und 100 sind die fünf Tierkreisorte eingezeichnet, an welche die oberen und unteren Konjunktionen gebunden sind; sie haben einen gleichmäßigen Winkelabstand von 72°, bilden also ein Pentagramm. Die Reihenfolge, in welcher die Konjunktionen an diesen Tierkreisstellen während der Periode von 8 Jahren nacheinander stattfinden, ist durch die Zahlenfolge 1, 2, 3, 4, 5, 6 und 1′, 2′, 3′, 4′, 5′, 6′ bezeichnet. Ihre Lage ist auch aus Tafel X zu ersehen.

Der Blick sei auch noch auf die Stellungen größten Glanzes und größter Elongationen während eines achtjährigen Venuszeitraumes gerichtet. Wie darin insgesamt 10 Konjunktionen (5 obere und 5 untere) zu verzeichnen sind, so finden sich in der gleichen Zeit 10 Stellungen größten Glanzes und 10 größte Elongationen. Auch diese wichtigen Stationen der Venusbewegung stehen in gegenseitiger räumlicher und zeitlicher Verbindung und Beziehung.

Figur 101 zeigt die Verteilung der Venusstellungen im Tierkreis zu den Zeiten ihrer größten Elongationen. Die Verbindungslinien geben deren zeitliche Reihenfolge an und bilden den verschlungenen, aber in sich geschlossenen Linienzug eines fünfgegliederten Zehnecks. Fig. 102 stellt entsprechend das Bild der aufeinander-

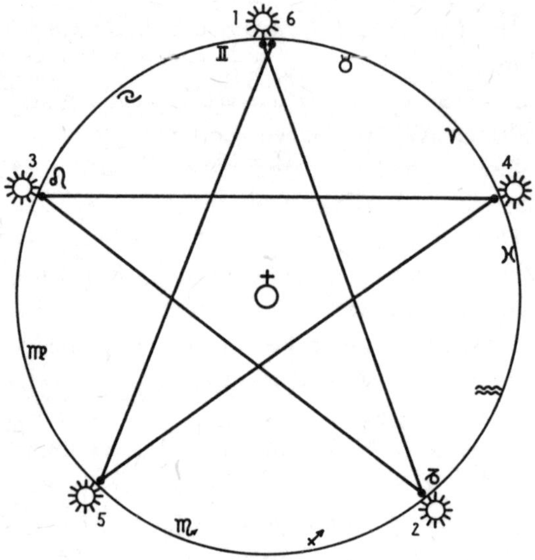

Fig. 99 und 100
Verteilung und
Aufeinanderfolge der
Venus-Sonnen-Konjunktionen
im Tierkreis 1952—1961.

Fig. 99

Obere Konjunktionen
1 24. Juni 1952
2 30. Januar 1954
3 1. September 1955
4 14. April 1957
5 11. November 1958
6 22. Juni 1960

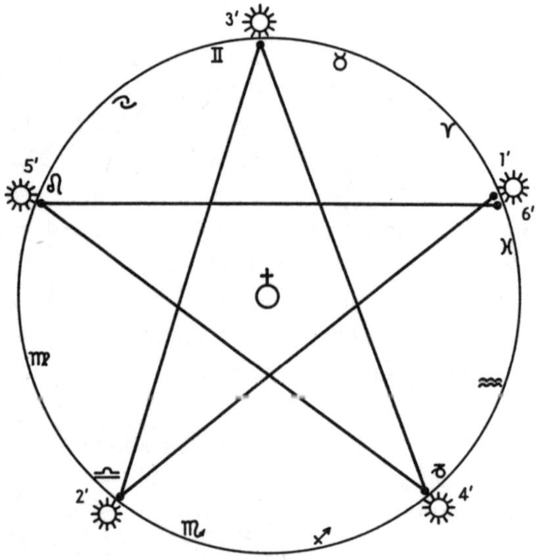

Fig. 100

Untere Konjunktionen
1′ 13. April 1953
2′ 15. November 1954
3′ 22. Juni 1956
4′ 28. Januar 1958
5′ 1. September 1959
6′ 11. April 1961

folgenden größten Glanzstellungen dar. Für die zugehörigen Sonnenorte ergibt sich das Unerwartete, daß jeder immer zu zwei Venuserscheinungen gehört. In Fig. 101 ist z. B. die Sonne im Sternbild der Fische für den 10. April eingezeichnet. Zu diesem Datum gehört sowohl die Venuselongation vom 12. April 1956 (3 A), wie 2 Jahre später die Elongation als Morgenstern vom 9. April 1958 (4 M). Ähnliche

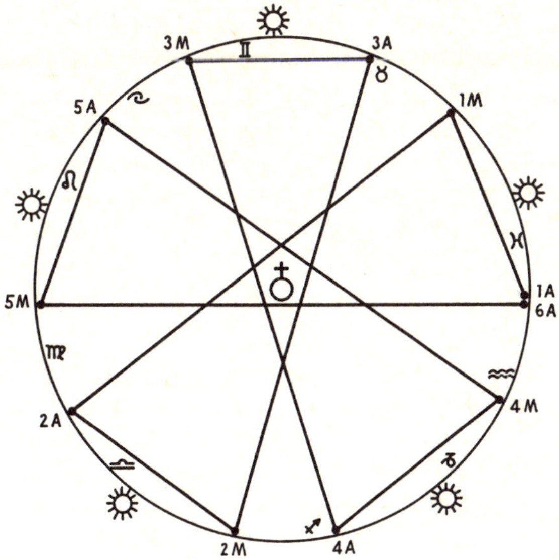

Fig. 101 und 102
Verteilung und Aufeinanderfolge der Stellungen von Venus und Sonne im Tierkreis (1952—1961).
A = Abendstern
M = Morgenstern

Fig. 101

zur Zeit der größten Elongation

1A	31. 1. 1953	1M	22. 6. 1953
2A	6. 9. 1954	2M	25. 1. 1955
3A	12. 4. 1956	3M	1. 9. 1956
4A	18. 11. 1957	4M	9. 4. 1958
5A	23. 6. 1959	5M	12. 11. 1959
6A	29. 1. 1961		

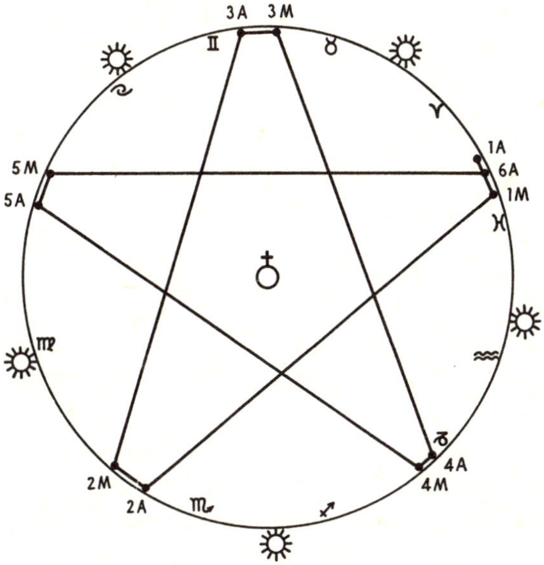

Fig. 102

zur Zeit des größten Glanzes

1A	8. 3. 1953	1M	19. 5. 1953
2A	15. 10. 1954	2M	21. 12. 1954
3A	16. 5. 1956	3M	29. 7. 1956
4A	24. 12. 1957	4M	11. 3. 1958
5A	26. 7. 1959	5M	8. 10. 1959
6A	5. 3. 1961		

Verhältnisse gelten auch für die anderen Punkte in Fig. 101 und lassen sich ebenso in Fig. 102 auffinden. — Zeitliche und räumliche Beziehungen kreuzen und ergänzen sich also mannigfaltig in diesen Figuren.

Als Resultat der bisherigen Bilder läßt sich das Folgende zusammenfassen: Innerhalb des achtjährigen Venuszyklus steht die Sonne zur Zeit aller Venus-konjunktionen und aller größten Elongationen in unmittelbarer Nähe von 5 bestimmten Tierkreisorten (Fig. 99, 100, 101). In die Mitte zwischen diese Punkte fallen die Sonnenstellungen zu den Zeiten größten Venusglanzes (Fig. 102). Zusammen bilden also alle erwähnten Sonnenorte ein regelmäßiges Zehneck. — Es sei hier daran erinnert, daß ein einzelnes Venusjahr (584 Tage) in Abschnitte von 36 Tagen, d. h. nach Zehnteljahren gegliedert wurde. Die Achtjahresperiode der Venus zeigt dieselbe Gliederung im räumlichen Bilde. Der mathematisch in 360° geteilte Himmelsumfang des Tierkreises, der ja den räumlichen Jahresgang der Sonne in 365 Tagen repräsentiert, erscheint hier in 10 Abschnitte von je 36° geteilt.

Der ganze Venuslauf ist beherrscht von dem nahezu exakten achtjährigen Rhythmus, nach dessen Ablauf fast die gleichen Erscheinungen und Stellungsverhältnisse wiederkehren. Die Differenz des wirklichen Ganges beträgt 2½ Tage. Am Himmel beträgt die Verschiebung entsprechend 2,5 °.

Das Konjunktionsfünfeck — und mit ihm alle anderen Positionen — verschiebt sich also in einer achtjährigen Periode um 2,5°. Nach rund 30 solcher Abschnitte wird ein Winkel von 72 ° überstrichen, d. h. die Spitzen werden in $8 \times 30 = 240$ Jahren (entsprechend 150 Synoden) ausgetauscht. Diese sehr langsame Wanderung führt dazu, daß in einem Zeitraum von rund 1200 Jahren (5×240) mit 750 Synoden alle Venuspositionen einen ganzen Tierkreisumgang vollendet haben.

XXI

Die Venusbewegung um die Sonne

Im Fernrohr zeigt die Oberfläche der Venus schwache dunklere und hellere Flecken. Für die Rotationszeit des Planeten um sich selbst ist kein sicherer Wert bekannt.

Das Überraschendste bei der Betrachtung der Venus mit dem Fernrohr ist, daß sie einen *Phasenwechsel* zeigt wie der Mond. Außerdem verändert sich der Durchmesser der Planetenscheibe mit dem Phasengang sehr stark. Diese Erscheinungen sind schon bei geringer Fernrohrvergrößerung sichtbar. — Der Wechsel der Lichtgestalten bei den verschiedenen Lagen relativ zur Sonne bezeugt, daß Venus kein Eigenlicht ausstrahlt, sondern einen Spiegel für das Sonnenlicht bildet.

Zur Zeit der oberen Konjunktion erscheint Venus als volle, runde Scheibe mit einem Durchmesser von 10″; sie ist «Voll-Venus». Während sie sich in der Folgezeit für den Anblick von der Erde östlich von der Sonne entfernt, nimmt ihre Lichtgestalt langsam ab und ihr Durchmesser zu. Bei der größten Elongation zeigt sie Halbmondform und einen Querschnitt von gut 20″. In der Stellung des größten

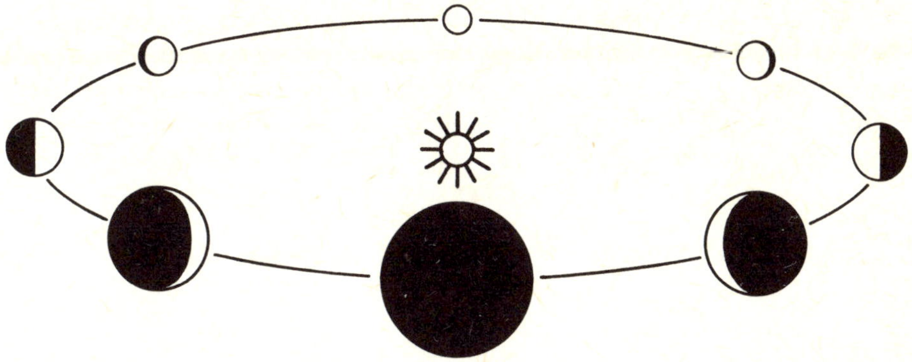

Fig. 103 Phasen- und Größenwechsel der Venus bei einem synodischen Umlauf.

Glanzes hat Venus die Form einer schmalen aber großen Sichel (Durchmesser knapp 40″). In der Nähe der unteren Konjunktion wird sie zu einer immer schmäleren Sichel und endlich zur «Neu-Venus». Bei dieser Phase hat sie mit 65″ ihren größten Durchmesser (Fig. 103). — Zwischen unterer und oberer Konjunktion wird dieses Phasenspiel und die Veränderung der Größe des Planeten in umgekehrter Folge durchlaufen. Die Venus taucht als schmale große Sichel aus der Morgendämmerung auf, nimmt an Durchmesser ab und in der Phase zu. Bei der größten westlichen Elongation ist wiederum «Halb-Venus». Nach dem langsamen Abstieg geht sie nahezu als «Voll-Venus» im Lichte der Morgensonne heliakisch unter.

Die Zeit der vollen Phase, von der größten Morgensternelongation über die obere Konjunktion bis zur größten Elongation als Abendstern, erstreckt sich über eine dreimal längere Zeit, als die leere Phase, welche über die untere Konjunktion hin vorhanden ist.

In dem Phasenverlauf der Venus liegen einige bemerkenswerte Gegensätze zu dem Gang der Mondphasen. Der Planet taucht als «Voll-Venus» am Abendhimmel auf, nimmt dann ab und verschwindet als Sichel. Dieser abnehmende Phasenverlauf zeigt jedoch die Gestalten des zunehmenden Mondes. Die abnehmende «Halb-Venus» in der größten östlichen Elongation z. B. hat die Gestalt des zunehmenden Mondviertels. Entsprechend erscheint die zunehmende Venus am Morgenhimmel in Gestalten des abnehmenden Mondes. Sie taucht als Sichel auf und verschwindet als «Voll-Venus».

Zwar wechselt der Durchmesser des Mondes auch etwas, jedoch bei weitem nicht in dem Maße wie derjenige von Venus. Vor allem jedoch haben diese Größenänderungen bei ersterem keinerlei Zusammenhang mit den Phasengestalten.

Ferner ist die größte Planetenhelligkeit nicht mit der vollen Phase verbunden, weil dann der kleinste Durchmesser der Planetenscheibe vorhanden ist. Bei Venus liegen die Stellen größten Glanzes zwischen größter Elongation und unterer Konjunktion, wo ihre Form eine schmale, aber große Sichel zeigt.

Aus diesen Größen- und Phasenveränderungen sowie weiteren Winkelmessungen ergibt sich eine wechselnde Entfernung der Venus von der Erde. Bezogen auf den Abstand Sonne—Erde = 1, beträgt die Entfernung der Venus bei erdferner Stellung in oberer Konjunktion 1,73 und in erdnaher Stellung bei der unteren Konjunktion 0,27. Der mittlere Abstand ist naturgemäß gleich dem der Sonne von der Erde.

In nachstehender Tabelle sind die besprochenen Verhältnisse nochmals zusammengefaßt:

Konstellation	Phasen und Größenverhältnisse		Entfernung (Erde — Sonne = 1)
Obere Konjunktion	«Voll-Venus»		1,73 Erdferne, hinter der Sonne
Größte östliche Elongation	«Venus-Viertel»		
Größter Glanz			
Untere Konjunktion	«Neu-Venus»		0,27 Erdnähe, vor der Sonne
Größter Glanz			
Größte westliche Elongation	«Venus-Viertel»		
Obere Konjunktion	«Voll-Venus»		1,73 Erdferne, hinter der Sonne

Jede Abendsternperiode beginnt mit der räumlich erdfernsten Venusstellung zur Zeit einer oberen Konjunktion und endet mit der Stellung in Erdnähe bei einer unteren Konjunktion. Der Abendstern nähert sich also ständig der Erde. Polar dazu werden in jeder Morgensternzeit die Venusentfernungen von der Erde ständig größer. Das Maß der auf die Erde hin- oder von ihr weggerichteten radialen Venusbewegung wechselt dabei rhythmisch. Es ist zu Zeiten der längsten Venussichtbarkeit um die größten Elongationen am stärksten.

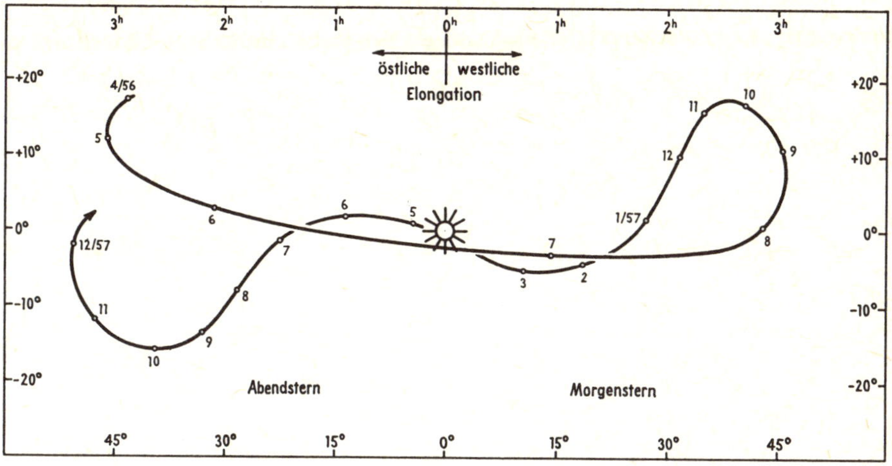

Fig. 104 Venus relativ zur Sonne während des synodischen Umlaufs 1956/1957.

Durch das Kreisen um die Sonne verändern sich die Venusstellungen bezüglich der Erde in doppelter Art. Sie zeigen erstens eine sphärische Bewegung längs der Ekliptik und ferner die radial zur Erde hin- und von ihr weggerichtete Bewegung. Infolge letzterer kommt Venus in ihren Schleifen mit den unteren Konjunktionen der Erde sechsmal näher als bei den oberen Konjunktionen (vgl. oben). So ergibt sich für die achtjährige Venusperiode das besonders schöne Bild der Tafel X. — Zur Zeit ihrer kleinsten Entfernung nähert sich die Venus der Erde am meisten von allen Planeten[21]. So ist sie neben dem Mond dasjenige Gestirn, welches der Erde am nächsten kommen kann.

Das Kreisen der Venus um die Sonne kann auch noch in anderer Weise dargestellt werden. — Die Rektaszensions- und Deklinationsunterschiede zwischen den beiden Gestirnen verändern sich täglich. Diese Differenzen können von Tag zu Tag, mit der Sonne als Fixpunkt, in Diagrammform aufgezeichnet werden. Die Verbindung dieser Punkte ergibt z. B. den Linienzug der Fig. 105. Links von der Sonne ist Venus in östlicher Elongation Abendstern, rechts in westlicher Elongation Morgenstern; ihre Rektaszension ist größer bzw. kleiner als die der Sonne. Steht der Planet über dem Tagesgestirn, so hat er eine höhere Deklination, unter ihm stehend eine tiefere. Die kleinen Zahlen in Fig. 105 geben jeweils den 1. eines Monats an. Der Linienzug beginnt links im November 1957; am 15. dieses Monats erreicht Venus mit 47½° die größte östliche Elongation (kleiner Stern). 39 Tage später (24. Dezember, großer Stern) strahlt sie im größten Glanze. Nach weiteren 35 Tagen ist die untere Konjunktion mit der Sonne (28. Januar 1958). Damit beginnt

[21] Vgl. die jährlichen geozentrischen Bahnen im Sternkalender.

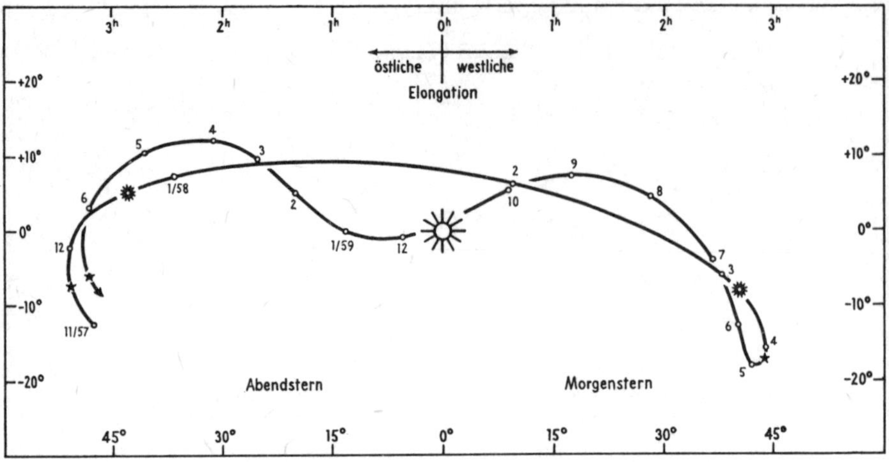

Fig. 105 Venus relativ zur Sonne während des synodischen Umlaufs 1957/1959.

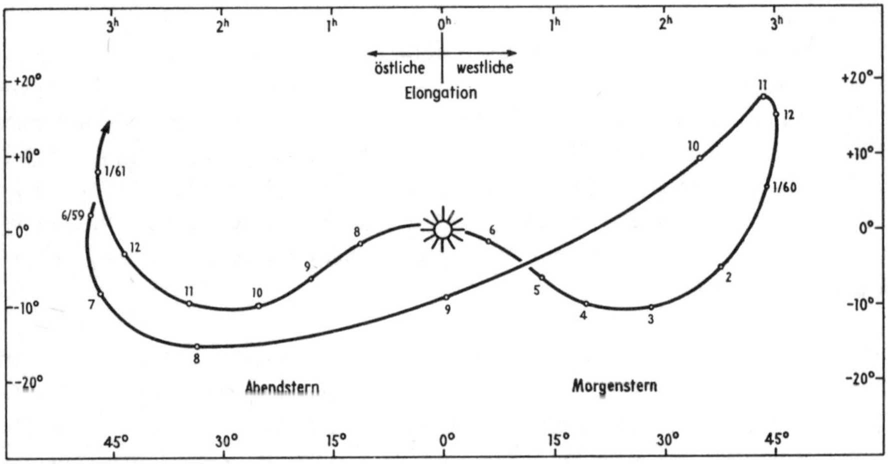

Fig. 106 Venus relativ zur Sonne während des synodischen Umlaufs 1959/1961.

die Morgensternperiode, in der Venus am 4. März, nach 35 Tagen, wiederum im größten Glanze steht (großer Stern). Es folgt — im Intervall von 36 Tagen — am 9. April die größte westliche Elongation (46½°, kleiner Stern). Die obere Konjunktion mit der Sonne ereignet sich 216 Tage später (11. November); der Planet wird Abendstern. Mit der größten östlichen Elongation (45½°) am 23. Juni 1959 (nach 224 Tagen) schließt sich der Ring dieses synodischen Umlaufs der Venus. — In der Abbildung kommt deutlich die raschere Bewegung der Venus zur Zeit der

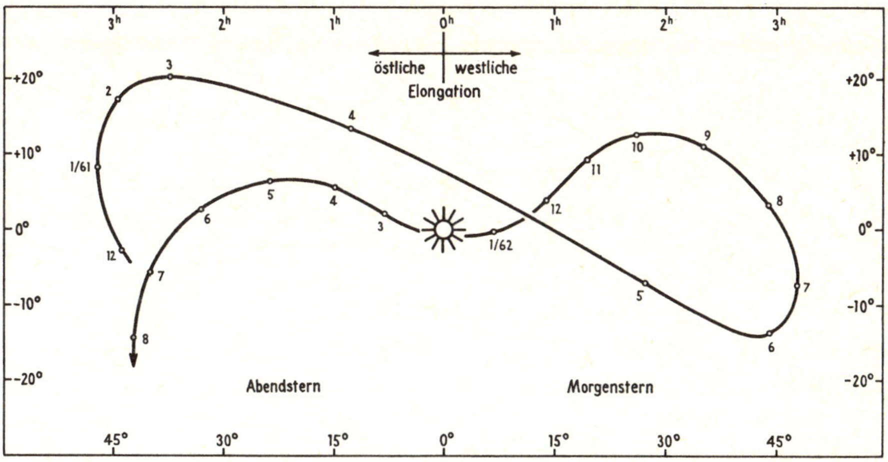

Fig. 107 Venus relativ zur Sonne während des synodischen Umlaufs 1961/1962.

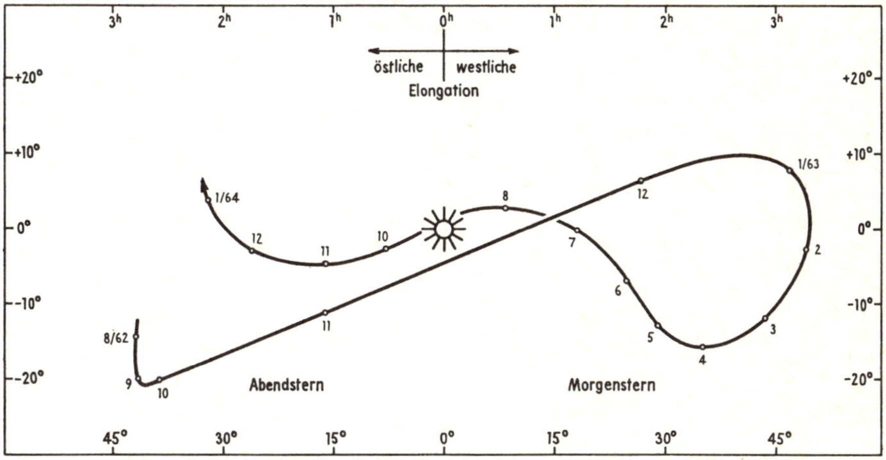

Fig. 108 Venus relativ zur Sonne während des synodischen Umlaufs 1962/1964.

unteren Konjunktion (in Erdnähe) gegenüber der langsameren um die obere Konjunktion (Erdferne) zum Ausdruck.

Für den achtjährigen Rhythmus der Venus können in dieser Art fünf grundsätzlich verschiedene Linienzüge aufgezeichnet werden; der sechste gleicht dem ersten wieder fast genau (Fig. 104—108). — Diese Diagramme sind jährlich im Sternkalender dargestellt.

In Fig. 104—108 wurde die Sonne als feststehend angenommen. Das ist jedoch eine Abstraktion, denn wie in Kap. VII dargestellt, ergeben die Sonnenstellungen um 12 Uhr Ortszeit im Jahreslauf eine Lemniskate. Wird diese berücksichtigt, so verwandelt sich z. B. der Linienzug der Fig. 106 in den der Fig. 109. Könnten täglich durch 1 Jahr 7 Monate um 12 Uhr Ortszeit Sonne und Venus auf dieselbe Platte photographiert werden, würde sich diese Figur ergeben.

Es kann auch gefragt werden, welche Positionen von der Venus am gleichen Datum aufeinanderfolgender Jahre eingenommen werden. Infolge des achtjährigen Venus-Zyklus ergeben sich bei einer alljährlichen Beobachtung z. B. am 22. Juni nur 8 verschiedene Stellungspunkte, die aber einer ganz regelmäßigen Ordnung folgen. Die Darstellung der Fig. 110 ist geozentrisch, so daß daran sowohl die seitliche Lage des Planeten zur Sonne, wie die verschiedenen Entfernungen von der in der Mitte zu denkenden Erde abzulesen sind.

Werden die Stellungen für 8 aufeinanderfolgende Jahre (z. B. 1958—1966) verbunden, so ergibt sich der Linienzug eines regulären Oktagrammes. Darin tritt neben der achtjährigen auch unmittelbar anschaulich die vierjährige Venusperiodik in Erscheinung, denn nach jeweils vierjährigen Intervallen ist Venus an gegenüberliegenden Ecken des Achtsternes und in diametraler Stellung zur Sonne. Diesem gesetzlichen Zusammenhang ist auch zu entnehmen, daß mit der oberen Konjunktion am 22. Juni 1960 am gleichen Tierkreisort vier Jahre später (1964) und entsprechend vier Jahre früher (1956) jeweils eine untere Konjunktionsstellung korrespondiert, bei der sich dann die Venus auf der Linie zwischen Erde und Sonne in Erdnähe befindet (vgl. Kapitel XX).

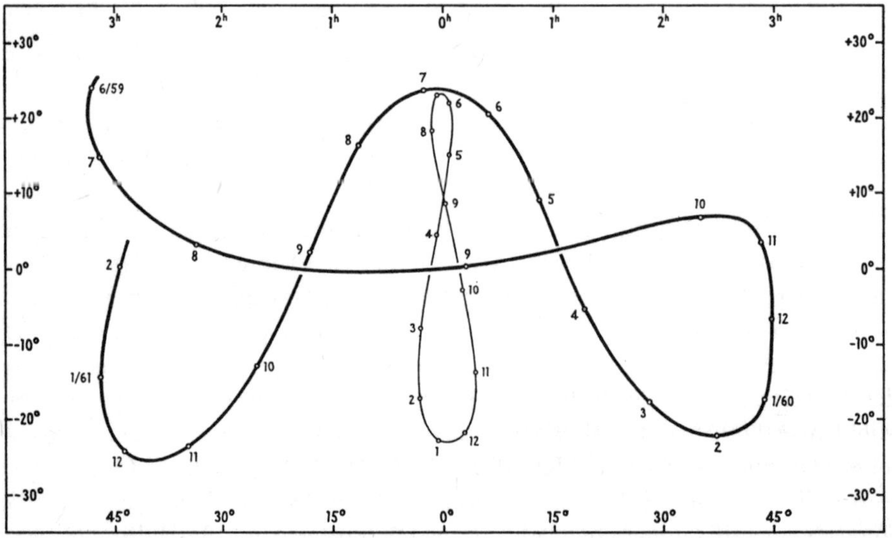

Fig. 109 Der entsprechende Linienzug zu Fig. 106, wenn die gleichzeitige Veränderung der Mittagsstände der Sonne berücksichtigt wird (Juni 1959 bis Februar 1961).

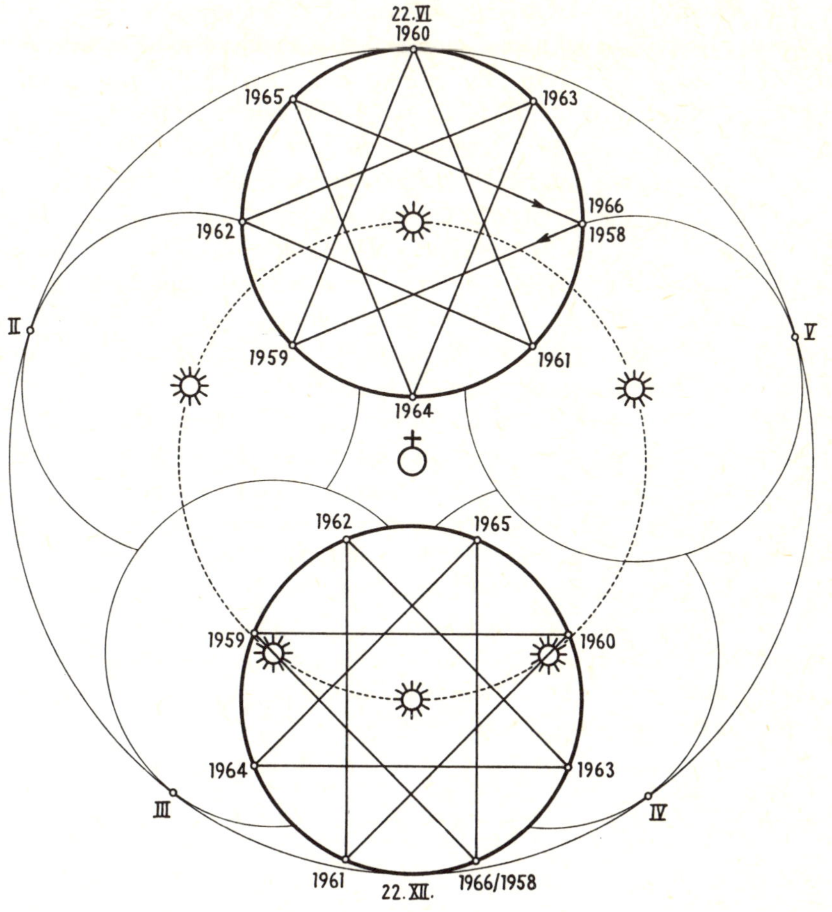

Fig. 110 Oktagramm der Venus-Stellungen 1958—1966, oben für das Datum des 22. Juni, unten für das des 22. Dezember.

Die gleiche Betrachtung kann für jedes andere Monatsdatum durchgeführt werden, wobei zu jedem Tag eine andere Stellung der Sonne im Tierkreis und damit eine andere Lage des Venuskreises gehört. Auch das aufgezeichnete Stellungsoktagramm kommt dann jeweils anders zu liegen. In Fig. 111 sind nur diejenigen Lagen des Achtsterns herausgegriffen, wo er wieder die gleiche Orientierung gegen den Mittelpunkt, also zur Erde, zeigt. Es ergeben sich dafür 5 Positionen, welche im Mittel in 73tägigen Intervallen bzw. entsprechend in 72°-Abständen aufeinanderfolgen (in Fig. 110 durch die Kreisfolge I, II, III, IV, V angedeutet).

An diesen fünf, ein Pentagon ergebenden Stellen, erfolgen daher sämtliche Venus-Sonnen-Konjunktionen, und somit überkreuzen und durchdringen sich im Venuslauf der acht- und vierzählige Rhythmus mit einer fünfzähligen Stellungsfolge, wie dies von einem anderen Ausgangspunkte her schon dargestellt wurde.

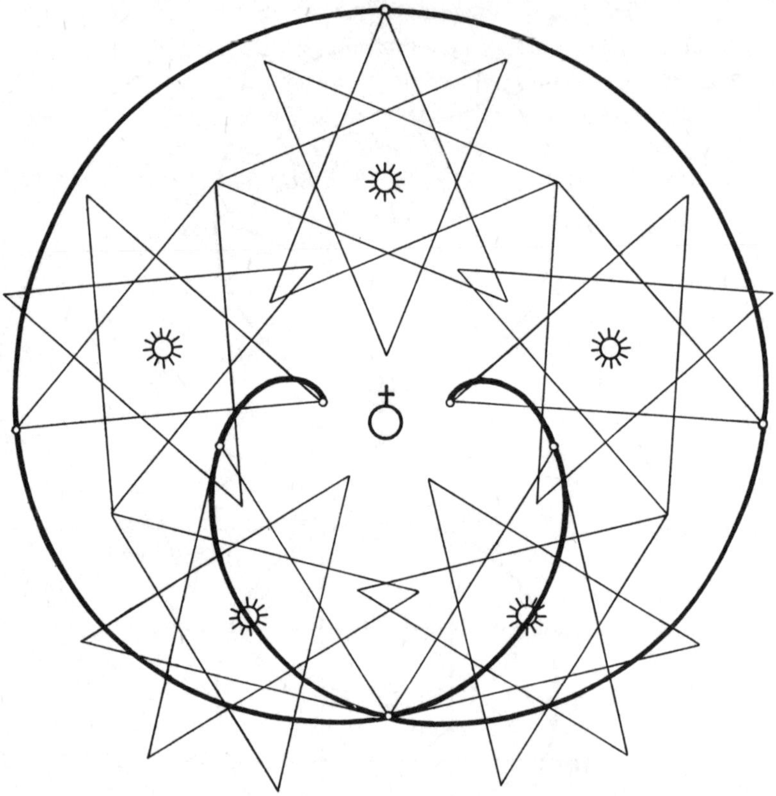

Fig. 111 Drehung des Stellungs-Oktagrammes der Venus während eines synodischen Umlaufes (1959—1961).

Figur 110 zeigt unten in gegenüberliegender Stellung zum oberen Achtstern für das Datum des 22. Dezember die zugehörige Lage des Stellungsoktagrammes. Auch diese andersgerichtete Orientierung zur Bildmitte kehrt im ganzen fünfmal wieder, und zwar im Gegenfünfeck jeweils in der Mitte zwischen den bisher betrachteten Achtsternen.

Der kontinuierliche Übergang aller weiteren Zwischenlagen des Oktagrammes läßt sich verfolgen, wenn bei schrittweisem Übergehen des Venuskreises von Stellung I zu Stellung II (um 72°) gleichzeitig eine regelmäßige Drehung des Stellungsoktagrammes um einen Spitzenabstand (45°) vorgenommen wird. (Das Zusammenfügen entsprechender Teilabschnitte der zwei Bewegungen gibt eine einfache und sprechende Konstruktion der epizyklischen Venusbewegung.)

Auf diesem Wege kann durch Aufsuchen des Stellungsachtsternes für eine genügend große Anzahl von Daten im Jahreslaufe die ganze Venusbewegung und ihr Schleifenverlauf um die Erde konstruiert werden. In Fig. 111 ist das Ergebnis, ausgehend von der oberen Konjunktion (22. Juni 1960) nach vorwärts und rückwärts bis zur nächstfolgenden und letztvergangenen unteren Konjunktion, eingezeichnet. Bei den fünf dargestellten Stationen des Stellungsachtsternes erreicht die Venusbahn jeweils die nächstfolgende, immer mehr nach innen zu gelegene Spitze.

An der aufgezeichneten figuralen Anordnung lassen sich unschwer noch eine ganze Reihe weiterer Stellungsbeziehungen für einzelne wichtige Stationen im Venuslauf (z. B. größte Elongationen und größte Glanzstellungen) ablesen und ableiten.

XXII

Die Rhythmen des Merkur

Merkur ist von allen mit bloßem Auge beobachtbaren Planeten am seltensten sichtbar. Obwohl er im Laufe jedes Jahres mehrere Abend- bzw. Morgensternperioden hat, die zusammen einige Wochen ausmachen, zählt die Dauer seiner Sichtbarkeit mit bloßem Auge während eines ganzen Jahres in Mitteleuropa etwa optimal 15—18 Stunden.

Ähnlich wie Venus ist auch Merkur ein ausgesprochener Tag-Planet, d. h. er steht viele Stunden lang nahe der Sonne über dem Horizont, wobei aber sein Licht von dem Tagesgestirn überstrahlt wird. In regelmäßigen Rhythmen ändert Merkur am Himmel seine Stellung in der Umgebung der Sonne. Steht er östlich (links) von ihr, so geht er im Tageslauf am Abend nach der Sonne unter und ist daher Abendstern. Bei westlichem (rechtem) Abstand geht er dagegen vor dem Tagesgestirn unter und dafür am Morgenhimmel vor der Sonne als Morgenstern auf (entsprechend Fig. 97).

Infolge der kleinen östlichen und westlichen Elongationen von durchschnittlich 23° (18°—28°), ist die Beobachtungsmöglichkeit Merkurs mit bloßem Auge stark beschränkt. Der Planet bleibt am hellen Morgen- oder Abendhimmel meist zu horizontnah und wird vom Dunst der Atmosphäre verschleiert. Immerhin gibt es günstige Sichtbarkeitszeiten, in denen Merkur etwa eine Woche lang für je 1—2 Stunden am Abend- respektive Morgenhimmel zu beobachten ist. Er glänzt dann etwa in Siriushelligkeit unfern der Auf- oder Untergangsstelle der Sonne 10°—15° über dem Horizont. Die besten Sichtbarkeitsbedingungen ergeben sich — wie bei Venus — für den Abendstern in den Frühlingsmonaten, für den Morgenstern dagegen im Herbst. Zu diesen Jahreszeiten schneidet der Tierkreis während der Abend- bzw. Morgenstunden in größter Steilheit den westlichen bzw. östlichen Horizont, so daß die größten Elongationsstellungen Merkurs sich am Dämmerungshimmel unter besonders günstigem Erhebungswinkel vom Horizont geltend machen können.

Auch alle weiteren astronomischen Verhältnisse Merkurs sind denen der Venus sehr ähnlich, nur daß sie sich in rascherem Wechsel vollziehen.

Nach einer oberen Konjunktion gewinnt Merkur als Abendstern zuerst nur langsam an seitlichem Abstand von der Sonne, während er nach Erreichen seiner besten Abendsichtbarkeit sehr rasch wieder in Sonnennähe verschwindet. Umgekehrt kommt er am Anfang der anschließenden Morgensternzeit sehr schnell in die günstige Beobachtungslage, wogegen die abklingende Sichtbarkeit des Morgensterns wesentlich länger andauert. Entsprechend ist auch die Unsichtbarkeitsphase während einer unteren Konjunktion — vor einer Morgensternperiode — viel kürzer als die Unsichtbarkeitsdauer um die Zeit einer oberen Konjunktion mit der Sonne.

Bemerkenswert ist bei der ganzen Erscheinungsfolge noch, daß die Zeiten günstigster Sichtbarkeit, d. h. der größten Elongationen, zeitlich näher bei den unteren Konjunktionen liegen als bei den oberen. Das Verhältnis beträgt etwa 3:2.

Bei Merkur vollzieht sich ein synodischer Umlauf oder die zyklische Wiederkehr seiner Erscheinungen durch eine Abendstern- und eine Morgensternperiode in etwa 4 Monaten. Die Zeit beträgt durchschnittlich 116 Tage (genauer 115,88 Tage). Sie kann jedoch bei den einzelnen Synoden zwischen 104 und 132 Tagen variieren. In diese Periode stellen sich die wichtigsten Merkurerscheinungen, die Konjunktionen und größten Elongationen zur Sonne, in bestimmten zeitlichen Abständen hinein. Im ganzen besteht dabei überschläglich eine Gliederung nach zwölftägigen Intervallen. Die folgende Übersicht zeigt dieses auf:

Merkurstellung relativ zur Sonne	Durchschnittliche zeitliche Intervalle in Tagen		Sichtbarkeit
Obere Konjunktion			unsichtbar
	36	3 × 12	Abendsternperiode
Größte östliche Elongation			
	22—23	2 × 12	
Untere Konjunktion			unsichtbar
	22—23	2 × 12	
Größte westliche Elongation			Morgensternperiode
	36	3 × 12	
Obere Konjunktion			unsichtbar

1 synodischer Umlauf = 10 × 12 = 120 Tage (116 Tage)

Der viermonatliche synodische Merkurumlauf wiederholt sich in einem Jahre dreimal, so daß alljährlich 3 Abendstern- und 3 Morgensternperioden eintreten. Damit sind im allgemeinen auch 3 obere und 3 untere Konjunktionen und insgesamt 6 größte Elongationen verbunden.

Nun umspannen 3 synodische Merkurumläufe oder 3 × 116 Tage kein volles Jahr, sondern eine um 18 Tage kürzere Zeit (348 Tage). Um diese Differenz von 2½ Wochen verfrüht sich daher auch der Eintritt sämtlicher Merkurerscheinungen und -konstellationen gegenüber der Sonne von einem Jahr zum anderen. Diese jahreszeitlichen Verfrühungen treten bei dem Überblick über die Daten der Merkurerscheinungen unmittelbar hervor (vgl. die Merkurdaten 1951—1970 auf Seite 210). Im wesentlichen begleitet der sonnennahe Planet den Gang des Tagesgestirnes durch den Tierkreis. Er durchwandert dabei immer in der ersten Jahreshälfte etwa den aufsteigenden Tierkreisbogen vom Schützen bis in den Stier und in der zweiten Jahreshälfte den absteigenden Bogen von den Zwillingen bis in den Skorpion.

Die 18 Tage Differenz zwischen 3 Merkursynoden und 1 Jahr summieren sich im Laufe von 7 Jahren zu rund 123 Tagen, welche eine «zusätzliche» Synode erlauben. So wiederholen sich nach 7 Jahren mit 22 Merkursynoden alle Erscheinungen des Planeten mit einer Verfrühung von 7½ Tagen. Dies ist ein erster größerer zusammenfassender Merkurrhythmus.

Erst nach einem nahezu siebenmal größeren Zeitraum, nach 46 Jahren, schließt sich ein Kreislauf von insgesamt 145 synodischen Merkurumläufen, nach welchem alle Merkurerscheinungen nur durchschnittlich um 1 Tag später wiederkehren. Diese 46jährige Planetenperiode Merkurs war schon im Altertum Hipparch und Ptolemäus bekannt. Sie eignet sich recht gut zur Vorherbestimmung späterer Merkurerscheinungen. In diesem Sinne wurde die Periode, z. B. in den mittelalterlichen, um 1250 in Spanien entstandenen, Planetenephemeriden der Alfonsinischen Tafeln zugrunde gelegt, in denen für den Zeitraum von 46 Jahren die Merkurpositionen zusammengestellt waren.

Die auch bei den größten Perioden stets übrigbleibenden Differenzen zeigen, wie eine einfache Periode von ganzen Jahren niemals den Erscheinungsablauf eines Planeten restlos erfassen kann. Ja, es gehört zu den wesentlichsten Kennzeichen aller Wandelsterne, daß ihr Bewegungsablauf nie zu einer mechanischen Wiederkehr des Gleichen führen kann, sondern stets in beweglich-lebendigem Fluß bleibt und zu immer neu abgewandelten Erscheinungen führt.

Die direkte Beobachtung der Bewegung in bezug auf den Tierkreis ist bei Merkur noch schwerer anzustellen als bei Venus, weil er nie aus dem helleren Dämmerungsbereich heraustritt. Wie bereits erwähnt, vollzieht Merkur infolge seiner Sonnennähe in etwa 12 Monaten einen ganzen Tierkreisumlauf. Eine Rückläufigkeit mit Schleifenbildung tritt noch weniger in Erscheinung wie bei Venus. Die Gegenbewegung beginnt jeweils 10—14 Tage vor der unteren Konjunktion und endet

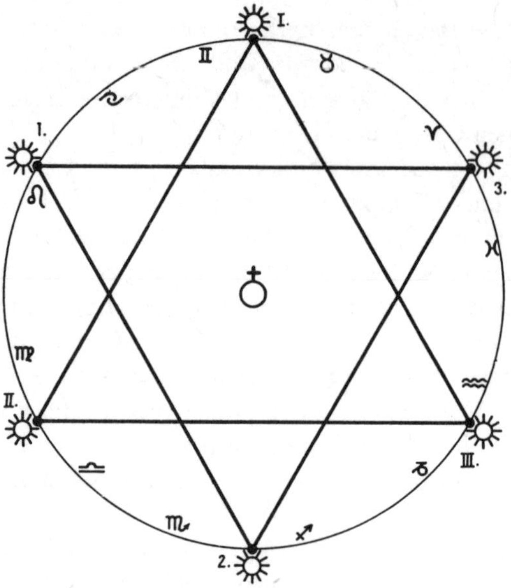

Fig. 112 Hexagramm der wichtigsten Merkurstellungen während eines Jahres; I—III obere, 1—3 untere Konjunktionen. (Die oberen Konjunktionen sind in dieser schematischen Darstellung in gleicher Weise gezeichnet wie die unteren.)

etwa ebensolange nachher; sie dauert 19 bis 24 Tage. Die rückläufige Bahnstrecke beträgt bei den kürzesten Merkurschleifen im Sternbilde des Stier 8,5°. Hingegen sind auf der gegenüberliegenden Tierkreisseite im Skorpion fast doppelt so lange Schleifenzüge mit einer Ausdehnung bis zu 16,5 ° vorhanden.

Merkur beschreibt in jeder synodischen Umlaufszeit eine Schleife, in einem Jahre also drei. Der rechtläufigen, d. h. west östlich weiterschreitenden Merkurbewegung gliedert sich somit nach je 4 Monaten eine Schleife ein. Dem zeitlichen Abstand von rund ⅓ Jahr zwischen aufeinanderfolgenden unteren Merkurkonjunktionen entspricht ein Weiterrücken der Schleifenstellen am Himmel um etwa ein Drittel des ganzen Tierkreises, so daß sich im Laufe eines Jahres die drei Schleifenzüge Merkurs in nahezu gleichmäßigen Abständen von 120° in den Zodiakus einzeichnen. Da drei Merkur-Synoden um 18 Tage kürzer sind als ein Jahr, reihen sich die Merkurschleifen aufeinanderfolgender Jahre ziemlich eng nebeneinander, ohne jedoch die letztjährigen noch einmal zu überdecken.

*Die inmitten der Schleifen liegenden unteren Konjunktionen des Merkur bilden in einem Jahre ein etwa gleichseitiges, nicht ganz geschlossenes Dreieck in den Tierkreis. Dasselbe gilt, mit zirka 60° Verschiebung der Spitzen, auch für die oberen

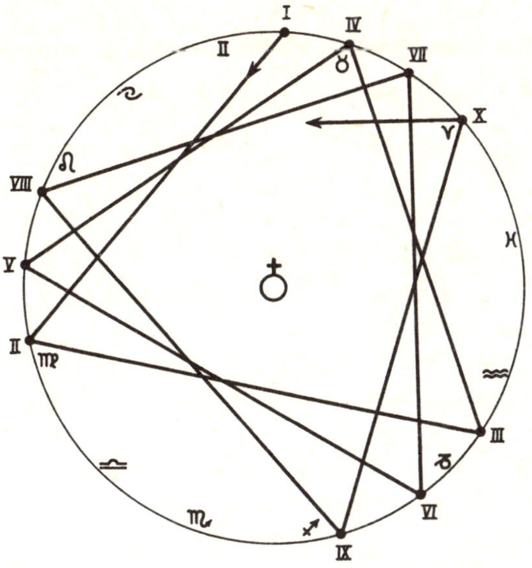

Fig. 113 Drehung des Trigons der oberen Konjunktion des Merkur entgegengesetzt dem Tierkreis.

I	18. Juni 1958	VI	26. Januar 1960
II	5. Oktober 1958	VII	17. Mai 1960
III	14. Februar 1959	VIII	31. August 1960
IV	3. Juni 1959	IX	5. Januar 1961
V	17. September 1959	X	1. Mai 1961

Konjunktionen. Die wichtigsten Merkurstellungen zeichnen somit in jedem Jahreslaufe zwei sich durchdringende Dreiecke, ein Hexagramm, in den Tierkreis (Fig. 112). Dies entspricht dem in 8 Jahren mit 5 Synoden entstehenden Pentagramm der Venus.

Allerdings sind die Rhythmen des Merkur sehr viel unregelmäßiger als diejenigen der Venus, so daß es sich bei den folgenden Angaben um Durchschnittswerte aus größeren Schwankungen handelt.

Das Trigon der oberen Konjunktionen — und entsprechend das der unteren — wird nicht geschlossen, sondern verschiebt sich pro Jahr um rund 18° entgegen dem Tierkreis (Fig. 113). Mit anderen Worten, die Spitzen des Hexagrammes durchwandern in 2 Jahren etwas mehr als ein Sternbild. Das Weiterrücken der Spitzen, d. h. der Konjunktionsorte, ergibt, daß, nach Ablauf von 9½ Merkur-Synoden bzw. 3 Jahren, an den Ausgangsstellen der unteren Konjunktionen sich die oberen abspielen; die Verspätung beträgt lediglich 3 Tage bzw. 3°.

Nach den bereits oben erwähnten 7 Jahren mit 22 Synoden sind dann im Tierkreis rückschreitend die beiden Trigone um je eine Spitze gedreht, wobei allerdings eine Verfrühung um zirka 8 Tage bzw. 8° eintritt. Erst nach Ablauf von 46 Jahren mit 145 Synoden besteht eine Orts- und Zeitgenauigkeit von rund + 1° bzw. 1 Tag.*

XXIII

Die Merkurbewegung um die Sonne

Wie bei Venus wird auch bei Merkur im Fernrohr ein Phasenwechsel sichtbar. Parallel mit ihm ändert sich der Durchmesser der Planetenscheibe. Merkur erscheint bei der oberen Konjunktion als «Voll-Merkur» mit einem Querschnitt von minimal 4,5″. Während sich der Planet östlich von der Sonne entfernt, nimmt der Durchmesser langsam zu und die Phase ab. In der größten östlichen Elongation ist «Halb-Merkur». Mit der folgenden Annäherung an das Tagesgestirn wächst der Planet weiter, und die Phase nimmt fortlaufend ab. Der von Merkur in der unteren Konjunktion maximal erreichbare Durchmesser beträgt 13″. Es ist dann «Neu-Merkur». Sein Radius ist dabei etwa ein Drittel größer als der von Venus in der oberen Konjunktion. Bei der anschließenden Morgensternzeit des Merkur mit der größten westlichen Elongation verändern sich die Phasen und der Durchmesser in der umgekehrten Folge wie am Abendhimmel. Der Planet taucht als großer «Neu-Merkur» auf, ist in der größten Elongation halb und verschwindet vor der oberen Konjunktion als kleiner «Voll-Merkur». Auch hier sind wieder die bei Venus bereits dargestellten Gegensätze zu dem Gang der Mondphasen vorhanden (vgl. Seite 145).

Da bei der größten Elongation die Merkurscheibe halbmondförmig erscheint, so folgt daraus für den Phasenablauf, daß die Zeit der vollen Phase von einem Merkurviertel über die obere Konjunktion zum anderen Viertel länger ist als die Zeit der leeren Phase.

Aus dem Phasen- und Größenwechsel sowie weiteren Winkelmessungen muß auf eine veränderliche Entfernung des Merkur von der Erde geschlossen werden. Im Verhältnis zum Abstand Erde — Sonne = 1 ergibt sich daraus für Merkur in oberer Konjunktion die Erdferne mit einer Distanz von 1,47, für die Stellung in unterer Konjunktion die Erdnähe mit einer Entfernung von 0,53 von der Erde. Wie alle Angaben bei Merkur, sind auch diese Werte starken Schwankungen unterworfen. Der mittlere Abstand ist naturgemäß gleich dem der Sonne von der Erde.

Fast in demselben Verhältnis, in dem die volle zur leeren Phase steht (3:2), sind auch die Zeiten, in denen Merkur weiter als die Sonne von der Erde entfernt ist, zu den Zeiten der erdnahen Lagen, bei denen er räumlich innerhalb der Sphäre der Sonnenentfernung bleibt.

Da die Abendsternperioden mit der erdfernsten Merkurstellung bei einer oberen Konjunktion beginnen und mit der Erdnähe während der unteren Konjunktion enden, so nähert sich Merkur in dieser Zeit ständig der Erde. Umgekehrt werden in der Morgensternzeit die Distanzen zwischen dem Planeten und der Erde immer größer. Die Geschwindigkeit des Näherkommens und Entfernens ist nicht gleichförmig, sondern folgt dem Rhythmus einer harmonischen Schwingung. Um die Konjunktionen sind die Veränderungen am kleinsten, um die größten Elongationen am stärksten.

Konstellation	Phasen und Größenverhältnisse	Entfernung (Erde — Sonne = 1)
Obere Konjunktion	«Voll-Merkur» 	1,47 Erdferne, hinter der Sonne
Größte östliche Elongation	«Merkur-Viertel» 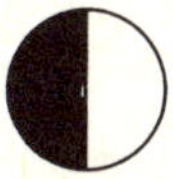	
Untere Konjunktion	«Neu-Merkur» 	0,53 Erdnähe, vor der Sonne
Größte westliche Elongation	«Merkur-Viertel» 	
Obere Konjunktion	«Voll-Merkur» 	1,47 Erdferne, hinter der Sonne

Aus dem Bisherigen ergibt sich, wie bei Venus, auch für Merkur eine um die Sonne kreisende Bewegung. Nur ist diese bei letzterem viel näher an das Tagesgestirn gebunden als bei Venus. Die größte Elongation wurde mit 23° im Mittel angegeben. Dadurch vermag sich Merkur der Erde auch nicht so weit zu nähern wie Venus. So steht er der Erde in den extremen Stellungen nur um rund die Hälfte der Sonnenentfernung näher oder ferner als die Sonne.

In ähnlicher Art wie bei Venus tritt so bei Merkur die sphärische Bewegung im Tierkreis und die radial zur Erde hin- und von ihr weggerichtete Bewegung in Erscheinung. Im Zusammenspiel von beiden ergibt sich die Bahn des Merkur bezüglich der Erde.

Der jährliche Tierkreisumlauf Merkurs kommt in seiner harmonisch dreifachen Gliederung insbesondere bei der Darstellung in Fig. 114 zur Geltung. Hier ist die auf die Erde bezügliche Schleifenbahn des Planeten unter Berücksichtigung seiner wechselnden Entfernungen von der Erde wiedergegeben. Im Zentrum des Bildes ist dabei die Erde zu denken; am äußeren Kreis sind die Richtungen zu den zwölf Tierkreisbildern verzeichnet. Der Merkur umkreist im Laufe eines Jahres in wechselndem Abstand die Erde und kommt jeweils während der Schleifenbildungen der Erde am nächsten. Die Orte von Erdnähe und Erdferne fallen, wie oben erwähnt, mit den unteren bzw. oberen Konjunktionsstellungen des Merkur zusammen. Die

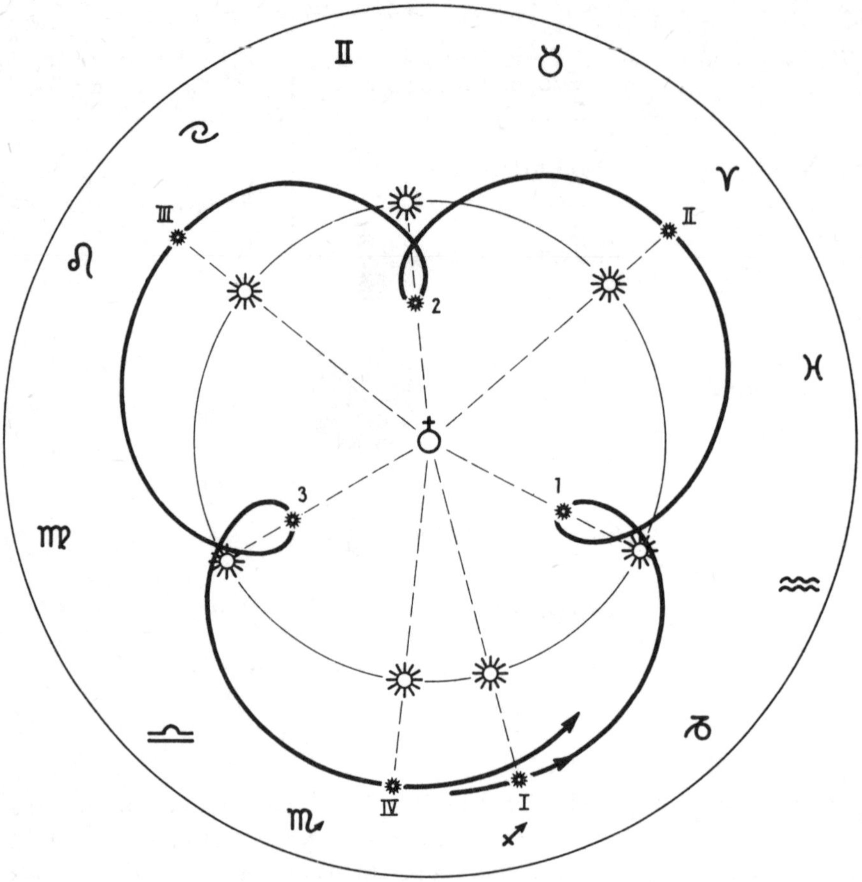

Fig. 114 Geozentrische Merkurbahn im Laufe eines Jahres (1961) bzw. dreier synodischer Umläufe.

Obere Konjunktionen		Untere Konjunktionen	
I	5. Januar 1961	1	21. Februar 1961
II	2. Mai 1961	2	27. Juni 1961
III	14. August 1961	3	22. Oktober 1961
IV	16. Dezember 1961		

zu den einzelnen Konjunktionen gehörigen Sonnenorte sind ebenfalls eingezeichnet. Es ergibt sich unmittelbar, wie Merkur bei den Schleifen und den unteren Konjunktionen räumlich zwischen Sonne und Erde steht, und wie er bei den oberen Konjunktionen weiter entfernt ist als die Sonne. Die Sonnenbahn um die Erde wird durch die Merkurbewegung im Laufe eines Jahres in radialer Richtung dreimal zur Erde hin und wieder von ihr weg überschritten. — Tafel XII zeigt diese Bewegung für die 7-Jahres-Periode des Merkur von 1961—1967.

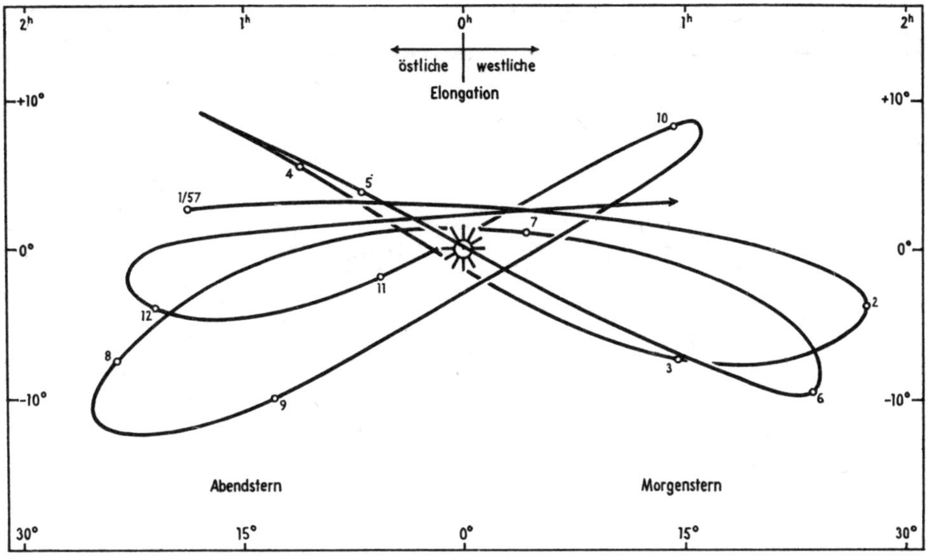

Fig. 115 Merkur relativ zur Sonne 1957.

Wie bei Venus kann das Kreisen des Merkur um die Sonne auch noch in anderer Form dargestellt werden, indem die täglichen Rektaszensions- und Deklinationsunterschiede in einem Diagramm zusammengefaßt und durch eine Linie verbunden werden. Die Sonne sei als Fixpunkt festgehalten. Die Fig. 115—121 geben die Merkur-Diagramme für die 7 aufeinanderfolgenden Jahre 1957 bis 1963 wieder.

Das enge Kreisen des Wandlers um das Tagesgestirn mit dem raschen Wechsel zwischen Abend- und Morgenstern kommt durch den Linienzug unmittelbar zum Ausdruck. Dreimal pro Jahr befindet sich der Planet auf der Abend- und dreimal auf der Morgenseite der Sonne. Die am weitesten von der Sonne im Mittelpunkt entfernten Stellen geben die größten Elongationen (östliche und westliche) an. Die Unterschiedlichkeit dieser Weiten kann aus den Abbildungen abgelesen werden, z. B. 1958 links oben und links unten.

Je größer eine Elongation ist, desto eher besteht eine Sichtbarkeitsmöglichkeit für Merkur. Doch sind die Beobachtungsbedingungen nicht nur von der Größe der Elongation abhängig, sondern auch noch von dem Ort der beiden Gestirne im Tierkreis. Weist Merkur hierbei eine tiefere Deklination als die Sonne auf, so wird er im allgemeinen nicht sichtbar werden. Je höher hingegen die Deklination des Planeten gegenüber dem Tagesgestirn ist, desto günstiger werden die Beobachtungsbedingungen. Die besten ergeben sich, wenn möglichst große Elongationen hinzukommen, wie z. B. im November/Dezember 1960 am Morgenhimmel oder Ende April 1963 am Abendhimmel.

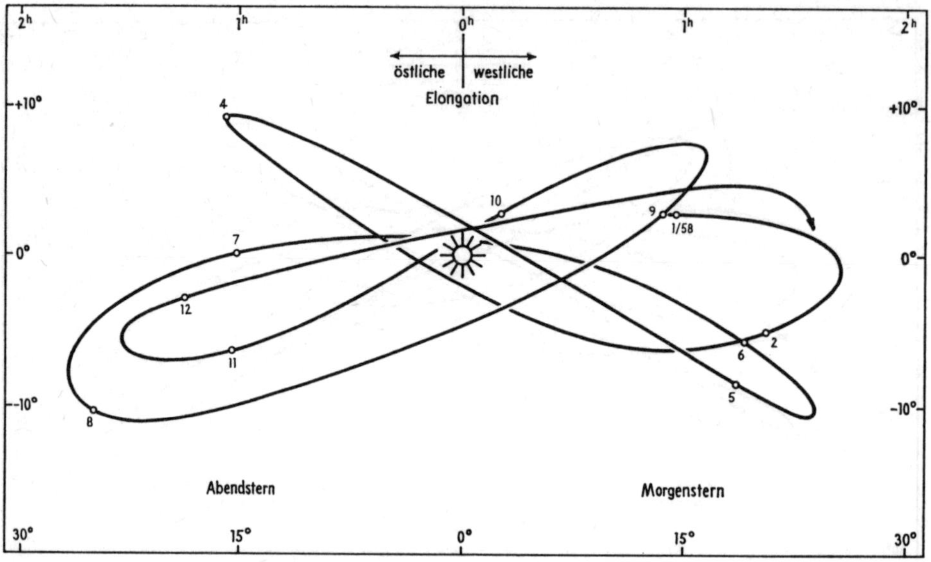

Fig. 116 Merkur relativ zur Sonne 1958.

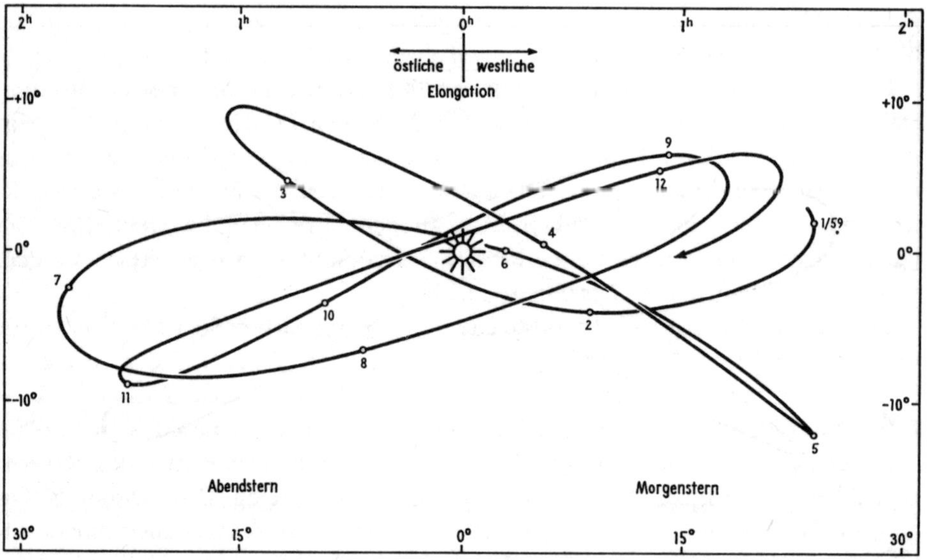

Fig. 117 Merkur relativ zur Sonne 1959.

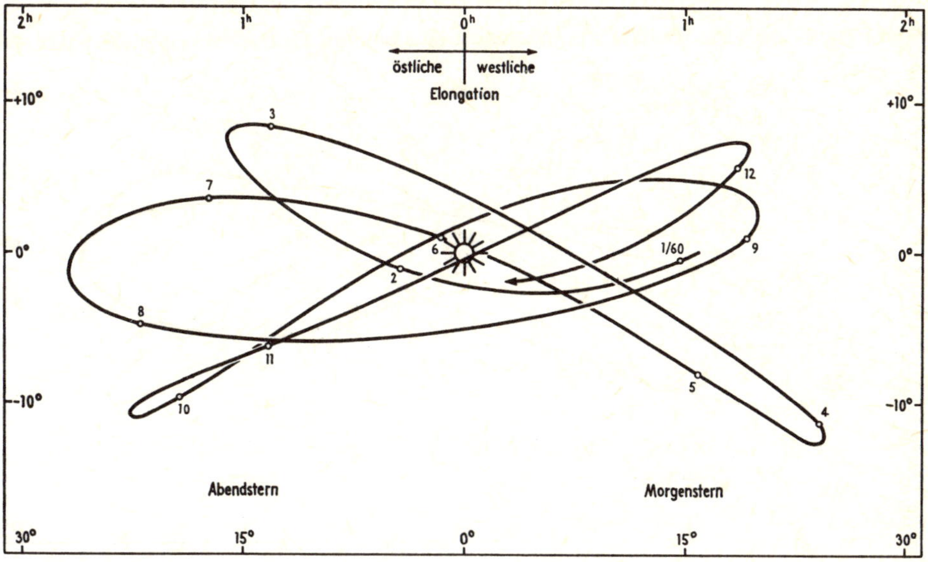

Fig. 118 Merkur relativ zur Sonne 1960.

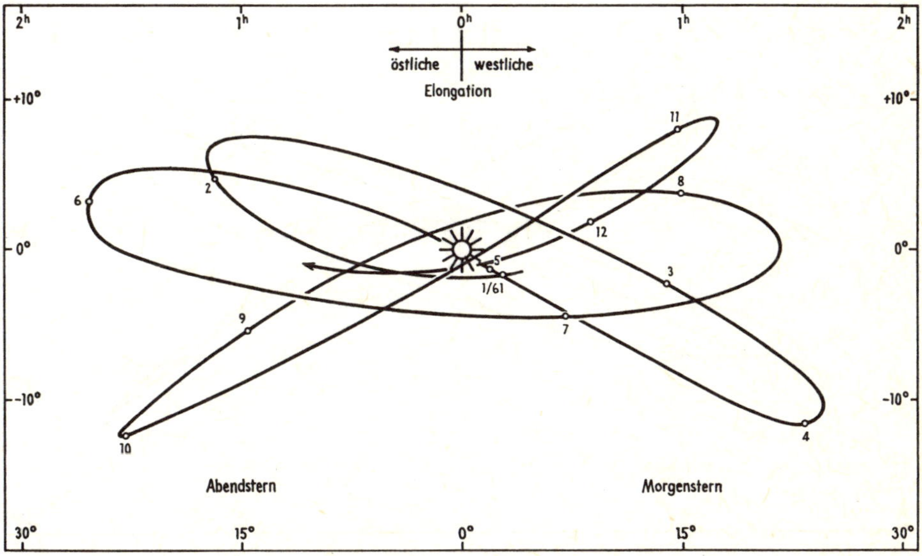

Fig. 119 Merkur relativ zur Sonne 1961.

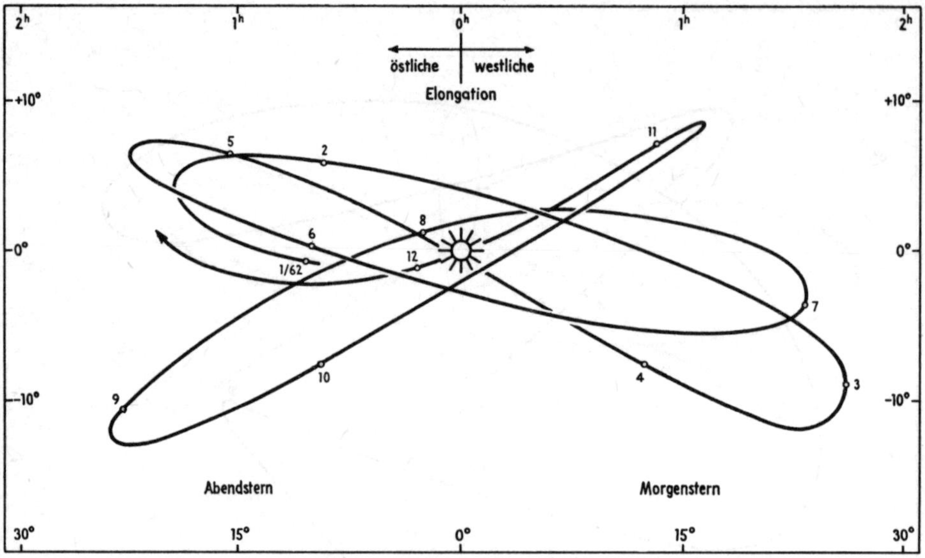

Fig. 120 Merkur relativ zur Sonne 1962.

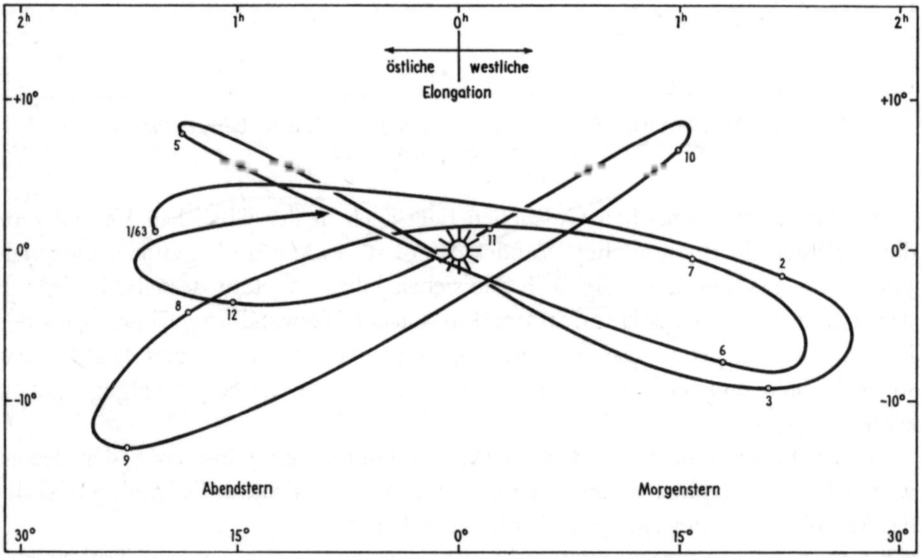

Fig. 121 Merkur relativ zur Sonne 1963.

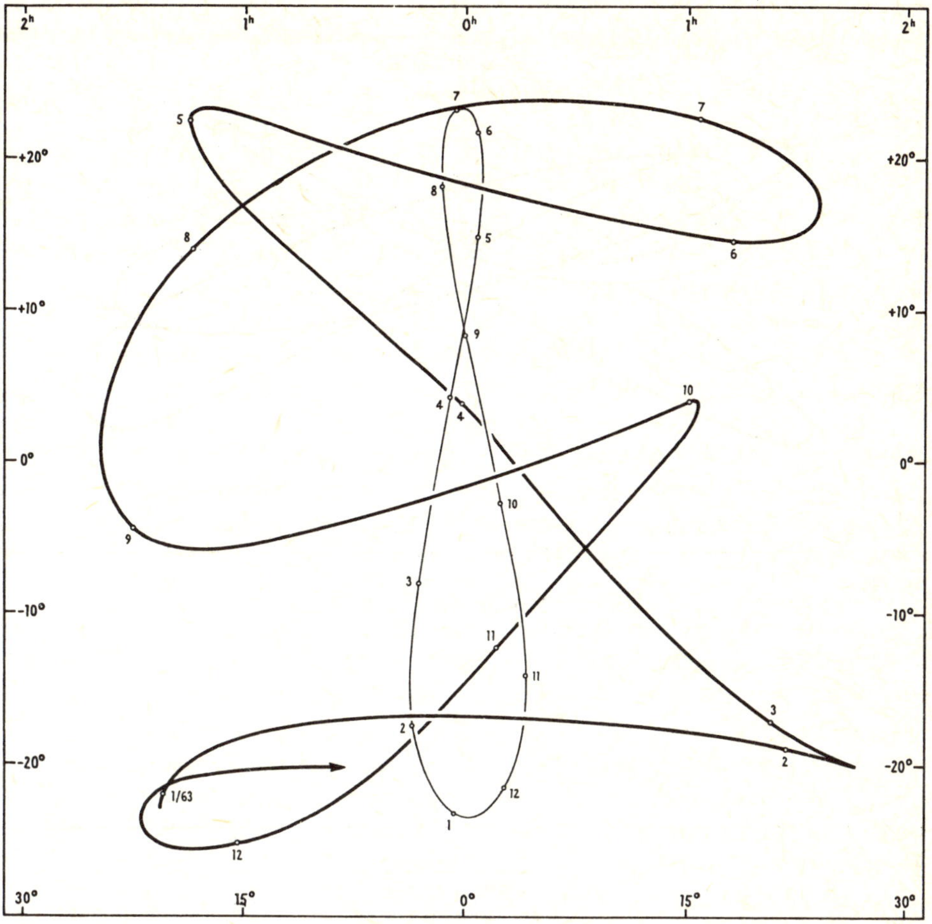

Fig. 122 Dasselbe Diagramm wie Fig. 121 (1963), jedoch unter Berücksichtigung der Jahresbewegung der Sonne.

Wie in allem kosmischen Geschehen liegt auch in der jährlichen Veränderung dieser Bilder ein rhythmischer Wandel. Werden die Merkurdiagramme über viele Jahre hinweg studiert, so zeigt sich alle sieben Jahre ungefähr derselbe Linienzug; dazwischen liegen Übergangsformen. Ein solcher Verwandlungszyklus ist in den Fig. 115—121 gegeben. Das Bewegungsspiel der Schleifen (Auf- und Abschwingen sowie Weiten und Verengen) ist östlich und westlich der Sonne entgegengesetzt zyklisch.

Figur 122 stellt nochmals das Merkurdiagramm vom Jahre 1963 dar, jedoch wurde dabei der täglich veränderte Sonnenstand berücksichtigt. Es ist auch versucht, das Räumliche der Bewegung stärker hervorzuheben [22].

[22] Weitere Beispiele finden sich in «Die Erscheinungen am Sternenhimmel» von Hermann von Baravalle, Stuttgart 1962.

XXIV

Venus- und Merkur-Durchgänge

In seltenen Fällen vermögen Venus und Merkur während einer unteren Konjunktion als schwarze Flecken unmittelbar über die Sonnenscheibe hinwegzuziehen. Solche «Durchgänge», welche jedoch nur mit dem Fernrohr beobachtet werden können, sind für diese beiden Planeten analoge Erscheinungen zu den Sonnenfinsternissen, die sich aus der Bedeckung der Sonne durch den Mond ergeben.

Würden die Bahnebenen von Venus und Merkur genau mit der der Sonne (Ekliptik) zusammenfallen, so müßte sich ein solcher Durchgang bei jeder unteren Konjunktion ereignen, und bei den oberen Konjunktionen würde sich eine Bedeckung des Planeten durch die Sonne ergeben. Beides ist nicht der Fall, da die Bahnen der zwei Wandler gegen die Ekliptik geneigt sind.

Die Bahn der *Venus* ist gegenüber der Sonnenbahn um 3½° geneigt, wodurch sich an zwei Tierkreisorten Schnittpunkte (Knoten) ergeben. Der aufsteigende Knoten liegt im Sternbild des Stieres bei 76° Länge, der abteigende bei 256° Länge im Skorpion. Die Sonne befindet sich an diesen Tierkreisstellen datenmäßig um den 7. Juni bzw. 7. Dezember. Nur wenn eine untere Konjunktion nahe einer der Knotenstellen stattfindet, ist es möglich, daß die Venus unmittelbar vor der Sonnenscheibe vorüberzieht und sie damit in geringem Maße verfinstert. Der maximale Abstand kann 1¾° betragen.

Entsprechend der rückläufigen Planetenbewegung während der unteren Konjunktionen, liegen die Eintritte des Planeten in die Sonnenscheibe immer am östlichen Sonnenrand, die Austritte am westlichen. Die Dauer der Durchgänge hängt naturgemäß von dem jeweiligen Abstand der Venusbahn von der Sonnenmitte ab. Ein sogenannter streifender Durchgang wird immer kurz sein, hingegen kann ein zentraler bis zu 7¼ Stunden dauern.

Wie die Sonnen- und Mondfinsternisse, sind die Venusdurchgänge nicht von der ganzen Erde aus zu beobachten. Außerdem ist die Dauer des Vorüberganges je nach der geographischen Breite des Beobachtungsortes verschieden.

Da die Konjunktionsstellen der Venus im Tierkreis langsam, entsprechend der Periode von 240 Jahren, weiterrücken, ergeben sich in großen Zeitintervallen bestimmte Jahre, in denen eine untere Konjunktion der Venus nahe eines Venusknotens zustandekommt. Acht Jahre später haben sich die gegenseitigen Stellungsverhältnisse erst so wenig verändert, daß sich der Durchgang wiederholt. Beim Wandern der Konjunktionsstellen längs der Ekliptik (vgl. Seite 144) wird abwechselnd einmal der aufsteigende und dann der absteigende Venusknoten überschritten. So ergeben sich alternierend zwei kurz aufeinanderfolgende Venusvorübergänge beim aufsteigenden Knoten, und dann erst nach über 100 Jahren wieder zwei Durchgänge beim absteigenden Knoten. Die Intervalle zwischen den einzelnen Venusdurchgängen betragen 8 Jahre, 121½ Jahre, 8 Jahre und 105½ Jahre. — Die

Venusknoten selbst verändern ihre Lage im Tierkreis praktisch nicht, bzw. nur in äußerst geringem Maße.

Der gemeinsame Rhythmus, der allen Venusdurchgängen zugrundeliegt, ist eine Periode von 243 Jahren und 2 Tagen. Es ergeben sich 4 Reihen von Vorübergängen, welche untereinander, gemäß den genannten ungleichen Intervallen, verschoben sind, die sich aber in ihren Untergliedern zyklisch alle 243 Jahre wiederholen. — Eine Übersicht gibt die folgende Tabelle:

Venusdurchgänge

Intervalle	Am aufsteigenden Knoten		Am absteigenden Knoten	
	1631 8. Dez.	1639 4. Dez.	1761 6. Juni	1769 3. Juni
243 Jahre				
	1874 8. Dez.	1882 6. Dez.	2004 7. Juni	2012 5. Juni
243 Jahre				
	2117 11. Dez.	2125 8. Dez.	2247 9. Juni	2255 7. Juni

Im 20. Jahrhundert findet also kein einziger Venusdurchgang statt.

Die Bahn des *Merkur* ist gegenüber der Ekliptik um 7° geneigt. (Abgesehen von Pluto mit 17° ist dies die stärkste Bahnneigung von allen Planeten.) Der aufsteigende Knoten liegt im Sternbild des Widders bei einer Länge von 48°, der absteigende im Sternbild der Waage bei 228° Länge. An diesen Tierkreisstellen zieht die Sonne jeweils etwa Mitte Mai und Mitte November vorüber. Erfolgt daher eine untere Konjunktion des Merkur in unmittelbarer Nähe des 10. Mai oder des 10. November, so entsteht ein Merkurdurchgang. Der Planet wandert dabei als kleiner, im Fernrohr sichtbarer schwarzer Punkt vor der Sonnenscheibe vorüber. Die Vorübergänge im Mai erfolgen am aufsteigenden, diejenigen im November am absteigenden Merkurknoten. Der Planet darf dabei nicht mehr als 3½° vom Knoten entfernt sein.

Da Merkur während einer unteren Konjunktion stets rückläufig ist, erfolgt der Eintritt des Planeten vor die Sonnenscheibe wie bei Venus immer am östlichen Rand des Tagesgestirnes, der Austritt am westlichen. Die Dauer eines Durchganges ist wegen der rascheren Bewegung des Merkur bei diesem Planeten im allgemeinen kürzer als bei Venus. Sie schwankt zwischen weniger als 1 Stunde bei einem streifenden Durchgang und über 5 Stunden bei einem zentralen (Fig. 123 und 124).

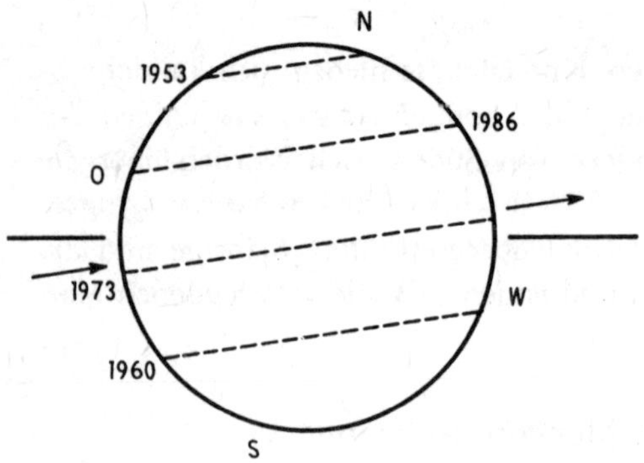

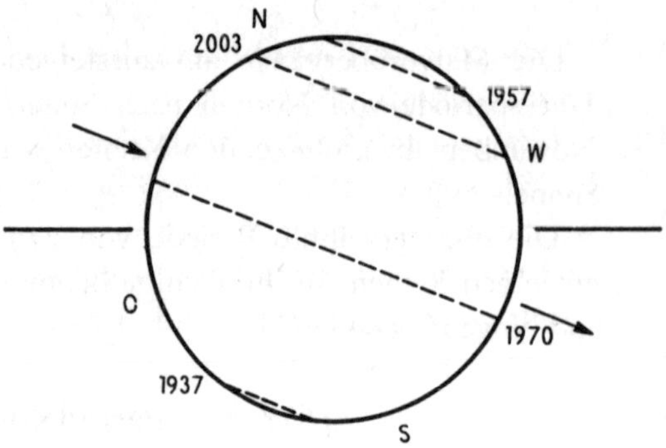

Fig. 123 Fig. 124

Die letztvergangenen und nächstfolgenden Merkurdurchgänge. — Horizontallinie = Ekliptik.

im November im Mai

Beobachtungsmöglichkeit und Länge der Vorübergänge sind je nach Erdenort verschieden.

In einer Periode von 217 Jahren, wonach sich die Merkurvorübergänge recht genau wiederholen, ereignen sich zirka 20 Durchgänge im November und zirka 9 im Mai. Die Novemberdurchgänge sind sehr viel häufiger, weil zu dieser Jahreszeit die Sonnenscheibe größer als im Mai ist und Merkur bei den unteren Konjunktionen erdferner als im Mai steht. — Für die Novemberdurchgänge sind die Intervalle selten 6, meist 7 oder 13 Jahre. Für die Maivorübergänge 13, sehr selten 20, sonst 33 Jahre. Nach einem Maidurchgang erfolgt immer 3½ Jahre später ein Novemberdurchgang.

Meist kommt es in 46 Jahren zu 6 Durchgängen und in 100 Jahren zu 13. Diese folgen in unregelmäßigen Zeitintervallen von 7, 10, 3, 10, 3 und 13 Jahren aufeinander und wiederholen sich danach in ähnlicher Reihenfolge. Mitunter gibt es einen Unterbruch der zyklischen Folgen, so z. B. durch den Vorübergang von 1957.

Als einheitlicher Rhythmus, der dem Saroszyklus bei den Sonnen- und Mondfinsternissen zu vergleichen ist, kommt für den Eintritt der Merkurdurchgänge die schon früher erwähnte Planetenperiode Merkurs von 46 Jahren in Betracht. — Die Merkurvorübergänge ordnen sich in 6 Reihen ein, deren einzelne Glieder nach 46 Jahren mit nur geringen Änderungen wiederkehren. Nur zwei dieser Zyklen finden am aufsteigenden Knoten statt, die vier anderen treten am absteigenden Knoten auf.

*Die 46-Jahresperioden sind nicht immerwährend, sondern haben — wie die Sarosperioden — eine gewisse «Lebensdauer». Diese umfaßt bei den Mai-Durchgängen im allgemeinen 414 Jahre mit 10 Gliedern; z. B. Mai 1523 bis Mai 1937 oder Mai 1740 bis Mai 2154. Mehr als die doppelte Zeit (um 850 Jahre mit zirka 20 Gliedern) umspannt die «Lebensdauer» einer Novemberreihe.

Das 20. Jahrhundert bildet in diesen großen Zyklen insofern eine Ausnahme, als in ihm 2 Reihen zu Ende gehen (Mai 1937 und November 1999) und 2 neu beginnen (Mai 1957 und November 1993).

Die Maivorübergänge am aufsteigenden Knoten verschieben sich in der 46-Jahresperiode von Norden nach Süden über die Sonnenscheibe. Diejenigen des November am absteigenden Knoten wandern von Süden nach Norden über die Sonne.

Die oben erwähnte Periode von 217 Jahren übergreift die 46jährige und die einzelnen Reihen. In ihrer Folge beginnen und enden z. B. die verschiedenen Mai- und Novemberzyklen.*

46jährige Periode der Merkurdurchgänge (1605—2111)

Nov.	Mai	Nov.	Mai	Nov.	Nov.	Mai	Nov.	Mai
							1605	1615
1618	1628	1631			1644		1651	1661
1664	1674	1677			1690		1697	1707
1710		1723			1736	1740	1743	1753
1756		1769		1776	1782	1786	1789	1799
1802		1815		1822		1832	1835	1845
1848		1861		1868		1878	1881	1891
1894		1907		1914		1924	1927	1937
1940	Nov.	1953	1957	1960		1970	1973	
1986	1993	1999	2003	2006		2016	2019	
2032	2039		2049	2052		2062	2065	
2078	2085		2095	2098		2108	2111	

Als erster hat Johannes Kepler auf Grund der von ihm entworfenen Planetentafeln 1629 solche Planetendurchgänge für das Jahr 1631 vorausgesagt. Dieses Jahr wurde von ihm insofern noch als ein ganz einzigartiges bezeichnet, weil in ihm sowohl ein Merkurdurchgang am 7. November wie ein Venusvorübergang am 6. Dezember stattfinden würden. Kepler ließ darüber noch einen besonderen Aufruf an die Astronomen und Himmelskundigen ergehen («Admonito ad astronomos rerumque coelestium studiosos de miris rarisque anni 1631 phaenomenis, Veneris puta et Mercurii in Solem incursu»). Er selbst konnte die seltenen Erscheinungen nicht mehr beobachten, da er im November 1630 starb. Doch gelang es 1631 tatsächlich verschiedenen Beobachtern, am angekündigten Tage zum ersten Male einen Merkurdurchgang wirklich zu sehen.

Im Jahre 1769 wiederholte sich diese Duplizität mit Venus im Juni und Merkur im November. Seither ist ein solches Ereignis nicht mehr eingetreten und wird auch mindestens bis zur Mitte des 23. Jahrhunderts nicht mehr vorkommen.

XXV

Die Schleifenbildungen bei Venus und Merkur Zusammenschau

Die Fig. 125 zeigt die Schleifenbahnen der Planeten Venus und Merkur in der synodischen Umlaufszeit von 584 bzw. 116 Tagen. Die Punkte I und II bezeichnen die Orte aufeinanderfolgender oberer Konjunktionen zur Sonne. In die Schleifenmitte fällt jeweils eine untere Konjunktion mit der Sonne. Mit der Überlagerung bei der sphärischen Venusbewegung entsteht ein Phänomen, welches wie ein komplementärer Ausgleich oder eine angenäherte Ergänzung der weiten «Lücke» anmutet, die der Merkur in seinem funktionell entsprechenden Bewegungszug gegenüber dem ganzen Himmelsumfang offenläßt.

Im Verlaufe ihres achtjährigen Zyklus beschreibt *Venus* jeweils zur Zeit der unteren Konjunktionen 5 Schleifen im Tierkreis. In der achtjährigen Wiederkehr erfolgen die 5 Schleifen fast in gleicher Lage und Gestalt. Venus hält wie kein anderer Planet an den einmal beschriebenen Bahnformen fest. Erst nach mehreren Jahrzehnten machen sich merkliche Veränderungen geltend. Das Schleifenfünfeck verschiebt sich innerhalb des Tierkreises (vgl. Seite 144), als sei es in langsamer Rotation begriffen, so daß z. B. die Schleife in den Zwillingen (Tafel IX) nach rechts zum Sternbild des Stieres hinwandert. Der schon erwähnten zweieinhalbtägigen Verfrühung aller Venuserscheinungen nach 8 Jahren entspricht die seitliche Verlagerung der einzelnen Schleifen, wenn auch nur jedesmal um rund 2½°.

Figur 126 zeigt die allmähliche Verschiebung und die gleichzeitig eintretende Formveränderung einer Venusschleife, wenn sie an der gleichen Tierkreisstelle in achtjährigen Intervallen wiederkehrt. — Das stetige Weiterrücken aller Schleifen führt dazu, daß allmählich alle Teile des Tierkreises von den Schleifenzügen der Venus überdeckt werden. Dies wird der Fall sein, wenn das regelmäßige Schleifenbzw. Konjunktionsfünfeck des Planeten in 240 Jahren eine Drehung um $^1/_5$ oder 72° durchgeführt hat (vgl. Kap. XX). In dieser Zeit sind dann auch alle Zwischenformen der Schleifen, insgesamt 150 Schleifen, die sich jedoch sehr stark überschneiden, einmal zur Erscheinung gebracht worden. Die Formenmetamorphose folgt dabei prinzipiell den gleichen Gesetzmäßigkeiten wie sie bei Jupiter dargestellt worden sind bzw. wie sie im folgenden für Merkur abgeleitet werden. Ein Unterschied ist lediglich durch die andere Lage der Venusknoten gegeben. Die zickzackförmigen Schleifen entstehen bei der Venusbewegung in der Gegend der Sternbilder Stier und Skorpion. Die einzelnen Schleifen zeigen bei der Venus im Vergleich mit allen anderen Planeten größere Dimensionen, sowohl in Länge wie in Breite. Die durchschnittliche Rücklaufstrecke ist 16°.

Wie in Kapitel XXII dargestellt, beschreibt *Merkur* in jedem Jahre 3 Schleifen; diejenigen des folgenden Jahres liegen dicht vor denen des vergangenen. In wenigen

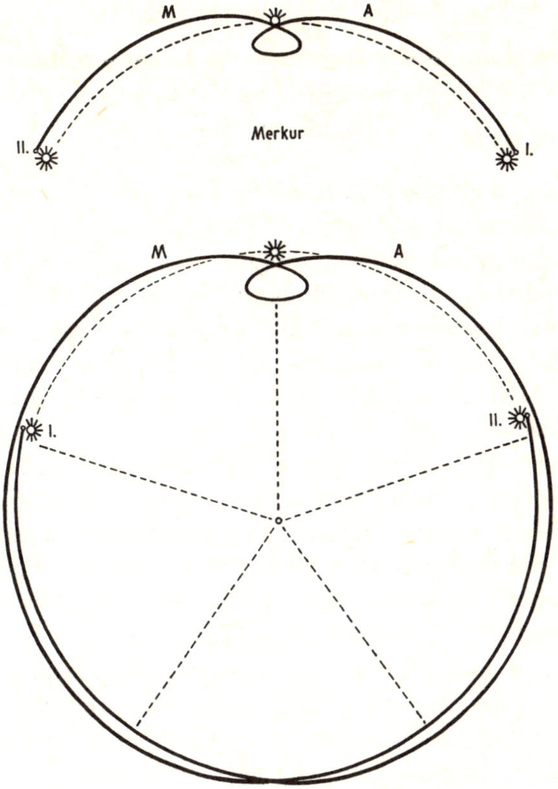

Fig. 125 Schleifenbahnen von Merkur und Venus in ihren synodischen Umläufen. I und II bezeichnen aufeinanderfolgende obere Konjunktionen.

Jahren wird derart der Tierkreis ganz mit den Schleifenlinien des Planeten überdeckt. Eine solche Entwicklungsreihe, die insgesamt 22 Schleifen und ebensoviele Merkursynoden umspannt, ist jeweils nach 7 Jahren abgeschlossen. Wieder liegt im Prinzip derselbe Formenwandel zugrunde. Diese Metamorphose der Merkurbewegung während der siebenjährigen Epoche von 1961 bis 1967 ist auf Tafel XI wiedergegeben.

Bei den Merkurerscheinungen und -bewegungen tritt die Mannigfaltigkeit und der rasche, wenn auch gesetzmäßig weiterschreitende Wechsel aller Phänomene ganz besonders hervor. Aus Tafel XI ist ersichtlich, wie die einzelnen Schleifen, entsprechend ihrer Lage an verschiedenen Tierkreisstellen, die typischen unterschiedlichen Gestalten zeigen. Ausgehend von einer fast symmetrischen Schleifenform im Krebs folgen z. B. nach beiden Seiten in spiegelbildlicher Entsprechung Merkur-

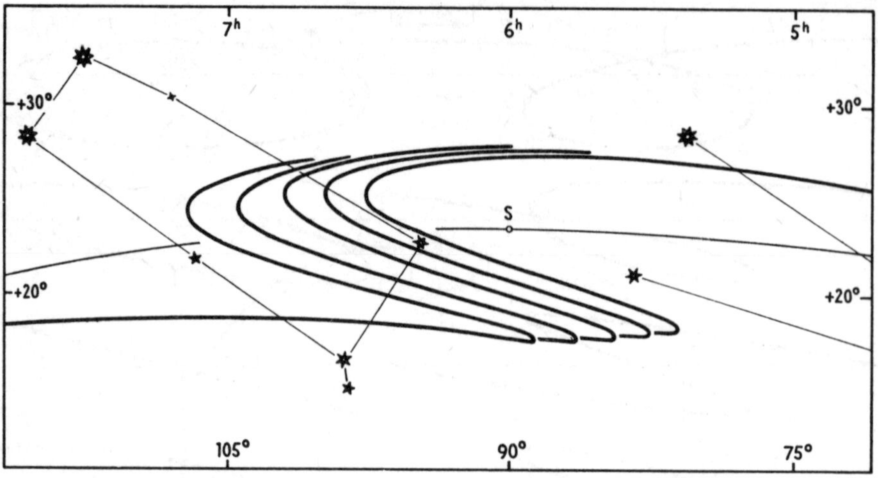

Fig. 126 Verlagerung und Veränderung einer Venus-Schleife von 8 zu 8 Jahren im gleichen Sternbilde (Zwillinge). — S = Sonnenwendepunkt auf der Ekliptik.

schleifen, welche asymmetrische Formen zeigen, die dann schmäler und spitzer werden und 90° von der Ausgangsstelle entfernt in eine offene Zickzackform übergehen. Danach treten die Schleifen erst schmal und dann wieder zunehmend gerundet auf, bis an dem gegenüberliegenden Tierkreisorte zwischen Steinbock und Wassermann schließlich die symmetrischen, runden Formen wiederkehren. In noch größerer Vielfalt wie bei den Jupiterschleifen können hier Spiegelungen der Schleifenformen aufgefunden werden.

Die Gesamtheit aller Schleifen zeigt eine ganz bestimmte Lagebeziehung zur Ekliptik. Die rückläufigen Bahnteile überkreuzen bei den S-Formen die Ekliptik. Im Krebs verlaufen sie dagegen im größten südlichen Breitenabstand von der Sonnenbahn (auf Tafel XI wenden sich die Schleifen nach innen zu), während sie sich umgekehrt im Steinbock am meisten in nördlicher Richtung von der Ekliptik entfernen (die Schleifen wenden sich hier nach außen). Der gesamte Schleifenring zeigt damit eine gewisse Schräglage gegenüber der Ekliptik und zwei Überkreuzungsstellen (Knoten), gekennzeichnet durch die S-förmigen Schleifen in den Sternbildern Widder und Waage.

Die Entstehung und die gesetzmäßige Aufeinanderfolge der verschiedenen Schleifengestalten ergibt sich aus der unterschiedlichen Lage der Merkurbahn. Fig. 127 zeigt rechts von a bis h die ringförmige Bahn Merkurs um die Sonne, wie sie in acht verschiedenen Lagen dem Anblick von der Erde aus erscheint. Die oberste Lage a ist z. B. am 10. August jedes Jahres vorhanden. Würde immer an diesem Datum in den verschiedensten Jahren die Merkurstellung neben der Sonne aufgezeichnet werden, so gruppierten sich diese Stellungen sämtlich längs eines elliptischen Ringes

Fig. 127 Bahnlagen des Merkur um die Sonne in den verschiedenen Jahreszeiten und die daraus entstehenden Schleifenformen.

a	10. August	e	10. Februar
b	25. September	f	25. März
c	10. November	g	10. Mai
d	25. Dezember	h	25. Juni

um die Sonne herum. Der untere Teil des als Ellipse erscheinenden Bahnkreises steht dabei der Erde näher und umfaßt die erdnahen Merkurstellungen; der Teil oberhalb der Sonne ist erdferner und hinter der Sonne gelegen zu denken. Zu den anderen Daten des Jahres gehören in entsprechender Art ganz andere Aspekte der Merkurbahn. Ihre Umwandlung ist in Fig. 127 a bis h durch den ganzen Jahreslauf hindurch in acht Lagen mit zeitlichen Intervallen von 1½ Monaten festgehalten. Lage c (10. November) entspricht dem Moment, wo der Blick von der Erde seitlich auf die Kante des augenblicklichen Bahnringes fällt. Von Lage d (25. Dezember) ab liegen die erdnahen Bahnteile oberhalb der Sonne; d. h. der Blick trifft jetzt auf die Unterseite der Bahnebene, während er bei der Situation a und b auf ihre Oberseite fällt. Über die offenste Lage e (10. Februar) hinweg verflacht sich der Bahnring für den Anblick dann wieder, bis er bei g (10. Mai) erneut, aber jetzt in spiegelbildlicher Schräge, von der Kante erscheint.

In Anknüpfung an die wechselnden Lagen der Merkurbahn, die sich aus den Himmelserscheinungen unmittelbar ergeben, ist in der linken Hälfte der Fig. 127 die Entstehung der verschiedenen Formentypen der Planetenschleifen dargestellt. Während der Zeit eines synodischen Umlaufes, in welcher Merkur seine Stellung zur Sonne verändert, und wo er bei festbleibender Bahnlage a nacheinander die Punkte 1 bis 12 durchlaufen würde, verändert gleichzeitig die Sonne ihre Stellung im Tierkreis. Die kreisende Merkurbewegung um das Tagesgestirn unterliegt dadurch gegenüber dem Tierkreis einem seitlichen Fortschreiten längs der Ekliptik. Aus dem Durchlaufen der Grundform a ergibt sich bei gleichzeitigem, horizontal nach links fortschreitendem Weiterrücken der Punkte 1—12 die Schleifenkurve 1. In der gleichen Art lassen sich durch gleichmäßige Seitenverschiebung nach links auch aus den Bahnlagen b bis h die jeweils links danebenstehenden weiteren Formen von Schleifenlinien ableiten. Die kontinuierliche Veränderung der Bahnlage ist in den Zeichnungen nicht berücksichtigt; es sind nur einzelne Stadien festgehalten. — Die Übereinstimmung mit den Himmelserscheinungen ist prinzipiell überall gegeben. Als Beispiel sei auf die Merkurschleife vom März/April 1966 (Tafel XI, in den Fischen) hingewiesen, und die Schleifenform, welche gemäß der Lage der Merkurbahn im März (Fig. 127 f) mit Hilfe der beschriebenen Konstruktion entsteht.

Aus seinem ganzen Schleifenorganismus greift Merkur in jedem Jahre 3 Schleifen heraus und bringt sie durch seine Bewegung zum Aufleuchten. Prinzipiell sind immer alle der Möglichkeit nach vorhanden.

Abgesehen von den typischen Formen zeigen die Planetenschleifen Merkurs im einzelnen gewisse Abweichungen und Unregelmäßigkeiten, vor allem in ihrer Länge, worauf schon auf Seite 156 hingewiesen wurde.

Venus kreist ebenso wie Merkur um die Sonne. Nur greift ihre Bahn weiter aus und deshalb sind ihre entsprechenden Rhythmen länger. Die Entstehung ihrer Schleifenformen könnte in derselben Weise abgeleitet werden wie bei Merkur.

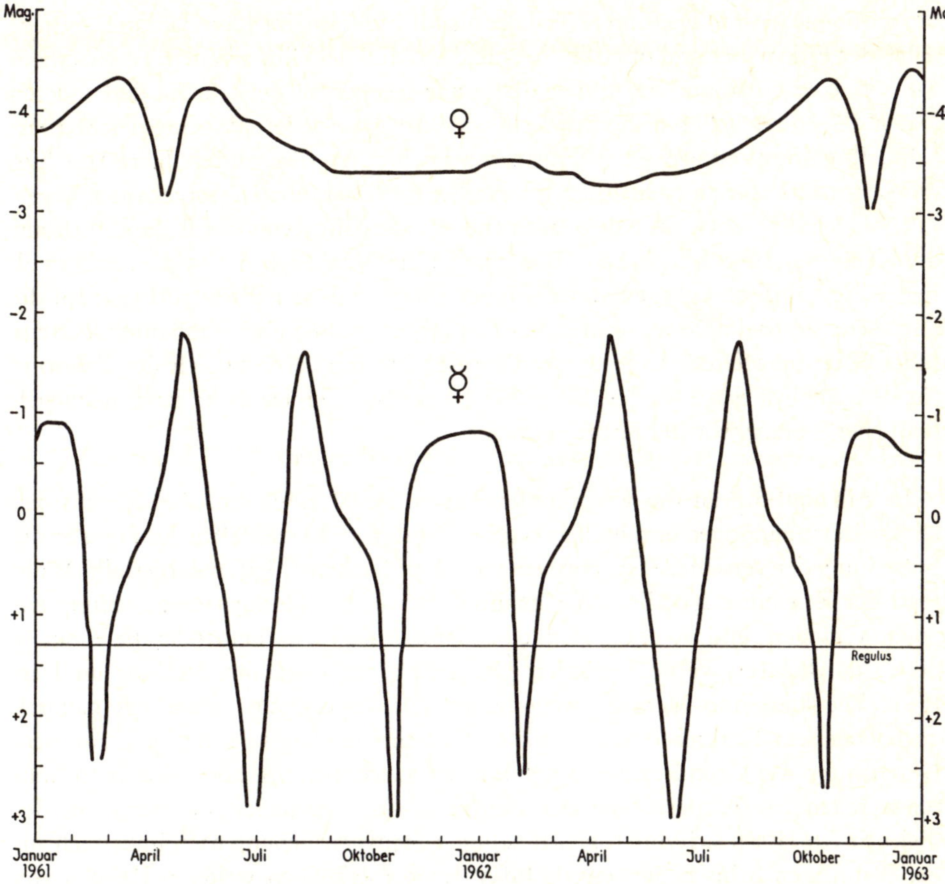

Fig. 128 Helligkeitsschwankungen von Venus und Merkur von Januar 1961 bis Januar 1963. Als Vergleich Regulus im Löwen (horizontale Linie).

**Venus* und *Merkur* können unter einem bestimmten Gesichtspunkte auch mit dem *Monde* zu einer Gruppe zusammengefaßt werden.

Alle drei Himmelswandler vermögen zwischen Erde und Sonne zu stehen. Im besonderen tritt dieses in der Möglichkeit der drei in Erscheinung, die Sonne mehr oder weniger zu verfinstern.

Was der Mond als besondere Eigenart zeigt, den Phasenwechsel, wird bei Venus und Merkur im Fernrohr ebenfalls sichtbar. Dieser Lichtgestaltenwandel ist bei Venus zeitlich am weitesten gedehnt (1 Jahr 7 Monate), beim Mond am kürzesten (29 Tage); Merkur steht dazwischen (116 Tage). Venus kann also theoretisch alle 1 Jahr 7 Monate einmal zum schwarzen Fleck vor der Sonne werden, Merkur dreimal und der Mond zwölfmal in einem Jahre.

Dies spiegelt sich auch in den sogenannten «Lichtkurven» (Fig. 128). Venus zeigt von der oberen Konjunktion ausgehend einen langsamen Helligkeitsanstieg bis zum größten Glanze am Abend, dann einen raschen Abfall in die vollkommene Dunkelheit in der unteren Konjunktion. (In seltenen Fällen kann bei großer nördlicher oder südlicher Breite eine sehr feine Sichel den Übergang bilden.) Anschließend rascher Aufstieg zum größten Glanze am Morgenhimmel und langsames Abklingen bis zur oberen Konjunktion, jedoch nicht bis zur völligen Lichtlosigkeit. Dieser ganze Wandel trägt sich im synodischen Umlauf von 1 Jahr und 7 Monaten zu. Merkur vollzieht dasselbe Spiel dreimal im Jahre. Und für den Mond ergibt sich im Verlauf von jeweils 29 Tagen ein sehr steiler und starker Aufstieg und Abfall der Lichtintensität, mit Unterbruch bei Neumond. Der Maßstab der Zeichnung ist jedoch zu klein für die Darstellung dieses Erscheinungsablaufes, denn der Vollmond erreicht eine Größe von -12^{mag}.

Die drei Gestirne zeigen gewissermaßen einen «mondenhaften Charakter», wobei der Mond selbst dies am deutlichsten vor Augen führt und Venus schon mehr zu den obersonnigen Planeten hinneigt. Sie ist auch in den Rhythmen die ruhigste und konstanteste dieser drei, während der Mond der bewegteste und am schwersten zu fassende von allen ist. Merkur steht dazwischen.*

XXVI

Zusammenschau der beiden Planetengruppen

Als Wandelsterne zeigen die drei Planeten Saturn, Jupiter und Mars bezüglich ihrer Erscheinungen und Sichtbarkeitsverhältnisse in vieler Hinsicht ein abweichendes oder auch entgegengesetzes Verhalten im Vergleich mit der Planetengruppe von Venus und Merkur. Letztere ist in ihren Stellungen am Himmel immer an einen bestimmten Bereich um die Sonne gebunden, der durch die größten Elongationen beider Planeten begrenzt ist. Im Gegensatz dazu können Mars, Jupiter und Saturn in beliebig großen seitlichen Abstand zur Sonne kommen und in die Oppositionsstellung übergehen. — Die aus diesen Gegebenheiten resultierenden Unterschiede zwischen den zwei Planetengruppen sollen im folgenden kurz beleuchtet werden.

Saturn, Jupiter und Mars entfalten ihre beste Sichtbarkeit, wenn sie in der Opposition zur Sonne die ganze Nacht am Himmel stehen; sie sind ausgesprochene «Nachtplaneten» (Fig. 129). Im Gegensatz dazu wandern Venus und Merkur meist mit der Sonne über den Tageshimmel; sie sind vorzüglich «Tagplaneten». Ihre Sichtbarkeit ist auf den Abend und Morgen im Wechsel beschränkt (Fig. 130).

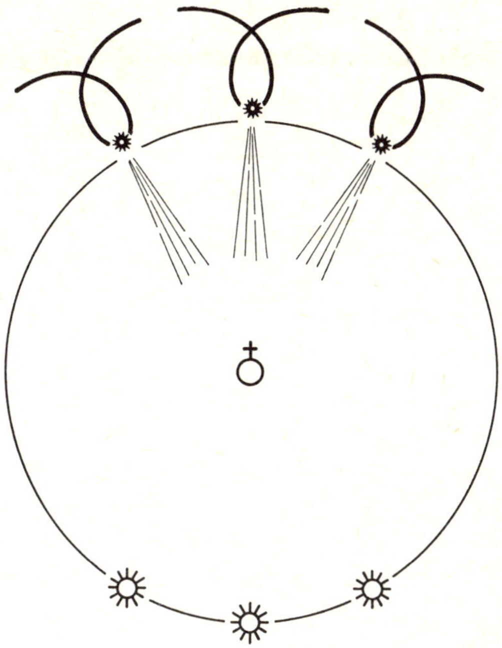

Fig. 129 Beste Sichtbarkeit von Saturn, Jupiter und Mars bei ihren Oppositionen zur Sonne.

Die erste Gruppe zeigt im Verlauf ihrer Synoden eine Sichtbarkeits- und eine Unsichtbarkeitsperiode. Bei der zweiten Gruppe sind die Synoden in zwei Sichtbarkeits- und zwei Unsichtbarkeitsabschnitte gegliedert, was in dem rhythmischen Wechsel des Auftretens als Abend- und Morgenstern zum Ausdruck kommt (Fig. 131).

*Saturn, Jupiter und Mars werden nach der Konjunktion mit der Sonne am Morgenhimmel sichtbar, erreichen in der Opposition die beste Beobachtungszeit mit dem größten Glanz und sinken dann langsam in die Abenddämmerung, worauf sie erneut in Konjunktion mit dem Tagesgestirn kommen. Bei der Opposition befinden sie sich in Erdnähe, bei der Konjunktion in Erdferne, jedoch stets «hinter» der Sonne. Sie werden daher als die «obersonnigen» Planeten bezeichnet. — Venus und Merkur wechseln zwischen oberer und unterer Konjunktion; dazwischen liegt der größte Glanz am Abend und am Morgen, jeweils in relativer Horizontnähe. Opposition und Sichtbarkeit um Mitternacht gibt es hier nicht. In oberer Konjunktion wandern sie in Erdferne «hinter» der Sonne, in unterer in Erdnähe zwischen Sonne und Erde. Daher werden sie auch als «untersonnige» Planeten bezeichnet.

In Kapitel XV und XVI wurde von dem Weiten und Zusammenziehen der Tagesbögen und ihrer Verdichtung während eines Schleifenzuges bei Saturn, Jupiter

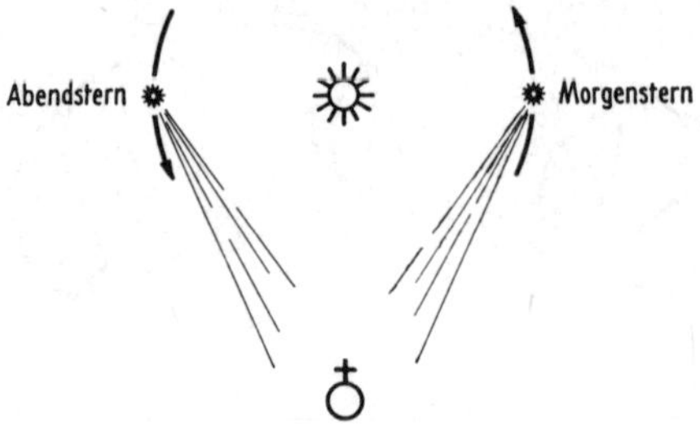

Fig. 130 Beste Sichtbarkeit von Venus und Merkur als Abend- und Morgenstern.

und Mars gesprochen. Da Venus und Merkur nur in den Abend- und Morgenstunden zu beobachten sind, treten bei ihnen keine ganzen Tagesbögen in Erscheinung, sondern lediglich die horizontnahen Teile derselben. Gemäß dem Umlauf der beiden Planeten durch den Tierkreis verschieben sich diese nach Norden oder Süden über dem West- und Osthorizont. Bei den Obersonnigen findet das dreifache Überziehen eines Himmelsstreifens im größten Glanz bei der Opposition zur Sonne statt, bei den Untersonnigen umwebt die Verdichtung das Tagesgestirn und bleibt unsichtbar.

Gegenüber dem Jahreslauf weisen die wiederkehrenden Erscheinungen bei den Obersonnigen jeweils eine Verspätung auf (Saturn 13^d, Jupiter 34^d, Mars 50^d); die Untersonnigen zeigen Verfrühungen (Venus 5 Monate, Merkur 18^d).

Die Bewegungsverhältnisse zur Sonne im Tierkreis sind so, daß erstere in der Konjunktion stets von dem Tagesgestirn überholt werden, während letztere in ihrer Konjunktion immer an der Sonne vorüberziehen.

Wird die geozentrisch-synodische Bewegung eines oberen Planeten mit dem gleichzeitigen Sonnenlauf zusammengesehen, so erscheint die Schleifenbildung wie ein kleines Abbild des Sonnenganges durch den Tierkreis, wie ein Mitschwingen. Der Lauf beider Gestirne ist immer gleichgerichtet. Für die beiden sonnennahen Planeten kann dies nicht der Fall sein. Sie wechseln zwischen einer gleichgerichteten Bewegung in der Zeit der Rechtläufigkeit und einem deutlichen Gegenlauf um die untere Konjunktion.

Eine wesentliche Polarität zwischen den oberen und unteren Planeten tritt bei der Betrachtung der Schleifen in Erscheinung.

Bei Saturn, Jupiter und Mars ist die Betonung des Schleifenprinzipes und die Gesamtentfaltung im Sphärischen ein bedeutendes Merkmal. Bei Venus und Merkur sind die Schleifenbildungen praktisch nicht sichtbar, dafür tritt das radiale Prinzip im Annähern an die Erde und dem Entfernen von ihr stark in Erscheinung (Fig. 131).*

Die Neigung der Bahnen gegen die Ekliptik und die Knotenrichtungen sind von Planet zu Planet verschieden. Infolge der verschiedenen Lagen der Knoten verteilt

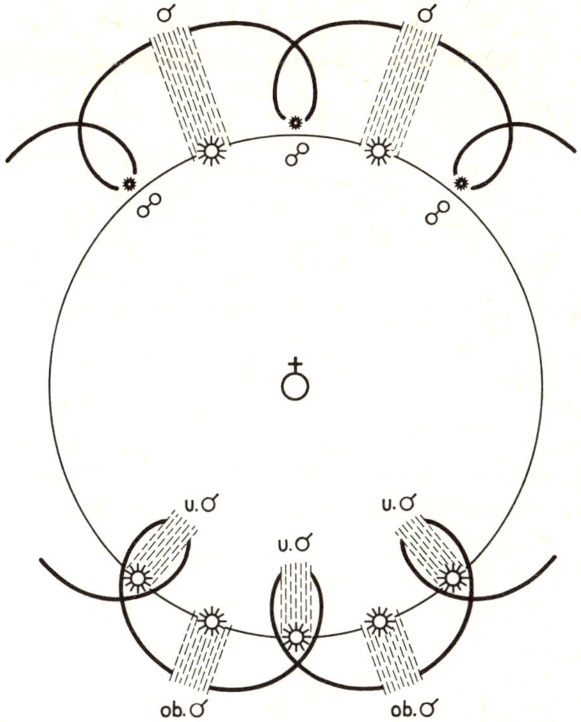

Fig. 131 Erscheinungsverlauf bei den obersonnigen Planeten (oben) und den untersonnigen Planeten (unten). In dem gestrichelten Bereich bei unterbrochener Bahn sind die Planeten infolge ihrer Sonnennähe unsichtbar.

sich der grundsätzlich ähnliche Gestaltenkreis der Planetenschleifen in verschiedener Art auf die Tierkreisrichtungen. So sind z. B. die S-förmigen Schleifen bei Merkur und Mars an die Sternbilder Widder und Waage gebunden; bei Venus fallen sie in die Richtung Stier — Skorpion und bei Jupiter und Saturn in die Richtung Zwillinge — Schütze.

Der Gegensatz zwischen oberen und unteren Planeten ist auch an der Art der Schleifenbildung der beiden Planetengruppen abzulesen. Er äußert sich in einer entgegengesetzten Einlagerung aller Einzelschleifen in den gesamten Schleifengürtel.

Dieses Phänomen läßt sich in besonders reiner Art durch eine vergleichende Übersicht der Mars- und Merkurschleifen aufzeigen. Dort, wo sich die Schleifen des Mars maximal nördlich über die Ekliptik erheben, wenden sich diejenigen des Merkur in spiegelbildlicher Formung zur Südseite der Ekliptikebene (Fig. 132). Dieses Phänomen hellt sich erst auf, wenn erweiternd hinzugenommen wird, wie das Zustandekommen der Schleifen bei den oberen und unteren Planeten ihrer Bewegung um die Sonne zugeordnet ist.

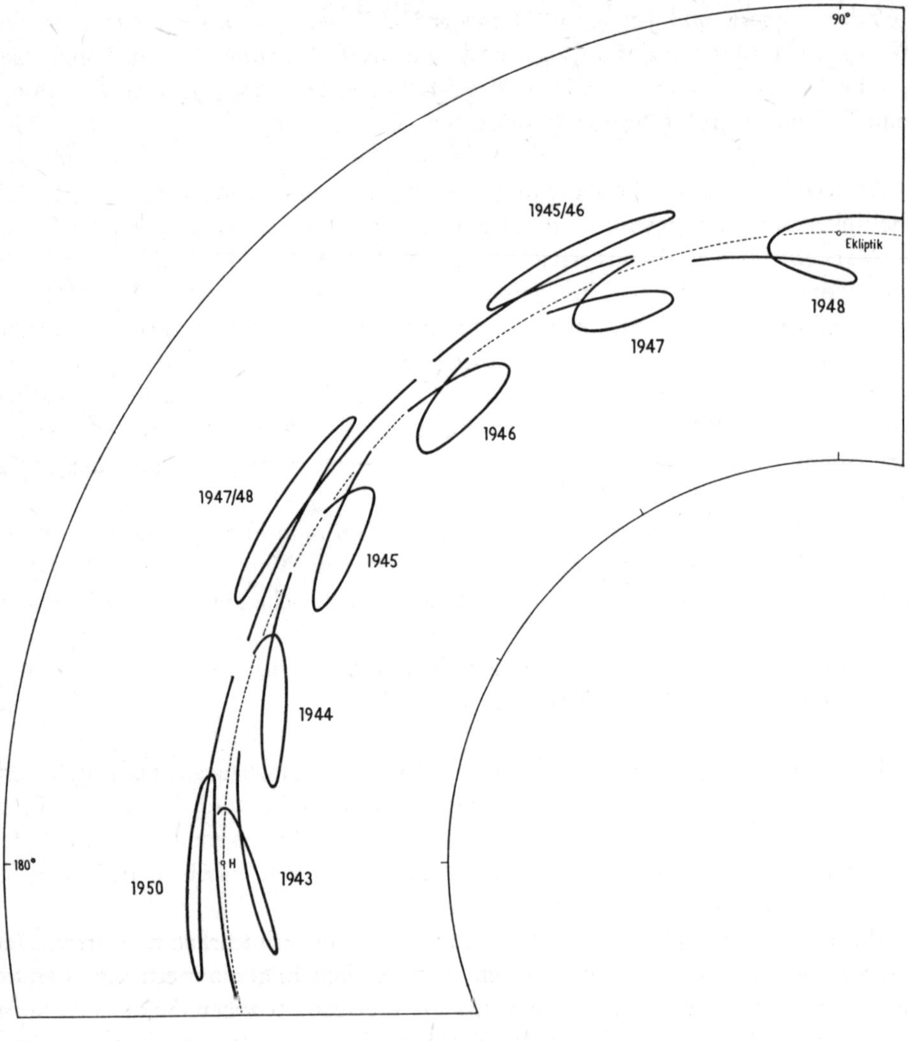

Fig. 132 Polare Lage der Schleifen des Mars (nach außen bzw. nördlich) und des Merkur (nach innen bzw. südlich) zur Sonnenbahn (– – – – –).

*Ein besonders charakteristischer Unterschied zwischen den beiden Planetengruppen liegt auch in den Phasenerscheinungen der einen und den umgebenden Monden der anderen. Venus und Merkur sind gewissermaßen mondenhaft. Insofern bilden sie mit dem Erdmond eine Gruppe. Alle diese drei Gestirne vermögen unmittelbar vor der Sonne zu stehen und sie mehr oder weniger zu verfinstern. Mars zeigt in den Quadraturstellungen zur Sonne noch einen leichten Anflug von Phasengestalten, Saturn und Jupiter nicht mehr. Dafür werden die letztgenannten drei Wandler von Monden, Saturn sogar noch von einem Ring umgeben. Sie können von der Erde aus gesehen nie vor dem Tagesgestirn stehen, doch können ihre Monde zum Teil auf ihnen Finsternisse hervorrufen.

Als letztes seien noch die sogenannten «Lichtkurven» in Erinnerung gebracht. Die Helligkeitsschwankungen im Verlauf einer Synode nehmen von Saturn über Jupiter zu Mars erheblich zu. Venus erreicht einerseits die größte Leuchtkraft aller Planeten und vermag anderseits als Finsternis vor der Sonne zu stehen. Bei ihr und Merkur wird die Lichtkurve in jeder unteren Konjunktion unterbrochen. Ausnahmen sind bei Venus möglich und charakteristisch. Der Unterbruch erfolgt bei Merkur viel öfter als bei Venus. Hier gliedert sich der Mond organisch an; er wechselt zwölfmal pro Jahr zwischen größter Lichtfülle und Finsternis (Voll- und Neumond). Bei den untersonnigen Wandlern tendiert Venus zu den obersonnigen hin, während für Mars das Umgekehrte gilt (Fig. 96 und 128).

Die Lichtkurven werden vom Saturn bis zum Erdmond immer bewegter; immer einschneidender kommt das Finsterniselement hinzu. Von «unten» nach «oben» ergibt sich zunehmende Ausgeglichenheit in der Lichterscheinung. Das Lichtelement tritt immer reiner hervor.

Das vielgestaltige Planeten-Lichtes-Weben vollzieht sich zwischen dem ruhigen Fixsternleuchten und der dunklen, nächtlichen Erde.

Die Frage ist nun noch, wie sich die Sonne in dieses ganze Geschehen eingliedert.

Wenn sie mit ihrer Lichtfülle über dem Horizont steht, wird die ganze Sternenwelt von ihr überstrahlt. Wölbt sich wahrnehmbar der Sternenhimmel mit den Planeten über der Landschaft, ist die Sonne den Blicken entschwunden. Von ihr hängen die Tageszeiten und die Jahreszeiten ab.

Ihr Licht strahlt gleichmäßig hell, und ihre feinen Eigenrhythmen treten fast ganz zurück. Doch hängen die ganzen rhythmischen Erscheinungen der Wandelsterne von ihr ab bzw. werden auf ihren Tierkreisgang bezogen. So gesehen bildet die Sonne zu Recht die Mitte zwischen Saturn, Jupiter und Mars einerseits, sowie Venus, Merkur und Mond andererseits.*

XXVII

Uranus, Neptun und Pluto

Die Neuzeit hat mit ihrem Hilfsmittel, dem Fernrohr, im 18., 19. und 20. Jahrhundert zu der seit dem Altertum bekannten Gruppe von Planeten noch drei weitere Wandelsterne für die Beobachtung erschlossen: Uranus, der 1781 aufgefunden wurde, Neptun, welcher im Jahre 1846, und Pluto, der 1930 entdeckt wurde. Während Uranus mit einer Helligkeit bis zur 6. Größe eben an der Grenze der Sichtbarkeit mit bloßem Auge steht, sind Neptun mit einer Lichtstärke von 8. Größe und Pluto mit einer solchen von nur 14. Größe lediglich mit optischen Hilfsmitteln zu sehen.

Der Zyklus der Erscheinungen vollzieht sich bei diesen drei erden- und sonnenfernsten Planeten in analoger Weise wie bei Mars, Jupiter und Saturn. Jedoch ist der Wechsel der Stellungen relativ zur Sonne, von einer Konjunktion bis zur Opposition und nächsten Konjunktion und damit der Zyklus der Planetensichtbarkeit und -unsichtbarkeit bei ihnen nur wenig größer als ein Jahr. So beträgt die synodische Umlaufszeit für Uranus 1 Jahr 4 Tage, für Neptun 1 Jahr 2½ Tage und für Pluto 1 Jahr 1½ Tage. Während eines jeden synodischen Planetenumlaufes ergibt sich beim Weiterrücken im Tierkreis der periodische Wechsel zwischen rechtläufiger und rückläufiger Bewegung und läßt auch bei diesen drei Planeten Schleifenformen in Erscheinung treten. Sie sind den langsameren Bewegungen entsprechend nur sehr klein. Die Schleifen des Uranus, deren rückläufiger Weg etwa 3° beträgt, sind noch halb so groß wie die des Saturn. Bei Neptun und Pluto ist die Größe der einzelnen Schleifen mit 2½° bzw. 1° noch geringer. Ferner werden die Schleifen bei einem Vergleich der Planeten untereinander in immer dichterer Aufeinanderfolge am Hintergrund des Fixsternhimmels beschrieben. Bei Neptun und Pluto führt dies dazu, daß zwei aufeinanderfolgende Schleifen sich teilweise überdecken, wodurch die beiden Planeten in rhythmischer Folge im Laufe von zwei Jahren kleine Tierkreisabschnitte fünfmal durchlaufen (Fig. 133).

Die Umlaufszeiten von Uranus, Neptun und Pluto durch den ganzen Tierkreis verlaufen, entsprechend ihrer zunehmenden Entfernung von der Sonne und der Erde, in größeren Perioden. Sie betragen bei Uranus 84, bei Neptun 165 und bei Pluto 248 Jahre.

Diesen langen Umlaufszeiten gemäß rücken die drei Gestirne gegenüber den Sternen des Zodiakus im Laufe eines Jahres nur um wenige Grade weiter. Uranus zeigt eine jährliche Verschiebung von etwa 4°, Neptun von rund 2° und Pluto von zirka 1,5°. Für das Durchlaufen eines Tierkreiszwölftels von 30° benötigt Uranus volle 7 Jahre, Neptun 14 Jahre (13,75) und Pluto 21 Jahre (20,75), woraus unmittelbar hervorgeht, daß sich die Umlaufszeiten der drei Planeten annähernd wie 1:2:3 verhalten. In dem Jahrzehnt zwischen 1960 und 1970 wandert Uranus vom Sternbild des Löwen in das der Jungfrau, ebenso Pluto, so daß es in den Jahren

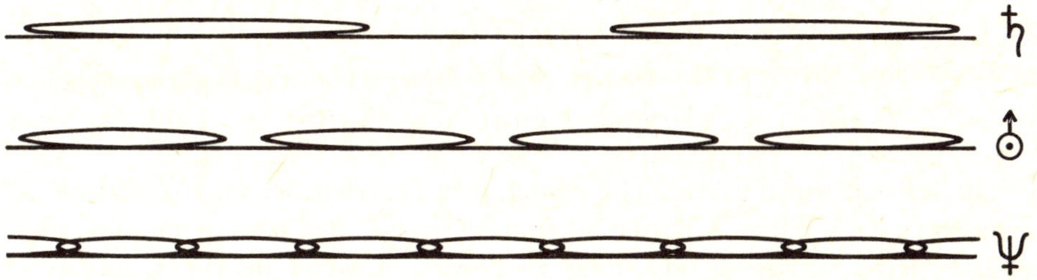

Fig. 133 Vergleich der Schleifen von Saturn, Uranus und Neptun.

1965/66 im Löwen zu einer dreifachen Konjunktion der beiden Planeten kommt (Oktober, März, Juli); während der mittleren sind sie rückläufig und befinden sich in Opposition zur Sonne. Neptun wandert in dem laufenden Jahrzehnt vom Sternbild der Waage in das des Skorpion (vgl. Überblick auf Seite 211).

Die Bahnen zeigen bei Uranus und Neptun eine Neigung von nur ¾° bzw. 1¾° gegenüber der Ekliptik. Die Knoten liegen bei Uranus im Stier und Skorpion und bei Neptun im Krebs und Steinbock. Für Pluto befinden sich die entsprechenden Stellen in den Zwillingen und im Schützen. Die Tierkreisbewegung Plutos überquert im Gegensatz zu Uranus und Neptun die Ekliptik unter der erheblichen Schräge von 17°. In dieser Beziehung nimmt Pluto eine Ausnahmestellung unter allen Planeten ein, von denen sonst Merkur mit 7° die stärkste Bahnneigung aufweist. Bei seinen extremen Abweichungen in Jungfrau und Fische bewegt sich Pluto am äußersten Rand des Bandes der Tierkreissternbilder.

Im Fernrohr erscheint die kleine Planetenscheibe des Uranus in grünlicher bis bläulicher Färbung; Neptun hat ein mattes Licht mit bläulicher Nuancierung, während Pluto gelblich leuchtet.

In der Umgebung des Uranus wurden 5 Monde gefunden. Sie bewegen sich in fast kreisförmigen Bahnen und alle in der gleichen Ebene um ihren Planeten. Die Umlaufszeiten der Monde betragen nur wenige Tage (1,4, 2,5, 4,2, 8,7 und 13,5 Tage); diejenige des Uranus selbst beträgt 10¾ Stunden. Die Umlaufsebene der Uranusmonde und die Rotationsachse des Planeten sind um 98° gegen die Ekliptik geneigt. Die Richtung der Neigung ist so, daß der Blick von der Erde aus nahezu senkrecht auf die Bahn der Monde und einen Pol des Planeten fällt, wenn Uranus in den Sternbildern Skorpion (1901 und 1984/85) und Stier (1944) steht. Befindet sich der Wandler im letzten Teile der Sternbilder Wassermann (1923) und Löwe (1966), so liegt die Bahnebene der Monde und der Äquator des Planeten in der Blickrichtung von der Erde aus. Es ergeben sich somit sehr starke Abweichungen von den sonstigen im Planetensystem vorkommenden Verhältnissen; denn in bezug auf die Ekliptik sind die Rotationsbewegungen der Monde und des Planeten rückläufig.

Bei Neptun sind zwei Monde bekannt. Triton, der in knapp 6 Tagen um den Planeten kreist, hat eine Bahnneigung von 143° gegenüber der Ekliptik, so daß hier noch stärker als bei den Uranusmonden die rückläufige Bewegung hervortritt. Nereid ist sehr viel weiter entfernt und umkreist Neptun in 500 Tagen rechtläufig. Die Eigenrotation des Planeten ist entgegen dem Drehsinn der Erde gerichtet und dauert nur 5¾ Stunden.

Pluto erscheint selbst im größten Fernrohr so außerordentlich klein, daß bei ihm bisher keine sichere Rotation oder gar Monde festgestellt werden konnten.

Jedoch zeigt Pluto besonders große Schwankungen in bezug auf seine Entfernungen gegenüber der Erde und der Sonne. Am einfachsten lassen sich diese Verhältnisse an den durch Berechnung gewonnenen Planetenbahnen in bezug auf die Sonne ablesen (Fig. 134). Die Bahnen der Planeten Uranus und Neptun um die Sonne bilden nahezu konzentrische Kreise, die Bahn des Pluto zeigt eine sehr starke exzentrische Lage und einen deutlich elliptischen Charakter. In den Jahren seiner sonnennächsten — und dann zugleich auch erdnächsten — Stellung hat Pluto sogar eine etwas geringere Entfernung von der Sonne als Neptun. Diese Sonnennähe wird erreicht, wenn der Planet im Sternbild Waage steht (das nächste Mal im Jahre 1989). Auf der entgegengesetzten Tierkreisseite, im Widder, geht Pluto durch seine sonnen- und erdfernste Stellung (zuletzt im Jahre 1865). Infolge der starken Neigung seiner Bahn kommt es bei der Sonnennähe Plutos nicht zu einem direkten Kreuzen mit der Neptunbahn, sondern zu einem seitlichen Vorübergang in beträchtlicher Abweichung.

Die Berechnung der Entfernungsverhältnisse ergibt für Uranus, Neptun und Pluto als den «Außenseitern» des Planetensystems zahlenmäßig die folgenden Werte. Im Vergleich zur Sonnen-Erdentfernung = 1, als astronomischer Entfernungseinheit, betragen die mittleren Abstände von der Sonne für Uranus 19,2, für Neptun 30,1 und für Pluto 39,5. Letzterer besitzt jedoch wegen seiner exzentrischen Bahn in Sonnennähe nur eine Distanz von 29,5, in Sonnenferne dagegen eine solche von 50 Entfernungseinheiten. — In grober Annäherung folgen die angeführten Planeten jeweils in «Saturnabständen» (9,5) aufeinander, d. h. Uranus hat etwa die zweifache, Neptun die dreifache und Pluto die vierfache Saturnentfernung von der Sonne. Die angegebenen Abstände dieser drei Planeten von der Sonne entsprechen zugleich etwa den mittleren Entfernungen der Planeten von der Erde.

Die erste Beobachtung des Uranus ergab sich durch einen Zufall, als der Planet am 13. März 1781 dem Astronomen William Herschel bei Himmelsbeobachtungen in das Blickfeld seines Spiegelteleskopes kam. Herschel fand eine kleine Gestirnscheibe im Sternbild der Zwillinge und bemerkte bald ihre Beweglichkeit. Aber erst Laplace konnte durch seine Bahnberechnung nachweisen, daß es sich wirklich um einen zyklisch kreisenden, neu gefundenen Planeten handelte.

Die Entdeckung des Neptun erfolgte am 23./24. September 1846 durch Galle in Berlin auf Grund von Positionsangaben, welche der französische Astronom Lever-

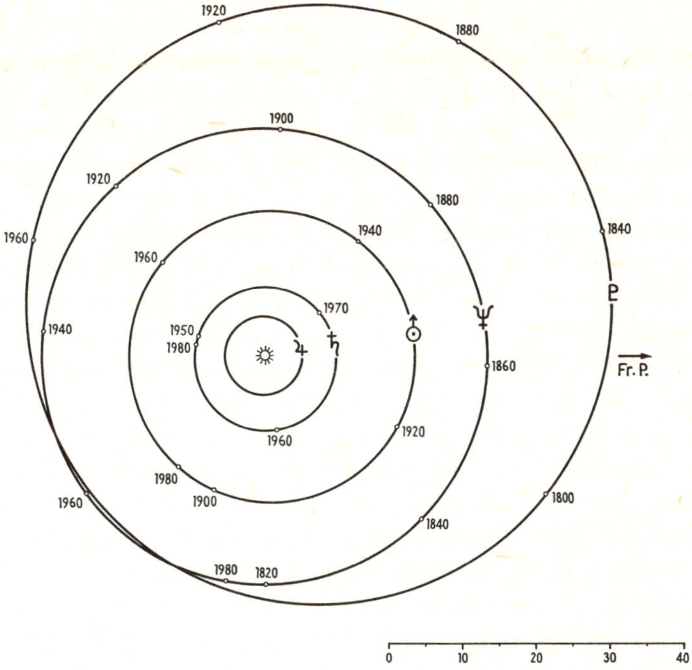

Fig. 134 Die heliozentrischen Bahnen von Jupiter, Saturn, Uranus, Neptun und Pluto. Der Pfeil gibt die Richtung zum Frühlingspunkt an. (Ergänzt nach E. und B. Strömgren). Einheit der Skala: die halbe große Achse der Erdbahn.

rier für einen weiteren, bereits länger vermuteten Planeten durch seine Berechnungen gefunden hatte. Schon seit mehreren Jahrzehnten war bekannt, daß bei Uranus die beobachteten Stellungen kleine Abweichungen von den aus der Bahnberechnung folgenden Orten zeigten. Die Abweichungen traten zwischen 1820 und 1840 immer deutlicher in Erscheinung und legten die Vermutung nahe, daß sie mit dem störenden Einfluß eines weiteren Planeten in Zusammenhang ständen, welcher noch außerhalb der Uranusbahn zu suchen sei. Fast gleichzeitig und ganz unabhängig voneinander führten im Jahre 1845 der Franzose Leverrier und der Engländer Adams Rechnungen durch, die beide den Standort des neuen Gestirns am Himmel, wie sich nachträglich zeigte, bis auf 1 Grad Übereinstimmung ergaben.

Das rasche Auffinden des lichtschwachen Neptun durch Galle noch am gleichen Abend, an welchem der Brief von Leverrier mit seinen Angaben des Planetenortes eingetroffen war, wurde nur möglich, weil damals soeben eine sehr genaue Sternkarte der betreffenden Himmelsgegend fertiggestellt und gedruckt vorlag. Auf ihr war unfern der von Leverrier angegebenen Stelle, zwischen den Sternbildern Steinbock und Wassermann, ein Stern nicht verzeichnet, welcher im Gesichtsfeld des Fernrohres als ein Objekt 8. Größe erschien. Tatsächlich zeigte das neu gefundene Sternchen an den folgenden Tagen eine sehr kleine Verschiebung gegenüber den benachbarten Fixsternen, wodurch sein Charakter als Planet sichergestellt war.

Der Planet Pluto wurde erst Ende Januar 1930 am Lowell-Observatorium in Flagstaff (Arizona) im Sternbild der Zwillinge als äußerst lichtschwaches Gestirn 15. Größe aufgefunden. Aus Untersuchungen über einen möglicherweise noch vorhandenen und außerhalb der Neptunbahn kreisenden Planeten hatte Lowell auf Grund seiner Rechnungen schon 1915 die Vermutung ausgesprochen, daß es vielleicht noch drei transneptunische Planeten gäbe. Er hatte ihre Bahnen berechnet, doch wollte es nicht gelingen, ihre Existenz durch eine Beobachtung zu erhärten. Die Entdeckung im Jahre 1930 erfolgte dann tatsächlich nicht allzuweit (5°) von einer Stelle, an welcher sich der Lowellsche Planet «Pluto» nach der Vorherberechnung damals befinden sollte.

Uranus, Neptun und Pluto bilden insofern eine Gruppe für sich, als sie dem unbewaffneten Auge unsichtbar bleiben. — Ein Gemeinsames kann jedoch auch noch in gewissen Abweichungen von der Ordnung des übrigen Planetensystems gesehen werden: in den Neigungen teils ihrer eigenen Rotationsachsen, teils der Bahnebenen ihrer Monde, so daß sich retrograde Bewegungen ergeben. (Letzteres beginnt allerdings schon etwas bei einzelnen Monden von Jupiter und Saturn.) Besonders aus der «allgemeinen Ordnung» herausfallend sind dann noch die starke Neigung, sowie die große Exzentrizität der Pluto-Bahn.

XXVIII

Die Planetoiden

Im Anfange des 19. Jahrhunderts wurde eine kleine Gruppe planetenartig sich bewegender Gestirne entdeckt und als kleine Planeten, Planetoiden oder auch Asteroiden bezeichnet. Seit 1845 haben sich die Entdeckungen dann kontinuierlich und rasch vermehrt — insbesondere nach Einführung der Himmelsphotographie —, so daß man heute einen großen Schwarm von neuen Himmelskörpern vor sich hat. Am Ende des 19. Jahrhunderts waren schon 463 Planetoiden bekannt. Bis heute wurden mehrere tausend solcher kleiner und kleinster Gestirne länger oder kürzer beobachtet. Sichere Bahnen sind von über 1600 Planetoiden berechnet worden; annähernd gesichert sind 2500 Planetoiden-Bahnen.

Der erste Planetoid, von seinem Entdecker *Ceres* genannt, wurde am Neujahrsabend 1801 durch einen Zufall mit dem Fernrohr aufgefunden. In Sizilien machte der Astronom G. Piazzi an der Sternwarte von Palermo Fixsternbeobachtungen für die Zusammenstellung eines Sternkataloges. Dabei fand er im Sternbilde des Stieres einen Stern 8. Größe, dessen Stellung noch nicht verzeichnet war und der bei wiederholter Beobachtung an den folgenden Tagen deutlich eine Ortsveränderung aufwies. Weitere Beobachtungen, und insbesondere die Berechnung der Bahn des kleinen Planeten, welche der erst 24jährige Gauss mit einer neu entdeckten Methode durchführte, machten die genaue Bestimmung der Bewegung des neuen Himmelskörpers möglich. Durch die Gauss'sche Berechnung konnte das winzige Gestirn auch nach seiner Unsichtbarkeit zur Zeit der Konjunktion mit der Sonne wieder am Himmel aufgefunden werden. Es ergab sich, daß Ceres im planetarischen Raum zwischen Mars- und Jupiterbahn wandert und dementsprechend auch seine Umlaufszeit zwischen denen der zwei großen Planeten lag. Die siderische Umlaufszeit des Mars ist nahezu 2 Jahre, die der Ceres mit 4½ Jahren mehr als das Doppelte, während die des Jupiter rund 12 Jahre beträgt.

Im März des folgenden Jahres 1802 beobachtete Olbers in Bremen den neuen Planeten Ceres und entdeckte dabei in seiner unmittelbaren Nachbarschaft ein weiteres bewegliches Sternchen 7. Größe. Dieser zweite Planetoid erhielt den Namen *Pallas*. — In den Jahren 1804 und 1807 folgte dann die Entdeckung von noch zwei weiteren Planetoiden, welche die Namen *Juno* und *Vesta* erhielten.

Weitere kleine Planeten wurden dann erst wieder von 1845 an aufgefunden, als systematisch darangegangen wurde, exakte Sternkarten der Äquator- und Ekliptikzone herzustellen, welche alle teleskopisch kleinen Fixsterne bis zur 9. und 10. Sterngröße enthielten. Seit diesem Termin sind in jedem Jahre ein oder mehrere neue kleine Planeten bekannt geworden. Viele sind der Beobachtung wieder verloren gegangen, weil es arbeitsmäßig unmöglich war, ihre Bahnen aufzunehmen und zu berechnen. Die Zahl der Neuentdeckungen war in einzelnen Jahren besonders hoch, so stieg sie z. B. 1861 erstmals auf 10, 1879 auf 20, 1891 bis 1893 jeweils auf über 20, 1904 und 1907 auf je 33 und 1906 sowie 1916 auf über 40 neue Objekte an.

Der lichtstärkste Planetoid ist die 1807 entdeckte Vesta, welche bisweilen die Helligkeit eines Sternes 6. Größe erreicht und dann eben noch mit bloßem Auge sichtbar ist. Nur etwa ein Dutzend der Planetoiden zeigen eine Sternhelligkeit zwischen 6. und 9. Größe. Weitaus die meisten sind demnach selbst im Fernrohr sehr lichtschwache Objekte.

Das Gemeinsame der Planetoiden liegt darin, daß ihre Bahnen im wesentlichen alle in der gleichen kosmischen Region, zwischen Mars- und Jupiterbahn, verlaufen, obschon die Bahnverhältnisse im einzelnen außerordentlich variieren. Die auf die Sonne bezogenen Umläufe sind zum Teil sehr kreisähnlich, wie bei dem Planetoiden Philomela, teilweise zeigen sie langgestreckte Ellipsen, so bei Albert, Alinda, Ganymed oder Hidalgo.

Einzelne kleine Planeten wie Eros, Adonis, Apollo und Ikarus kommen der Erde und der Sonne ganz besonders nahe. Letzterer kann sich z. B. der Sonne bis auf etwa ein Fünftel der Entfernung Erde — Sonne nähern. Ihre Bahnen verlaufen teilweise auch innerhalb der Marsbahn.

Die Bahnen einer anderen Gruppe von Planetoiden, den sogenannten Trojanern, sind besonders sonnenfern gelegen und schließen sich relativ eng an die Jupiterbahn an. Auch in ihren Umlaufszeiten nähern sie sich der 12jährigen Periode des Jupiter. Der 1920 entdeckte Planetoid Hidalgo überschreitet die Jupiterbahn sogar sehr beträchtlich und kommt in seiner sonnenfernsten Stellung schon der Saturnbahn nahe.

Die Bahnneigungen gegenüber der Ekliptik sind bei den kleinen Planeten ebenfalls außerordentlich verschieden. Sie können nahezu 0° betragen oder auch so große Werte wie 34° bei Pallas oder 43° bei Hidalgo zeigen.

Entsprechend den verschiedenartigen Bahnverhältnissen variieren auch die heliozentrischen Umlaufszeiten der Planetoiden in hohem Maße; sie schwanken zwischen 2 und 9, zum Teil bis zu 12 Jahren.

Im ganzen entsteht bei dem Studium der Planetoiden der Eindruck eines großen Trümmerfeldes am Himmel zwischen den Bahnen des Mars und des Jupiter.

XXIX

Die drei Arten der Konjunktionsbestimmungen

Der Vorübergang eines Planeten an einem anderen, eine Konjunktion, kann sich als Himmelserscheinung in der mannigfaltigsten Weise abspielen. Eine Konjunktion kann rasch vorübergehen oder länger dauern. Sie kann durch langsamere oder schnellere Überholung eines Wandelsternes durch einen anderen zustandekommen; sie kann aber auch eintreten, wenn zwei Planeten in entgegengesetzter Richtung sich aneinander vorbeibewegen.

Infolge der verschiedenen Neigungen der Planetenbahnen zur Sonnen- und zur Mondbahn erfolgen ferner die meisten Vorübergänge unter einem gewissen seitlichen, d. h. nord-südlichen Abstand. Eine unmittelbare Bedeckung eines Planeten durch einen anderen kommt für den Anblick von der Erde nur äußerst selten zustande. Wesentlich häufiger finden zentrale Konjunktionen zwischen der Sonne oder dem Mond und einem Planeten statt. Ein Beispiel dafür ist die Marskonjunktion mit der Sonne am 14./15. November 1944 (Fig. 135). Bei ihr wird Mars, der räumlich weit hinter der Sonne zu denken ist, im Sternbild der Waage von dem Tagesgestirn überholt und dabei von der Sonnenscheibe überdeckt. Mars bewegt sich hier sehr nahe, nur etwa 4′ südlich der Ekliptik. Fig. 135 zeigt in natürlichen Proportionen die gegenseitige Stellung der Sonnenscheibe und des Planeten beim Beginn, in der Mitte und beim Ende der Bedeckung. In diesem Falle dauert die Konjunktion, wie aus der Figur ersichtlich ist, rund 1½ Tage, vom 14. November früh 1 Uhr bis zum 15. November gegen Mittag. Die Zeitangabe in einem Kalender kennzeichnet hier nur die Mitte der Konjunktion.

Der seitliche Abstand der Planeten zur Zeit einer Konjunktion ist je nach den Verhältnissen verschieden. In extremen Fällen kann er, für Merkur-Mondkonjunktionen, 10°—12° betragen. Je größer dieser Abstand ist, desto weniger ausgeprägt wird die Konjunktion als Himmelserscheinung sein, aber desto stärker treten die im folgenden kurz angedeuteten Unterschiede in Erscheinung, die sich bei der mathematischen Berechnung einer solchen Konstellation ergeben.

Sphärisch-astronomisch betrachtet ist die Erfassung des Zeitpunktes einer Planetenkonjunktion durchaus nicht so eindeutig und einfach, wie es auf den ersten Blick scheinen mag.

Je nach dem zugrundegelegten Bezugssystem sind *drei* verschiedene Bestimmungsmöglichkeiten für den Eintritt einer Konjunktion zu unterscheiden. Der Vorübergang kann entweder in *Rektaszension* (AR) oder in *Länge* (l) berechnet werden; es kann aber auch der Zeitpunkt der *wahren Konjunktion* bei engstem sphärischen Abstand der zwei Gestirne angegeben werden.

Um den Unterschied der verschiedenen Konjunktionsarten zu erläutern, zeigt Fig. 136 für die Ekliptikgegend die Lage der Rektaszensions-Meridiane und der Längen-Meridiane. Die ersteren bilden ein Gradnetz, das von der Teilung des Him-

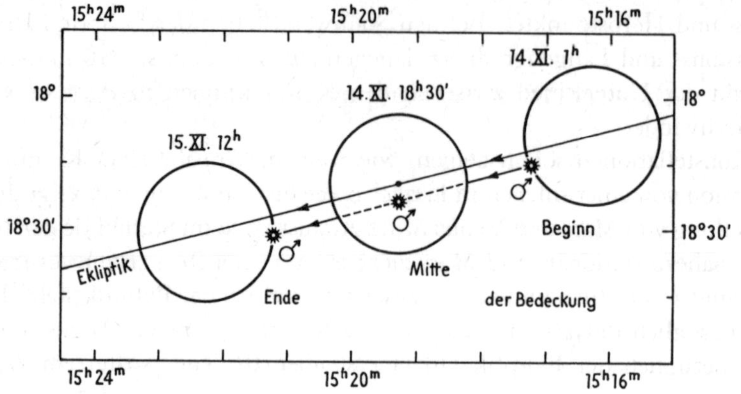

Fig. 135 Die Bedeckung des Mars durch die Sonnenscheibe bei der Konjunktion am 14./15. November 1944.

melsäquators ausgeht. Diese Meridiane stehen senkrecht auf dem Himmelsgleicher und laufen am Himmels-Nordpol und -Südpol zusammen. Dagegen gehen die Längen-Meridiane von den Ekliptikpolen aus; sie stehen senkrecht zur Ekliptik, welche in Fig. 136 als Wellenlinie erscheint. Eine Konjunktion in Rektaszension ist also auf das Gradnetz des Himmelsäquators bezogen. Im Moment dieses Vorüberganges stehen zwei Planeten A und B am Himmel genau nord-südlich übereinander, und sie kulminieren für den Anblick von der Erde beide gleichzeitig längs eines bestimmten geographischen Erdmeridians. Eine Konjunktion in Länge A'B' ist demgegenüber auf das Ekliptiksystem bezogen.

Die größten Differenzen zwischen den beiden Arten von Konjunktionen ergeben sich an dem schräg auf- und niedersteigenden Teil der Ekliptik in der Nähe des

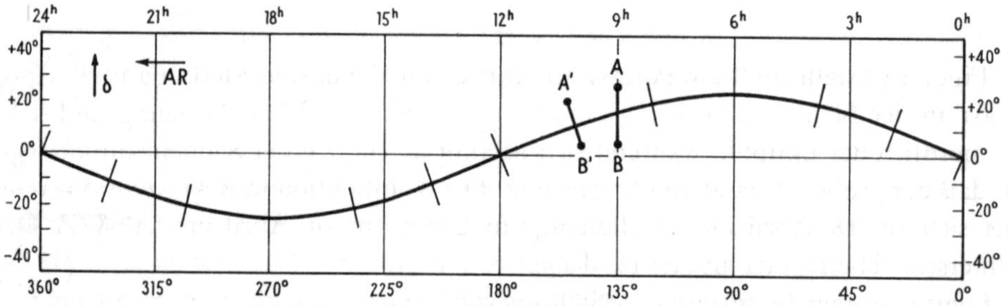

Fig. 136 Die Ekliptik (———) im Gradnetz von Rektaszension (AR) und Deklination (δ). Horizontale Mittellinie = Himmelsäquator. — AB bezeichnet eine Konjunktion auf gleichem AR-Meridian, A' B' eine solche auf gleichem Längenmeridian, d. h. bezogen auf die Ekliptik.

Frühlings- und Herbstpunktes. Bei den Sonnwendstellen der Ekliptik kommen das Rektaszensions- und Längengradnetz dagegen zur Deckung, so daß in dieser Himmelsgegend der Unterschied zwischen den Konjunktionen in Rektaszension und Länge verschwindet.

Drei Konstellationen sollen zeigen, wie weit die Angabe einer Konjunktion in Rektaszension von einer solchen in Länge abweichen kann. Fig. 137 zeigt die gegenseitige Stellung von Mars und Venus Mitte August 1959 im Sternbilde der Jungfrau. Venus ist nahezu stationär, und Mars zieht etwa 7° nördlich an ihr vorüber, wobei letzterer rund 1° nördlich und erstere zirka 5¾° südlich der Ekliptik steht. Die Konjunktion bezüglich des Himmelsäquators (AR) erfolgt am 11. August um 2^h und diejenige bezüglich der Ekliptik (in l) erst über 3½ Tage später am 14. August um 18^h WZ.

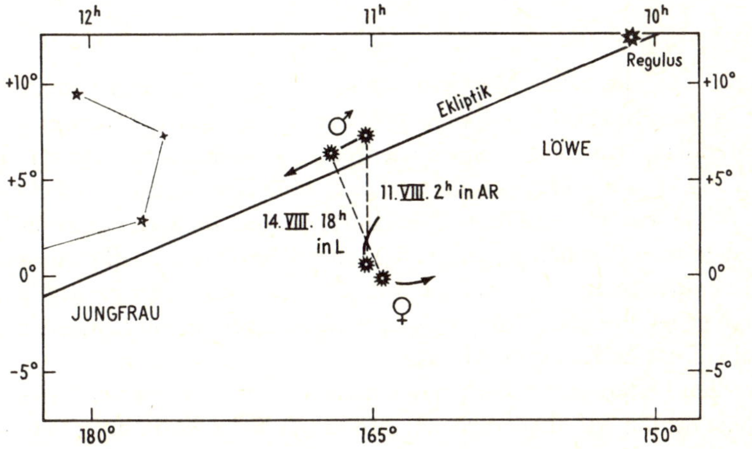

Fig. 137 Die Konjunktion zwischen Mars und Venus in Rektaszension am 11. August und auf dem Längenmeridian am 14. August 1959 (Stundenangaben in WZ).

Figur 138 stellt die Bewegungsverhältnisse von Venus und Merkur am 18. April 1961 in der Nähe des Frühlingspunktes dar. Venus ist dabei rückläufig und steht 6° nördlich der Ekliptik, während sich Merkur 2° südlich der Sonnenbahn bewegt, so daß der große Abstand von 8° entsteht. Die Konjunktion in Rektaszension ereignet sich am 18. April um 1^h, diejenige in Länge am 19. April um 11^h WZ. Der Unterschied beträgt damit fast 1½ Tage.

Figur 139 zeigt die gegenseitige Stellung von Venus und Jupiter am 27./28. Februar 1964. Jupiter wird hier in west-östlicher Richtung von der im Tierkreis rascher laufenden Venus im Sternbilde der Fische überholt. Venus steht etwa 0,5° nördlich und Jupiter etwa 1° südlich der Ekliptik. So ist der gegenseitige Abstand 1,5°.

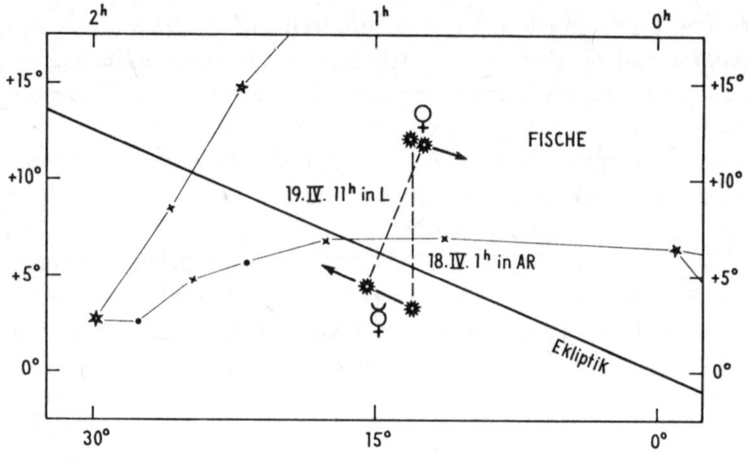

Fig. 138 Die beiden Konjunktionsarten bei der Begegnung von Venus und Merkur im April 1961 (Stundenangaben in WZ).

Trotz dieser gegenüber obigen Beispielen nicht sehr großen Differenz, fallen die beiden Konjunktionen 16 Stunden auseinander. Diejenige in Länge findet am 27. Februar um 16^h, diejenige in Rektaszension am 28. Februar um 8^h WZ statt.

Da das in der Astronomie allgemein gebräuchliche Bezugssystem auf den Himmelsäquator und den Frühlingspunkt aufgebaut ist, werden die Konjunktionen gewöhnlich als Konstellationen in Rektaszension berechnet und angegeben. Im Sternkalender der Mathematisch-Astronomischen Sektion am Goetheanum sind die

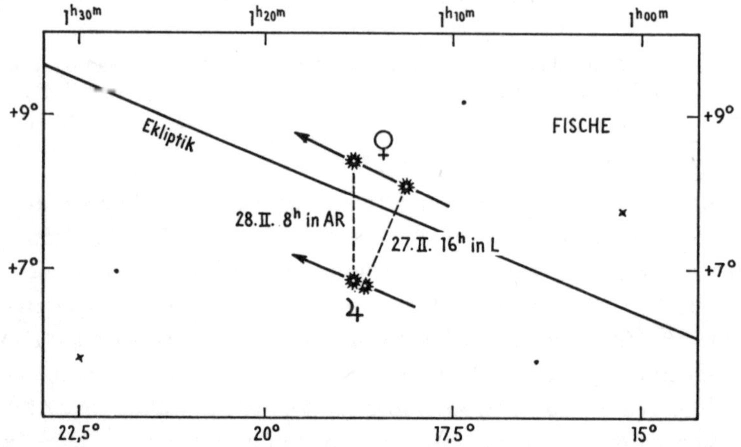

Fig. 139 Die Konjunktionen von Jupiter und Venus am 27./28. Februar 1964 (Stundenangaben in WZ).

Konstellationen in Länge berechnet, also auf die Ekliptik bezogen. — Je geringer der Abstand zweier Planeten bei einer Konjunktion ist, desto kleiner werden die Differenzen zwischen den beiden Arten sein.

Es sind nun noch die Abweichungen der Konjunktionen in Rektaszension und Länge gegenüber dem Eintritt der wahren Konjunktion bei engstem Abstand am Himmel zu betrachten. Im allgemeinen treffen schon die Konjunktionen in Länge ziemlich nahe (und viel besser als die Konjunktionen in Rektaszension) mit den wahren Konjunktionen zusammen. Die Unterschiede können gegebenenfalls ganz wegfallen, wenn bei einer Konjunktion die beiden Planeten sehr dicht beieinander stehen.

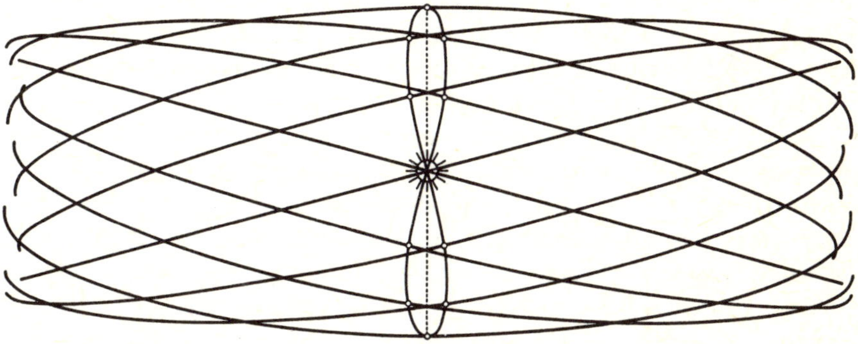

Fig. 140 Zusammenfassendes Bild der Abweichungen zwischen den wahren Konjunktionen und denjenigen in Länge für die unteren Konjunktionen des Merkur mit der Sonne.

Auffällige Unterschiede zwischen der wahren Konjunktion und derjenigen in Länge zeigen sich häufig bei den Sonnenfinsternissen (insbesondere den partiellen). Die Mitte, gleichzeitig das Maximum der Verfinsterung, stellt hier den Moment der engsten Konjunktion von Mond und Sonne dar. Dieser Zeitpunkt kann bis etwa eine Stunde vor oder nach dem Eintritt der Neumondphase liegen, wie sie üblicherweise in den Ephemeriden angegeben wird, wo die Mondphasen als Konstellationen in Länge berechnet sind.

Für die Konjunktionen des Merkur mit der Sonne ist die auf- und niederwogende Gesamtbewegung, welche die Merkurbahn im Laufe eines jeden Jahres gegenüber der Erde durchführt, zu berücksichtigen. Sie ist in Kapitel XXV, Fig. 127 dargestellt. Ein zusammenfassendes anschauliches Bild der Abweichungen zwischen den wahren Konjunktionen und denen in Länge bei den unteren Konjunktionen zwischen Merkur und Sonne zeigt Fig. 140. (Für die oberen Konjunktionen gilt ein ähnliches modifiziertes Bild.) Die Kurvenbögen stellen jeweils den erdnahen Teil der Merkurbahn um die Sonne dar. Dieser wechselt für den Anblick von der Erde seine Lage; in Fig. 140 sind 12 charakteristische und aufeinanderfolgende Stellungen festgehalten. Die horizontale Mittellinie durch die Sonne im Zentrum der Figur (nicht gezeichnet) würde der Ekliptik entsprechen. Durch die punktierte senkrechte Mittellinie werden die Orte bestimmt, wo die Merkurkonjunktionen in Länge eintreten. Infolge der wechselnden Schräglage der Merkurbahn müssen hiervon die Konjunktionen engsten sphärischen Abstandes meist westlich (nach rechts) oder östlich (nach links) abweichen. Die eingezeichnete lemniskatische Schleifenlinie (die als sphärische Fußpunktkurve zu bezeichnen ist), stellt die Verbindungslinie aller derjenigen Orte dar, an denen die wahren unteren Konjunktionen Merkurs zur Sonne möglich sind.

Bei den unteren Konjunktionen kann der Breitenabstand (die Höhe in der Zeichnung) von der Sonne ± 4,4° betragen, bei den oberen Begegnungen ist der Spielraum dagegen nur ± 2°. Der Unterschied entsteht durch die räumliche Perspektive, die sich bei der Beobachtung Merkurs von der Erde aus, infolge der verschiedenen Entfernungen des Planeten, geltend macht.

Für Venus gilt prinzipiell dasselbe. Die Konjunktionsstellen engsten sphärischen Abstandes von der Sonne verteilen sich auch bei ihr längs einer schmalen Lemniskate, in deren Zentrum die Sonne steht und deren Schleifenlänge durch das Maß des größtmöglichen Breitenabstandes von der Ekliptik bestimmt ist. Bei den unteren Venus-Konjunktionen ist daher die gesamte Höhe der zugehörigen Lemniskate 14,75°; die zu den erdfernen oberen Venus-Konjunktionen gehörige Lemniskate hat dagegen aus Gründen der perspektivischen Verkürzung am Himmel nur eine Höhe von 2,8°.

In ganz entsprechender Art lassen sich auch die Konjunktionen der anderen Planeten zur Sonne und untereinander darstellen.

Als ein interessantes und wichtiges Ergebnis ist insgesamt bei der genaueren Betrachtung der Konjunktionen festzuhalten, daß das Zurückgehen auf die Konjunktionen engster Himmelsnachbarschaft zweier Wandelsterne zu Gesetzmäßigkeiten führt, deren formales Bild sich in charakteristischen sphärischen Lemniskaten darstellt. Das ausgezeichnete gegenseitige Stellungsverhältnis, das bei einer jeden Konjunktion zwischen zwei Gestirnen und der Erde eintritt, unterliegt also bei Wiederholung der gleichen Konjunktionsart einer höheren Ordnung.

XXX

Rhythmen der Planetenkonjunktionen

Insbesondere zwischen Jupiter und Saturn

In der Aufeinanderfolge der Konjunktionen zweier Planeten liegen mehr oder weniger ausgeprägte kürzere oder längere Rhythmen. So wurde seit alten Zeiten insbesondere die als «Große Konjunktion» bezeichnete Begegnung zwischen Saturn und Jupiter und ihre zyklische Folge beachtet.

Bei ihren langen Umlaufszeiten im Tierkreis kommt es für Saturn und Jupiter nur nach größeren Zeitintervallen zu einem Zusammentreffen. Solche Stellungen wiederholen sich periodisch jeweils nach rund 20 Jahren. Denn approximativ entsprechen 2 Saturnumläufe von je 30 Jahren 5 Jupiterumläufen von je 12 Jahren. So ist das Verhältnis der Bewegungen von Saturn und Jupiter annähernd wie 2:5, anders ausgedrückt wie $^2/_3 : {}^5/_3$, oder auch wie $^2/_3 : 1^2/_3$. Das heißt, in der gleichen Zeit, in welcher Saturn ⅔ eines Umlaufes zurücklegt, hat Jupiter schon 1⅔ Umläufe beendet. Letzterer wird dann den Ringplaneten wieder in einer Konjunktion überholen, wenn von einem ursprünglichen Zusammenstehen der beiden Planeten ausgegangen wird. Die Konjunktionsperiode umfaßt daher die Zeit von ⅔ eines 30-jährigen Saturnumlaufes oder 20 Jahre. Genauer beträgt sie im Mittel 19,87 Jahre.

Außerdem ergeben die betrachteten Bewegungsverhältnisse, daß die aufeinanderfolgenden Saturn-Jupiter-Konjunktionen richtungsmäßig ebenfalls um ⅔ im Tierkreis, d. h. um 240° oder acht Sternbilder verschoben stattfinden müssen (Fig. 141). Nach $3 \times 20 = 60$ Jahren findet dann erst wieder eine Konjunktion in der gleichen Sternbildgegend wie am Anfang statt. Derart sind für eine lange Zeitspanne die Konjunktionen an drei Sternbilder gebunden, die im Tierkreis ein Trigon bilden. Gegenwärtig sind es die Sternbilder Widder, Jungfrau und Schütze, in denen die Jupiter-Saturn-Konjunktionen eintreten. Zwischen 1800 und 2000 liegen die Konjunktionen wie folgt:

1802	im Sternbild	Löwe
1821/22	im Sternbild	Fische
1842	im Sternbild	Schütze
1861	im Sternbild	Löwe
1881	im Sternbild	Widder
1901	im Sternbild	Schütze
1921	im Sternbild	Jungfrau
1940/41	im Sternbild	Widder
1961	im Sternbild	Schütze
1980/81	im Sternbild	Jungfrau
2001	im Sternbild	Widder

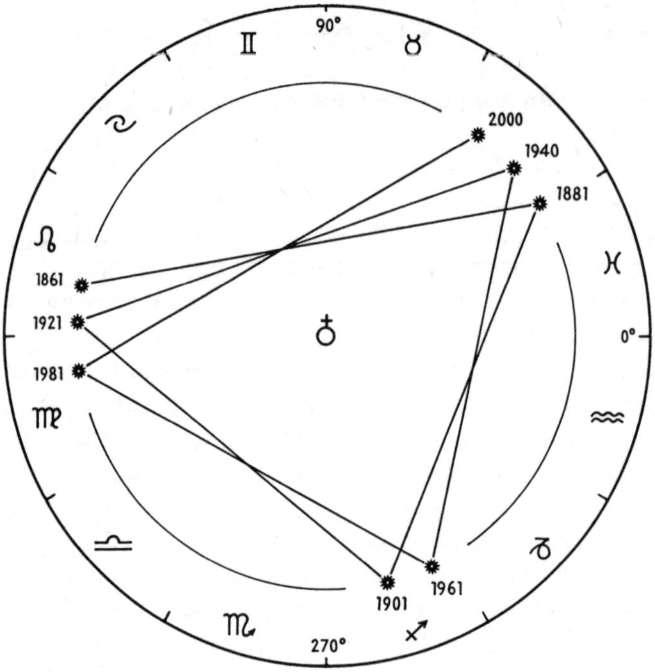

Fig. 141 Trigon der Saturn-Jupiter-Konjunktionen und dessen Verschiebung im Tierkreis.

Da der Abstand zweier aufeinanderfolgender Konjunktionsstellen nicht genau 240° beträgt, sondern etwas mehr (242,7°), so entsteht kein geschlossenes, in sich zurückkehrendes Dreieck, sondern ein im Tierkreis allmählich weiterwanderndes Konjunktions-Trigon (Fig. 141). Bei der Rückkehr der Saturn-Jupiter-Begegnung in dasselbe Sternbild nach 60 Jahren wiederholt sie sich daher nicht an der gleichen Tierkreisstelle, sondern um etwa 8° in östlicher Richtung verschoben. Nach 220 Jahren hat diese Verschiebung 30° erreicht. Und nach der vierfachen Zeit, nach rund 880 Jahren wird sie auf 120° angewachsen sein, womit dann die Konjunktionspunkte wieder mit den drei Ausgangsstellen zusammenfallen.

Neben diesem auf die Fixsterne bezogenen Tierkreisumlauf der Begegnungsorte kommt noch ihr tropischer Umlauf in Betracht, der auf den Frühlingspunkt bezogen ist. Infolge der Wanderung des Frühlingspunktes gegenüber den Fixsternen zeigt die Rückkehr der Jupiter-Saturn-Konjunktionen zu demselben eine etwas kürzere Periode. Relativ zu ihm verschieben sich die Konjunktionsstellen in 60 Jahren schon um 9°, so daß sie in 180 Jahren um 27° weiterrücken. Nach 200 Jahren oder nach der Wiederkehr von 10 Begegnungen ist dann gerade der Bereich von drei im Trigon zueinandergehörigen Tierkreiszwölfteln oder Tierkreiszeichen zu 30° überstrichen. Die Konjunktionen gehen dann für die nächsten 200 Jahre in drei neue

Tierkreisabschnitte bzw. in ein neues Tierkreistrigon über. Nach 800 Jahren sind derart alle vier Tierkreisdreiecke durchwandert; es entfallen 40 Konjunktionen auf diese ganze Periode. Ihr genauer Wert beträgt 794 Jahre 4 Monate. Nach Ablauf dieser Zeit wird also eine Jupiter-Saturn-Begegnung den ganzen Tierkreis durchlaufen haben und z. B. wieder mit dem Frühlingspunkt zusammenfallen.

Die einzelnen Jupiter-Saturn-Konjunktionen zeigen als astronomische Erscheinungsabläufe ein sehr verschiedenes Gepräge. Fallen sie zeitlich in die Nähe der Konjunktion der beiden Planeten mit der Sonne, wie es z. B. im Jahre 1921 der Fall war, so bleibt die Begegnung einmalig und ist unsichtbar oder höchstens in der Morgen- oder Abenddämmerung kurz zu beobachten. Die eindrucksvollsten Konjunktionen ergeben sich, wenn Jupiter und Saturn gleichzeitig in ihrer Schleifenbildung in Opposition zur Sonne sind. In solchen Fällen, die nicht streng periodisch wiederkehren, sondern in unregelmäßigen Zeitabständen eintreten, kommt es dann nicht nur zu einer einmaligen, sondern zu einer dreifachen Konjunktion beider Planeten. Durch seine weiter ausholende Schleifenbewegung zieht Jupiter dabei dreimal an Saturn vorüber. Die dreifache Saturn-Jupiter-Konjunktion vom August 1940 bis zum Februar 1941 trug diesen besonders ausgezeichneten Charakter. Die nächste dreifache Begegnung wird 1980/81 stattfinden[23].

Die tropische Umlaufsperiode der Konjunktionen, die 8 Jahrhunderte umfaßt und die sich in vier 200jährige Unterabschnitte gliedert, wurde in der älteren Sternkunde und auch während des ganzen Mittelalters als der Rhythmus der «Großen Konjunktionen» beachtet. Eine hervorragende Bedeutung wurde insbesondere dem Übergang der Konjunktionsstellen über den Frühlingspunkt beigemessen. Von diesem Zeitpunkt an wurde der Anfang einer neuen 800jährigen Konjunktionsperiode gerechnet. Der letzte solche Übergang fand um 1600 n. Chr., zur Zeit Keplers statt. Kepler selbst beschäftigte sich vielfach mit den Rhythmen der Jupiter-Saturn-Begegnungen. Regte ihn doch, wie er selbst in der Vorrede zu seinem Jugendwerk «Mysterium Cosmographicum» (1596) ausführlich beschreibt, das Aufzeichnen der Trigonfiguren der Großen Konjunktionen zu der Idee an, die dann den Grundzug des astronomischen Forschens während seines ganzen Lebens bildete: von den regelmäßigen geometrischen Figuren und den Platonischen Körpern ausgehend, die Proportionen und harmonischen Verhältnisse zwischen den Größen und Abständen der verschiedenen Planetenbahnen aufzufinden.

Bei den Begegnungen anderer Planeten untereinander entstehen weniger regelmäßige und ausgeprägte Rhythmen und Figuren.

Im Sternkalender 1952 sind die Gesetzmäßigkeiten der Beziehungen von Venus zu Saturn und Jupiter zu Mars, im Sternkalender 1953 diejenigen von Mars zu Sonne, zu Jupiter und Saturn von Paul Regenstreif dargestellt.

[23] Weitere ausführliche Darstellungen über Rhythmen in den gegenseitigen Konstellations-Verhältnissen zwischen Jupiter und Saturn finden sich in «Die große Konjunktion» von Dr. Walther Bühler im Sternkalender 1960/61. — Siehe auch G. W. Maag «Der 33jährige Rhythmus der Konjunktion von Mars und Saturn», Sternkalender 1950.

Nachwort

Hinweis auf den geozentrischen und heliozentrischen Weltaspekt

Wer sich heute um die Himmelserscheinungen und ihre gedankliche Erfassung bemüht, sieht sich recht bald in einen Zwiespalt hineingestellt. Als Sternenbeobachter durch Tage und Jahre hat er das unmittelbare Erlebnis auf der ruhenden Erde zu stehen und von ihr aus den Sternengang zu verfolgen. Schlägt er ein Astronomiebuch auf, so liest er, daß die beobachteten Sternbewegungen Schein seien, daß die Sonne im Zentrum der Planetenbewegungen stehe und die Erde sich ebenfalls um dieses Zentralgestirn bewege. Dieses sonnenbezogene Weltbild, das den beobachteten Phänomenen zunächst widerspricht, ist nur gedanklich als Vorstellung zu erfassen, nicht empirisch.

Der heliozentrische Weltaspekt ist auch keineswegs so selbstverständlich, wie er heute im allgemeinen hingenommen wird. Denn unser ganzes Leben spielt sich in naturgegebener Weise unter dem geozentrischen Weltaspekt ab. Davon machen auch die astronomischen Kalender und Jahrbücher sowie die praktische Astronomie keine Ausnahme.

Aus dem Angedeuteten wird ersichtlich, wie bei der Betrachtung der Himmelserscheinungen zwei Fragenkomplexe auftauchen und zunächst deutlich voneinander geschieden werden müssen, um dann zu einem Zusammenklang gebracht werden zu können.

Der zuerst unmittelbar aus der Himmelsbeobachtung angeregte Fragenbereich ist derjenige nach den Erscheinungen, Bewegungen und Rhythmen der Gestirne im Verhältnis zur Erde. Und in jedem Verhältnis liegt eine Realität, worauf in der Einleitung hingewiesen ist. Allein diese Beziehungen sollten in dem vorliegenden Bande dargestellt werden.

Die andere Frage ist diejenige nach den «wirklichen» Bewegungen der Himmelskörper. Wie aus der Einleitung hervorgeht, hatte Joachim Schultz beabsichtigt, dieses Problem an Hand der im Verlaufe der geschichtlichen Entwicklung ausgebildeten Vorstellungen über den Kosmos in einem späteren Bande zu behandeln. Hier sollen zu diesem Thema nur wenige grundsätzliche Bemerkungen folgen.

Die geozentrische Weltbetrachtung des Altertums hat ihren Grund in der ganzen damaligen Bewußtseinshaltung des Menschen der Erde und dem Kosmos gegenüber. Die von Plato gegebene Maxime, alle Himmelserscheinungen auf gleichförmige Kreisbewegungen zurückzuführen, bedingte ein kompliziertes System von ineinander und miteinander kreisenden Bewegungen (Epizykeln und Deferenten). Dieses hat Ptolemäus zusammenfassend dargestellt.

Das Wissen um den heliozentrischen Weltaspekt, das durch Aristarch von Samos in der griechischen Zeit auftrat, wurde damals bewußt unterdrückt. Kopernikus las in alten Schriften über dieses Weltbild und erhoffte sich von einer Bestätigung desselben eine wesentliche Vereinfachung des äußerst kompliziert gewordenen geozentrischen Bewegungssystems der Planeten. Kepler kannte ebenfalls die alten Berichte und griff die Anregung von Kopernikus auf. Für diese sonnenbezogenen Bewegungen der Planeten hat Kepler, auf Grund der jahrzehntelangen Beobachtungen Tycho de Brahes, Ellipsen mit bestimmten Eigenschaften, den sogenannten Bahnelementen, errechnet.

In diesem System wird ein Umgang der Planeten um die Sonne durch die Sternbilder des Tierkreises als deren siderischer Umlauf bezeichnet. Eine wichtige Eigenschaft dieser elliptischen Bahnen ist ihre Neigung gegenüber der Ekliptikebene, welche hier durch die Erdbahn angegeben wird. — In den Kapiteln über die drei sonnenfernen Planeten Uranus, Neptun und Pluto sowie die Planetoiden ist auf diese Eigenschaften Bezug genommen. Man vergleiche hierzu die jährlichen Angaben im Sternkalender der Mathematisch-Astronomischen Sektion am Goetheanum.

Suso Vetter

Zusammenstellungen und Tabellen

SONNE

Sterntag	$23^h\ 56^m\ 4^s$
Wahrer Sonnentag	$24^h \pm$ maximal 28^s
Mittlerer Sonnentag	24^h

Differenz zwischen Sterntag und Sonnentag $3^m\ 56^s$

Zeitgleichung	im Winterhalbjahr	bis max. $+\ 16^m$ bzw. -14^m
	im Sommerhalbjahr	bis max. $+\ 4^m$ bzw. $-\ 6^m$

Tabelle der Zeitgleichung

1. Januar	$-\ 3^m\ 22^s$	1. Juli	$-\ 3^m\ 38^s$
15. Januar	$-\ 9^m\ 17^s$	15. Juli	$-\ 5^m\ 47^s$
1. Februar	$-13^m\ 35^s$	1. August	$-\ 6^m\ 17^s$
15. Februar	$-14^m\ 13^s$	15. August	$-\ 4^m\ 32^s$
1. März	$-12^m\ 32^s$	1. September	$-\ 0^m\ 10^s$
15. März	$-\ 9^m\ 09^s$	15. September	$+\ 4^m\ 35^s$
1. April	$-\ 4^m\ 06^s$	1. Oktober	$+\ 10^m\ 08^s$
15. April	$-\ 0^m\ 12^s$	15. Oktober	$+\ 14^m\ 04^s$
1. Mai	$+\ 2^m\ 51^s$	1. November	$+\ 16^m\ 21^s$
15. Mai	$+\ 3^m\ 43^s$	15. November	$+\ 15^m\ 28^s$
1. Juni	$+\ 2^m\ 21^s$	1. Dezember	$+\ 11^m\ 10^s$
15. Juni	$-\ 0^m\ 14^s$	15. Dezember	$+\ 5^m\ 07^s$

1 Jahr umfaßt 365 Sonnentage und 366 Sterntage

Tägliche Bewegung der Sonne in der Ekliptik

kleinste (im Sommer)	57′ 10,4″
mittlere	59′ 8,3″
größte (im Winter)	61′ 9,4″

Länge des Sommerhalbjahres	186½ Tage	Differenz rund 8 Tage
Länge des Winterhalbjahres	178¾ Tage	

Tropisches Sonnenjahr	$365,\ 242\ 198^d = 365^d\ 5^h\ 48^m\ 46^s$
Siderisches Sonnenjahr	$365,\ 256\ 360^d = 365^d\ 6^h\ 9^m\ 9^s$

Differenz zwischen tropischem und siderischem Sonnenjahr $20^m\ 23^s$

Eintritt der Sonne in die

12 Sternbilder des Tierkreises				12 Zeichen des Tierkreises	
18. April	28°	♈	Widder	0°	21. März
14. Mai	53°	♉	Stier	30°	21. April
20. Juni	89°	♊	Zwillinge	60°	21. Mai
20. Juli	117°	♋	Krebs	90°	22. Juni
11. August	138°	♌	Löwe	120°	23. Juli
16. September	173°	♍	Jungfrau	150°	24. August
1. November	218°	♎	Waage	180°	24. September
20. November	237°	♏	Skorpion	210°	24. Oktober
19. Dezember	267°	♐	Schütze	240°	23. November
20. Januar	299°	♑	Steinbock	270°	22. Dezember
15. Februar	326°	♒	Wassermann	300°	20. Januar
13. März	352°	♓	Fische	330°	19. Februar

Präzession in 1 Jahr 50,25″
in 72 Jahren 1° 0,3′
in 72 × 30 = 2 160 Jahren 30°
in 72 × 30 × 12 = 25 920 Jahren 360°
= 1 Weltenjahr = 1 ganzer Umlauf

Lage des Frühlingspunktes bei den hellsten Sternen des Tierkreises

Antares im Skorpion	16 000 v. Chr.
Hauptstern der Waage	14 000 v. Chr.
Spica in der Jungfrau	12 700 v. Chr.
Denebola im Löwen	10 500 v. Chr.
Regulus im Löwen	8 800 v. Chr.
Praesepe im Krebs	7 100 v. Chr.
Castor und Pollux in den Zwillingen	6 000 v. Chr.
Südlicher Hornstern des Stier	4 250 v. Chr.
Aldebaran im Stier	3 000 v. Chr.
Plejaden im Stier	2 300 v. Chr.
Schwanz des Widder	1 500 v. Chr.
Hamal im Widder	750 v. Chr.
Kaitan in den Fischen	0 v. Chr.

Übergang des Frühlingspunktes in die Sternbilder des Tierkreises

Sternbild	Eintritt	Zeit der Durchwanderung
Jungfrau	13 800 v. Chr.	3 300 Jahre
Löwe	10 500 v. Chr.	2 600 Jahre
Krebs	7 900 v. Chr.	1 400 Jahre
Zwillinge	6 500 v. Chr.	2 000 Jahre
Stier	4 500 v. Chr.	2 600 Jahre
Widder	1 900 v. Chr.	1 800 Jahre
Fische	100 v. Chr.	2 600 Jahre
Wassermann	2 500 n. Chr.	1 900 Jahre
Steinbock	4 400 n. Chr.	1 900 Jahre
Schütze	6 300 n. Chr.	2 300 Jahre
Skorpion	8 600 n. Chr.	2 200 Jahre
Waage	10 800 n. Chr.	1 300 Jahre
Jungfrau	12 100 n. Chr.	

Wanderung der Apsidenorte in	1 Jahr	11,6″
in rund	310 Jahren	1°
1 Umlauf in rund	110 000 Jahren	360°

Mittlere Entfernung der Sonne von der Erde	149 450 000 km
in Erdferne (jeweils 3./4. Juli)	152 Millionen km
in Erdnähe (jeweils 2./3. Januar)	147 Millionen km

MOND

Synodischer Monat	$29,530\,588^d$	$= 29^d\ 12^h\ 44^m\ 2,8^s$
Siderischer Monat	$27,321\,661^d$	$= 27^d\ 7^h\ 43^m\ 11,5^s$
Tropischer Monat	$27,321\,582^d$	$= 27^d\ 7^h\ 43^m\ 4,7^s$
Drakonischer Monat	$27,212\,220^d$	$= 27^d\ 5^h\ 5^m\ 35,8^s$
Anomalistischer Monat	$27,554\,550^d$	$= 27^d\ 13^h\ 18^m\ 33,1^s$

Mittlere tägliche Bewegung	synodisch	12° 11′ 27″; pro Stunde 30,5′
	siderisch	13° 10′ 35″

1 Mondjahr = 12 synodische Monate	$354,367\,05^d$	$= 354^d\ 8^h\ 48^m\ 36^s$
1 Sonnenjahr, tropisch	$365,242\,20^d$	$= 365^d\ 5^h\ 48^m\ 46^s$
Differenz zwischen Mondjahr und Sonnenjahr	$10,875\,15^d$	= rund 11^d

Metonische Periode	19,007 Jahre	
19 Sonnenjahre, tropisch	$6939^d\ 14^h\ 27^m$	Differenz $2^h\ 4^m$
235 synodische Monate	$6939^d\ 16^h\ 31^m$	

Neigung der Mondbahn gegen die Ekliptik	5° 9′ (Schwankung zw. 5° und 5° 18′)
1 Knotenumlauf	18,5997 Jahre = 6793, 39^d
	= 18^a 218^d 21^h 22^m
Bewegung der Knoten in 1 Jahr	19° 21,5′
in 1 Monat	rund 1,5°
1 Umlauf der Apsidenorte	8,8508 Jahre = $3232{,}6^d$
Bewegung in 1 Jahr	40° 41′
Mittlere Entfernung des Mondes von der Erde	384 400 km = 30 Erddurchmesser
	= 211 Monddurchmesser
in Erdferne	407 000 km
in Erdnähe	356 000 km

SONNEN- UND MONDFINSTERNISSE

1 Saros-Periode			18^a 11^d 7^h 42^m
Diese entspricht			
19	drakonischen	Sonnenumläufen	6 585, 780^d
242	drakonischen	Mondumläufen	6 585, 357^d
223	synodischen	Mondumläufen	6 585, 321^d
239	anomalistischen	Mondumläufen	6 585, 540^d

Kalendarisch ist diese Periode 18 Jahre und 10 bzw. 11 oder 12 Tage, je nachdem in diese Zeit 3, 4 oder 5 Schalttage fallen.

Sonnenfinsternisse 1971—2000

(Nach Meeus, Grosjean und Vanderleen: «Canon of Solar Eclipses»)

			Erstes Auftreten			Sichtbar in
1971	25. Febr.	partiell	1664	21.	8.	(Arktis)
	22. Juli	partiell	727	23.	6.	(Arktis)
	20. Aug.	partiell	1935	30.	7.	(Antarktis)
1972	16. Jan.	ringförmig	944	25.	4.	Antarktis
	10. Juli	total	1179	10.	3.	N Japan (Sachalin), N Alaska, N Quebec, Neu-Schottland, N Atlantik
1973	4. Jan.	ringförmig	1125	1.	8.	Pazifik (Tuamotu Arch.), Argentinien, Golf von Guinea, Atlantik
	30. Juni	total	1360	14.	6.	Br.-Guinea, Mauretanien, Kenya, S Somali, Zentral-Indischer Ozean
	24. Dez.	ringförmig	1613	19.	5.	W Mexico, Columbien, S Venezuela, Mauretanien, Zentr.-Algerien

			Erstes Auftreten		Sichtbar in
1974	20. Juni	total	1541	19. 9.	SW Indischer Ozean, Australien (Kap Leeuwin), SO Indischer Ozean
	13. Dez.	partiell	1776	14. 8.	(Arktis)
1975	11. Mai	partiell	803	24. 5.	(Arktis)
	3. Nov.	partiell	1074	29. 4.	(Antarktis)
1976	29. April	ringförmig	984	29. 8.	W Zentral-Atlantik, Senegal, Libyen, Türkei, S Kaspisches Meer, Tibet
	23. Okt.	total	1219	13. 7.	Tansania, Ind. Ozean, Australien (Victoria), Tasman. See
1977	18. April	ringförmig	1472	6. 6.	SW Atlantik, SW Afrika, Tansania, Zentr.-Ind. Ozean
	12. Okt.	total	1599	25. 2.	NW Pazifik, Columbien, Venezuela
1978	7. April	partiell	1653	21. 9.	(Antarktis)
	2. Okt.	partiell	1870	28. 7.	(Arktis)
1979	26. Febr.	total	933	27. 5.	NO Pazifik, Washington, Montana, S Manitoba, N Grönland
	22. Aug.	ringförmig	1060	4. 2.	S Pazifik, Antarktis
1980	16. Febr.	total	1096	20. 8.	O Zentr.-Atlantik, Zaïre, Tansania, Kenya, Indien, S China
	10. Aug.	ringförmig	1331	5. 7.	Pazifik (Line Inseln), Peru, S Brasilien
1981	4. Febr.	ringförmig	1512	16. 4.	Große Australische Bucht, Neuseeland (Stewart Inseln), SO Pazifik
	31. Juli	total	1639	4. 1.	O Schwarzes Meer, Sibirien, Japan (Sachalin), Hawaiische Inseln
1982	25. Jan.	partiell	1729	24. 8.	(Antarktis)
	21. Juni	partiell	792	24. 6.	(Antarktis)
	20. Juli	partiell	1928	17. 6.	(Arktis)
	15. Dez.	partiell	991	17. 4.	(Arktis)
1983	11. Juni	total	991	10. 10.	SW Ind. Ozean, Indonesien, Neu-Guinea, Melanesien
	4. Dez.	ringförmig	1208	13. 8.	NW Atlantik, Gabon, Äthiopien, O Somaliland
1984	30. Mai	ringförmig	1389	25. 5.	Zentral-Pazifik, N Mexico, Louisiana, Virginia, Zentral-Algerien
	22. Nov.	total	1624	17. 4.	Molukken, Neu-Guinea, SO Pazifik
1985	19. Mai	partiell	1624	12. 10.	(Arktis)
	12. Nov.	total	1787	14. 7.	S Pazifik, Antarktis
1986	9. April	partiell	850	15. 5.	(Antarktis)
	3. Okt.	ringf.-total	1049	6. 3.	Dänemarkstraße, N Atlantik
1987	29. März	ringf.-total	1428	14. 4.	S Argentinien, Gabon, Zentral-Afrika, Äthiopien, N Somaliland
	23. Sept.	ringförmig	1247	22. 6.	USSR (Kazach), N China, O Chines. Meer, Polynesien
1988	18. März	total	1499	17. 5.	NO Ind.Ozean, Indonesien, Borneo, S Philippinen, Golf von Alaska

			Erstes Auftreten			Sichtbar in
1988	11. Sept.	ringförmig	1718	1.	4.	Somali-Küste, S Ind. Ozean, SW Pazifik
1989	7. März	partiell	1664	21.	8.	(Arktis)
	31. Aug.	partiell	neu			(Antarktis)
1990	26. Jan.	ringförmig	944	25.	4.	Antarktis, SO Atlantik
	22. Juli	total	1179	10.	3.	Finnland, Weißes Meer, N Sibirien, NO Pazifik
1991	15. Jan.	ringförmig	1125	1.	8.	O Ind. Ozean, SW Australien, N Tasmanien, Neuseeland (Nelson u. Wellington), O Pazifik
	11. Juli	total	1360	14.	6.	Zentral-Pazifik, Hawaii, Mexiko, Zentral-Amerika, W Columbien, Zentral-Brasilien
1992	4. Jan.	ringförmig	1613	19.	5.	Mikronesien, Pazifik, S Kaliforn. Küste
	30. Juni	total	1541	19.	9.	S Uruguay, S Atlantik, SW Ind. Ozean
	24. Dez.	partiell	1776	18.	8.	(Arktis)
1993	21. Mai	partiell	803	24.	5.	(Arktis)
	13. Nov.	partiell	1074	29.	4.	(Antarktis)
1994	10. Mai	ringförmig	984	29.	8.	Zentral-Pazifik, N Mexiko, USA: Texas, Okla., Mo., Ill., Ind., Ohio, Penna., NY, Mass., Marokko
	3. Nov.	total	1219	13.	7.	SO Pazifik, S Peru, S Brasilien, S Atlantik, SW Ind. Ozean
1995	29. April	ringförmig	1472	6.	6.	S Pazifik, N Peru, Amazonien, Zentral-Atlantik
	24. Okt.	total	1599	25.	2.	Iran, N Indien, Indochina, N Borneo, Pazifik (Marshall-Inseln)
1996	17. April	partiell	1653	21.	9.	(Antarktis)
	12. Okt.	partiell	1870	28.	7.	(Arktis)
1997	9. März	total	933	27.	5.	N Tibet, Sibirien, Arktis
	2. Sept.	partiell	1060	4.	2.	(Antarktis)
1998	26. Febr.	total	1096	20.	8.	Zentral-Pazifik, N Polynesien, NW Columbien, Atlantik, Kanarische Inseln
	22. Aug.	ringförmig	1331	5.	7.	NO Ind.Ozean, Sumatra, N Borneo, Milanesien, Tubnai-Inseln
1999	16. Febr.	ringförmig	1512	16.	4.	SO Atlantik, S Indischer Ozean, Australien (W und N Gebiete, Queensland, Korallenmeer)
	11. Aug.	total	1639	4.	1.	NW Atlantik, England (Land's End), N Frankreich, S Deutschland, Österreich, S Ungarn, Rumänien, Schwarzes Meer, N Türkei, Iran, Indien, Golf von Bengalen

			Erstes Auftreten			Sichtbar in
2000	5. Febr.	partiell	1729	24.	8.	(Antarktis)
	1. Juli	partiell	792	24.	6.	(Antarktis)
	31. Juli	partiell	1928	17.	6.	(Arktis)
	25. Dez.	partiell	991	17.	4.	(Arktis)

Mondfinsternisse 1971—2000

(Nach Th. v. Oppolzer, «Canon der Finsternisse» Wien 1887)

			Erstes Auftreten		
1971	10. Febr.	total	1520	2.	5.
	6. Aug.	total	1430	2.	9.
1972	30. Jan.	total	1683	7.	8.
	26. Juli	partiell	1936	4.	7.
1973	10. Dez.	partiell	1126	6.	7.
1974	4. Juni	partiell	1379	31.	5.
	29. Nov.	total	1470	17.	1.
1975	25. Mai	total	1560	4.	9.
	18. Nov.	total	1777	20.	7.
1976	13. Mai	partiell	1958	3.	5.
1977	4. April	partiell	985	3.	8.
1978	24. März	total	1419	10.	4.
	16. Sept.	total	1473	4.	11.
1979	13. März	partiell	1636	16.	8.
	6. Sept.	total	1835	10.	6.
1980	—				
1981	17. Juli	partiell	1296	18.	5.
1982	9. Jan.	total	1513	21.	3.
	6. Juli	total	1513	15.	9.
	30. Dez.	total	1694	7.	7.
1983	25. Juni	partiell	1947	3.	11.
1984	—				
1985	4. Mai	total	1390	29.	4.
	28. Okt.	total	1625	24.	3.
1986	24. April	total	1571	5.	8.
	17. Okt.	total	1824	11.	7.
1987	7. Okt.	partiell	neu		
1988	27. Aug.	partiell	1267	8.	6.
1989	20. Febr.	total	1520	2.	5.
	17. Aug.	total	1430	2.	9.
1990	9. Febr.	total	1683	7.	8.
	6. Aug.	partiell	1936	4.	7.
1991	21. Dez.	partiell	1126	6.	7.
1992	15. Juni	partiell	1379	31.	5.
	9. Dez.	total	1470	17.	1.
1993	4. Juni	total	1560	4.	9.
	29. Nov.	total	1777	20.	7.
1994	25. Mai	partiell	1958	3.	5.
1995	15. April	partiell	985	3.	8.
1996	4. April	total	1419	10.	4.
	27. Sept.	total	1473	4.	1.
1997	24. März	partiell	1636	16.	8.
	16. Sept.	total	1835	10.	6.
1998	—				
1999	28. Juli	partiell	1296	18.	5.
2000	21. Jan.	total	1513	21.	3.
	16. Juli	total	1513	15.	9.

PLANETEN

Erscheinungen der Planeten

Aus den folgenden Tabellen können für die einzelnen Planeten die Tierkreisstellungen, die besten Sichtbarkeitszeiten (bei den obersonnigen Planeten etwa 1 Monat vor und nach der Opposition) sowie die Oppositionen und Konjunktionen mit der Sonne entnommen werden. Der Überblick ergibt die in den einzelnen Kapiteln beschriebenen und unten zusammengestellten Planetenperioden.

Saturn 1971—1999

Jahr	Tierkreis-stellung	Konjunktion zur Sonne Datum	λ	Opposition zur Sonne Datum	λ	Ringstellung
1971	♈ ♉	17. Mai	56°	26. November	63°	
1972	♉	31. Mai	70°	9. Dezember	77°	Größte Ring-
1973	♉ ♊	15. Juni	83°	23. Dezember	91°	öffnung,
1974	♊ (♉)	30. Juni	98°	—		südl. Seite
1975	♊ ♋	15. Juli	113°	6. Januar	105°	
1976	♋ (♊)	29. Juli	127°	20. Januar	119°	
1977	♋ ♌	13. August	140°	2. Februar	133°	
1978	♌	27. August	154°	16. Februar	147°	
1979	♌ (♍)	10. September	167°	1. März	161°	
1980	♍ ♌	23. September	180°	14. März	173°	Unsichtbar
1981	♍	6. Oktober	193°	27. März	186°	
1982	♍	18. Oktober	205°	9. April	199°	
1983	♍ ♎	31. Oktober	217°	21. April	211°	
1984	♎	11. November	229°	3. Mai	223°	
1985	♎ ♏	23. November	241°	15. Mai	235°	
1986	♏	4. Dezember	252°	28. Mai	246°	
1987	♏	16. Dezember	264°	9. Juni	258°	Größte Ring-
1988	♏ ♐	26. Dezember	275°	20. Juni	269°	öffnung,
1989	♐	—		2. Juli	281°	nördl. Seite
1990	♐	7. Januar	286°	15. Juli	292°	
1991	♐ ♑	18. Januar	298°	27. Juli	303°	
1992	♑	29. Januar	309°	7. August	315°	
1993	♑ ♒	9. Februar	321°	19. August	327°	
1994	♒	21. Februar	333°	1. September	339°	
1995	♒ ♓	6. März	345°	14. September	351°	
1996	(♒) ♓	17. März	357°	26. September	4°	Unsichtbar
1997	♓	30. März	10°	10. Oktober	17°	
1998	♓ ♈	13. April	23°	23. Oktober	30°	
1999	(♓) ♈	27. April	37°	6. November	44°	

Jupiter 1971—1999

Jahr	Tierkreis-stellung	Konjunktion zur Sonne Datum	λ	Opposition zur Sonne Datum	λ
1971	♏ (♎)	10. Dezember	258°	23. Mai	241°
1972	♏ ♐	—		24. Juni	274°
1973	♐ ♑	10. Januar	290°	30. Juli	307°
1974	♑ ♒	13. Februar	325°	5. September	343°
1975	♒ ♓	22. März	1°	13. Oktober	20°
1976	♓ ♈ ♉	27. April	38°	18. November	56°
1977	(♈) ♉ ♊	4. Juni	74°	23. Dezember	91°
1978	(♉) ♈ ♋	10. Juli	108°	—	
1979	♋ ♌	13. August	140°	24. Januar	124°
1980	♌ ♍	13. September	171°	24. Februar	155°
1981	♍	14. Oktober	201°	26. März	185°
1982	♍ ♎ ♏	13. November	231°	26. April	215°
1983	♏	14. Dezember	262°	27. Mai	246°
1984	(♏) ♐	—		29. Juni	278°
1985	♐ ♑	14. Januar	395°	4. August	312°
1986	♑ ♒ (♓)	18. Februar	330°	10. September	348°
1987	♒ ♓ (♈)	27. März	6°	18. Oktober	25°
1988	♓ ♈ ♉	2. Mai	43°	23. November	61°
1989	♉ ♊	9. Juni	79°	27. Dezember	96°
1990	♊ ♋	15. Juli	112°	—	
1991	♋ ♌	17. August	144°	29. Januar	129°
1992	♌ ♍	17. September	175°	29. Februar	160°
1993	♍	18. Oktober	205°	30. März	190°
1994	♎ (♍) ♏	17. November	235°	30. April	220°
1995	♏ (♐)	18. Dezember	266°	1. Juni	250°
1996	♐	—		4. Juli	283°
1997	(♐) ♑	19. Januar	300°	9. August	317°
1998	(♑) ♒ ♓	23. Februar	335°	16. September	353°
1999	♓ ♈	1. April	11°	23. Oktober	30°

Mars 1971—1999

* Sternbild der Opposition (Schleife)

Jahr	Tierkreis-stellung	Konjunktion zur Sonne Datum	λ	Opposition zur Sonne Datum	λ
1971	♎ – ♑* – ♓	—		10. August	311°
1972	♓ – ♏	7. September	165°	—	
1973	♏ – ♈* ♓ ♈	—		25. Oktober	27°
1974	♈ – ♏	14. Oktober	201°	—	
1975	♏ – ♉*	—		15. Dezember	83°
1976	♉ – ♐	25. November	243°	—	
1977	♐ – ♋	—		—	
1978	♋* ♊ – ♐	—		22. Januar	121°
1979	♐ – ♌	20. Januar	300°	—	
1980	♌* – ♐	—		25. Februar	155°
1981	♑ – ♍	2. April	12°	—	
1982	♍* – ♑	—		31. März	190°
1983	♑ – ♍	3. Juni	73°	—	
1984	♍ ♎* – ♒	—		11. Mai	231°
1985	♒ – ♎	18. Juli	116°	—	
1986	♎ – ♐* – ♒	—		10. Juli	287°
1987	♓ – ♎	25. August	152°	—	
1988	♏ – ♓*	—		28. September	5°
1989	♓ – ♏	29. September	187°	—	
1990	♏ – ♉*	—		27. November	65°
1991	♉ – ♏	8. November	225°	—	
1992	♐ – ♊	—		—	
1993	♊* – ♐	27. Dezember	275°	7. Januar	108°
1994	♐ – ♌	—		—	
1995	♌* ♋ – ♐	—		12. Februar	143°
1996	♑ – ♍	4. März	344°	—	
1997	♍* ♌ – ♑	—		17. März	177°
1998	♑ – ♍	12. Mai	52°	—	
1999	♍* – ♑	—		24. April	214°

Venus 1976—1999

Jahre			Sichtbarkeit	
1976	1984	1992	Januar — Juni	*Morgenstern,* mit abklingender Sichtbarkeit
			Juli — Dezember	*Abendstern,* zuerst lange unscheinbar; am Jahresende steigende Sichtbarkeit
1977	1985	1993	Januar — März	*Abendstern,* beste Sichtbarkeit Januar/Februar
			April — Dezember	*Morgenstern,* beste Sichtbarkeit Mai/Juni
1978	1986	1994	Januar — Februar	*Morgenstern,* unbedeutend
			Februar — November	*Abendstern,* beste Sichtbarkeit Juni/Juli
			Dezember	*Morgenstern,* unbedeutend
1979	1987	1995	Januar — September	*Morgenstern,* beste Sichtbarkeit Januar/März
			Oktober — Dezember	*Abendstern,* unbedeutend
1980	1988	1996	Januar — Juni	*Abendstern,* besonders gute Sichtbarkeit April/Mai
			Juli — Dezember	*Morgenstern,* besonders gute Sichtbarkeit August/September
1981	1989	1997	Januar — April	*Morgenstern,* unbedeutend
			Mai — Dezember	*Abendstern,* mäßige Sichtbarkeit November
1982	1990	1998	Januar	*Abendstern,* unbedeutend
			Februar — November	*Morgenstern,* beste Sichtbarkeit April/Juni
			Dezember	*Abendstern,* unsichtbar
1983	1991	1999	Januar — September	*Abendstern,* beste Sichtbarkeit April/Mai
			Oktober — Dezember	*Morgenstern,* beste Sichtbarkeit Oktober/November

Konjunktionen von Venus und Sonne 1971—1999

In der Ordnung nach 4- und 8jährigen Rhythmen an den fünf Tierkreisorten

ob. = obere, unt. = untere Konjunktion

Löwe				Stier				Fische			
Datum			λ	Datum			λ	Datum			λ
ob.	1971	27. Aug.	154°	unt.	1972	17. Juni	87°	ob.	1973	9. April	20°
unt.	1975	27. Aug.	154°	ob.	1976	18. Juni	87°	unt.	1977	6. April	16°
ob.	1979	25. Aug.	152°	unt.	1980	15. Juni	84°	ob.	1981	7. April	18°
unt.	1983	25. Aug.	151°	ob.	1984	15. Juni	85°	unt.	1985	3. April	17°
ob.	1987	23. Aug.	150°	unt.	1988	12. Juni	82°	ob.	1989	4. April	15°
unt.	1991	22. Aug.	149°	ob.	1992	13. Juni	83°	unt.	1993	1. April	12°
ob.	1995	20. Aug.	147°	unt.	1996	10. Juni	80°	ob.	1997	2. April	13°
unt.	1999	20. Aug.	147°								

Widder/Schütze				Waage/Jungfrau			
Datum			λ	Datum			λ
unt.	1974	23. Jan.	303°	ob.	1974	6. Nov.	224°
ob.	1978	22. Jan.	302°	unt.	1978	7. Nov.	225°
unt.	1982	21. Jan.	301°	ob.	1982	4. Nov.	221°
ob.	1986	19. Jan.	299°	unt.	1986	5. Nov.	223°
unt.	1990	18. Jan.	298°	ob.	1990	1. Nov.	219°
ob.	1994	17. Jan.	297°	unt.	1994	2. Nov.	220°
unt.	1998	16. Jan.	296°	ob.	1998	30. Okt.	217°

Konjunktionen von Merkur und Sonne 1971—1999

Jede Spalte stellt eine Reihe von oberen oder unteren Konjunktionen dar, die in Abständen von etwas weniger als einem Jahr aufeinander folgen. Gradangaben in λ.

Jahr	obere	untere	obere	untere	obere	untere
1971	6. März 346°	20. April 29°	21. Juni 89°	26. Aug. 153°	8. Okt. 195°	12. Dez. 260°
1972	17. Febr. 328°	31. März 11°	4. Juni 74°	7. Aug. 135°	19. Sept. 177°	26. Nov. 244°
1973	28. Jan. 309°	13. März 353°	20. Mai 59°	20. Juli 117°	2. Sept. 160°	10. Nov. 228°
1974	9. Jan. 289°	24. Febr. 336°	4. Mai 44°	30. Juni 99°	17. Aug. 144°	25. Okt. 212°
1975	28. Nov. 246°	8. Febr. 319°	18. April 28°	10. Juni 79°	1. Aug. 128°	25. Okt. 196°
1976	7. Nov. 225°	23. Jan. 302°	1. April 12°	20. Mai 60°	15. Juli 113°	22. Sept. 180°
1977	18. Okt. 206°	6. Jan. 286° 21. Dez. 270°	16. März 355°	30. April 40°	30. Juni 98°	5. Sept. 163°
1978	30. Sept. 187°	5. Dez. 253°	27. Febr. 339°	11. April 21°	14. Juni 81°	18. Aug. 146°
1979	13. Sept. 170°	20. Nov. 237°	9. Febr. 320°	24. März 3°	29. Mai 68°	31. Juli 128°
1980	26. Aug. 153°	3. Nov. 221°	20. Jan. 300° 29. Dez. 277°	6. März 346°	13. Mai 53°	11. Juli 109°
1981	19. Aug. 137°	18. Okt. 205°	10. Dez. 258°	17. Febr. 328°	27. April 38°	22. Juni 91°
1982	25. Juli 122°	2. Okt. 189°	19. Nov. 237°	1. Febr. 312°	10. April 20°	1. Juni 70°
1983	9. Juli 107°	15. Sept. 172°	30. Okt. 216°	16. Jan. 295° 31. Dez. 279°	26. März 5°	12. Mai 51°
1984	23. Juni 92°	28. Aug. 155°	10. Okt. 197°	12. Dez. 266°	8. März 348°	22. April 32°
1985	7. Juni 77°	10. Aug. 138°	22. Sept. 180°	28. Nov. 247°	19. Febr. 331°	3. April 14°
1986	23. Mai 62°	23. Juli 120°	5. Sept. 163°	13. Nov. 230°	1. Febr. 312°	16. Mai 356°
1987	5. Mai 44°	4. Juli 102°	20. Aug. 147°	28. Okt. 214°	12. Jan. 292° 23. Dez. 271°	27. Febr. 339°

Jahr	obere	untere	obere	untere	obere	untere
1988	20. April 30°	13. Juni 82°	3. Aug. 131°	11. Okt. 198°	1. Dez. 250°	11. Febr. 322°
1989	4. April 15°	23. Mai 63°	18. Juli 116°	24. Sept. 182°	10. Nov. 228°	25. Jan. 305°
1990	19. März 358°	3. Mai 43°	2. Juli 100°	8. Sept. 165°	22. Okt. 209°	19. Jan. 289° 24. Dez. 272°
1991	2. März 341°	14. April 24°	17. Juni 85°	21. Aug. 148°	3. Okt. 190°	8. Dez. 256°
1992	12. Febr. 324°	26. März 6°	31. Mai 70°	2. Aug. 131°	15. Sept. 173°	21. Nov. 240°
1993	23. Jan. 304°	9. März 359°	16. Mai 55°	15. Juli 113°	29. Aug. 156°	6. Nov. 224°
1994	3. Jan. 283° 14. Dez. 262°	20. Febr. 332°	30. April 40°	25. Juni 93°	13. Aug. 140°	21. Okt. 207°
1995	23. Nov. 240°	3. Febr. 315°	14. April 24°	5. Juni 74°	28. Juli 125°	5. Okt. 192°
1996	1. Nov. 220°	18. Jan. 298°	28. März 8°	15. Mai 54°	11. Juli 109°	17. Sept. 175°
1997	13. Okt. 201°	2. Jan. 281° 17. Dez. 265°	11. März 350°	25. April 35°	25. Juni 94°	31. Aug. 158°
1998	25. Sept. 182°	1. Dez. 249°	22. Febr. 333°	6. April 17°	10. Juni 79°	13. Aug. 141°
1999	8. Sept. 165°	15. Nov. 233°	4. Febr. 315°	19. März 359°	25. Mai 63°	26. Juli 123°

Uranus, Neptun, Pluto 1971—2000

Planet	Jahre	Tierkreisstellung
Uranus	1967 — 1976	Jungfrau
	1977 — 1980	Waage
	1981 — 1987	Skorpion
	1988 — 1995	Schütze
	1996 — 2002	Steinbock
Neptun	1969 — 1983	Skorpion
	1984 — 1997	Schütze
Pluto	1968 — 1987	Jungfrau
	1987 — 1993	Waage
	1994 — 2015	Skorpion

Entfernungsverhältnisse der Planeten

Planet	Entfernung* von der Erde			Entfernung* von der Sonne		
	mittlere	kleinste	größte	mittlere	kleinste	größte
Mond	0,00263	0,00238	0,00272	—	—	—
Merkur	1,00	0,53	1,47	0,39	0,31	0,47
Venus	1,00	0,27	1,73	0,72	0,72	0,73
Sonne	1,00	0,98	1,02	—	—	—
Erde	—	—	—	1,00	0,98	1,02
Mars	1,52	0,38	2,67	1,52	1,38	1,67
Jupiter	5,20	3,95	6,45	5,20	4,95	5,45
Saturn	9,53	8,00	11,07	9,55	9,01	10,37
Uranus	19,18	17,29	21,07	19,20	18,29	20,07
Neptun	30,05	28,80	31,31	30,09	29,79	30,33
Pluto	41,5	30,0	53,0	39,5	30,0	49,3

*In Astronomischen Einheiten, d. h. mittlere Entfernung Sonne — Erde = 1.

Diese Entfernungsverhältnisse waren verschiedenen Astronomen (z. B. Kepler, Titus-Bode) Anlaß nach einer darin waltenden Gesetzmäßigkeit zu suchen. Hierauf soll im 2. Band eingegangen werden.

Umläufe im Tierkreis

Planet	Auf die Erde bezogen (geozentrisch)		Auf die Sonne bezogen (heliozentrisch)			
	Ein voller Umlauf*	Ein Abschnitt von 30° *	Siderischer Umlauf	Mittlere tägliche Bewegung	Neigung der Bahn gegen die Ekliptik	Länge des aufsteigenden Knotens
Mond	1 siderischer Monat = $27^d\ 7^h\ 43^m$	2½ Tage	—	—	—	—
Merkur	1 Jahr (10 bis 13 Monate)	14 Tage bis 9 Wochen	88^d $87{,}9690^d$	4° 5′ 32″	7,00°	48,06°
Venus	1 Jahr (10 bis 13 Monate)	3½ Wochen bis 4 Monate	225^d $224{,}7008^d$	1° 36′ 8″	3,39°	76,47°
Sonne	1 siderisches Jahr = $365^d\ 6^h\ 9^m$	30 Tage	—	—	—	—
Erde	—	—	$1^a = 365{,}256^d$	59′ 8″	—	—
Mars	fast 2 Jahre	6 Wochen bis 6 Monate	$1^a\ 322^d = 686{,}9798^d$	31′ 27″	1,85°	49,38°
Jupiter	12 Jahre	1 Jahr	$11^a\ 315^d = 4332{,}588^d$	4′ 59″	1,31°	100,21°
Saturn	29 Jahre	2½ Jahre	$29^a\ 167^d = 10\,759{,}2^d$	2′ 5″	2,49°	113,48°
Uranus	84 Jahre	7 Jahre	$84^a\ 8^d$	42,23″	0,77°	73,97°
Neptun	165 Jahre	13¾ Jahre	$164^a\ 282^d$	21,53″	1,77°	131,57°
Pluto	248 Jahre	20¾ Jahre	$247^a\ 257^d$	14,3″	17,14°	109,90°

*Infolge der Schleifenbewegungen ergeben sich für die geozentrischen Planetenumläufe starke Schwankungen, insbesondere bei Merkur, Venus und Mars. Bei den erdfernen Planeten kommen diese Umläufe den auf die Sonne bezogenen siderischen sehr nahe.

Synodische Umlaufszeiten

Planet	Runder Wert	Mittlerer Wert		Schwankung
☾	29½ Tage	$29^d\ 12^h\ 44^m\ 2{,}8^s$ =	$29{,}530588^d$	bis zu ± 7^h
☿	etwa 4 Monate	116^d	$115{,}8774^d$	104^d — 132^d
♀	1 Jahr 7 Monate	$1^a\ 219^d$	= $583{,}9205^d$	577^d — 592^d
♂	2 Jahre 2½ Monate	$2^a\ 49^d$	= $779{,}9382^d$	764^d — 810^d
♃	1 Jahr 1 Monat	$1^a\ 33^d$	= $398{,}8846^d$	395^d — 404^d
♄	1 Jahr ½ Monat	$1^a\ 13^d$	= $378{,}0928^d$	gering
♅	etwas über 1 Jahr	$1^a\ 4^d$	= $369{,}65^d$	
♆		$1^a\ 2½^d$	= 368^d	
Pl		$1^a\ 1½^d$	= 367^d	

Rechtläufige und rückläufige Bewegung der Planeten

Planet	Rechtläufige Bewegung in 1 synod. Umlauf		Rückläufige Bewegung in 1 synod. Umlauf (Schleifen)		Anzahl der Schleifen
	in Graden	in Tagen	in Graden	in Tagen	
☾	[illegible]	$29½^d$	—		—
☿	114° (112,5°-130°)	94^d (88^d—102^d)	12,5° (8,5—16,5°)	22^d (19^d—24^d)	3 in 1 Jahr 22 in 7 Jahren
♀	576° = 1³/₅ Umläufe	542^d = 1 J. 6 Mt.	16°	42^d	5 in 8 Jahren
♂	410° = 1 Uml. + 50°	706^d = 2 J. 1 Mt.	15° (10,5°—19,5°)	74^d (60^d—82^d)	7 in 15 Jahren
♃	43°	279^d = 9 Monate	10°	120^d = ca. 4 Mt.	11 in 12 Jahren
♄	18°	238^d = 8 Monate	6,5°	140^d = ca. 4½ Mt.	28 in 29 Jahren
♅	4°	218^d = 7 Monate	3°	152^d = ca. 5 Mt.	7 } auf 30°
♆	3°	210^d = 7 Monate	2,5°	158^d = ca. 5 Mt.	14 } auf 30°
Pl	1,5°		1°		21 } auf 30°

Zusammenstellung der Planetenperioden

Vergleich der gleichzeitig ablaufenden Sonnenjahre und Planetenumläufe

Merkur:

7 *Jahre*	=	2 556,70 Tage	Differenz:	— 7,39 Tage
22 synodische Umläufe	=	2 549,30 Tage		
29 siderische Umläufe	=	2 551,00 Tage		
46 *Jahre*	=	16 801,14 Tage	Differenz:	+ 1,08 Tage
145 synodische Umläufe	=	16 802,23 Tage		
191 siderische Umläufe	=	16 802,08 Tage		
79 *Jahre*	=	28 854,13 Tage	Differenz:	— 0,66 Tage
249 synodische Umläufe	=	28 853,48 Tage		
329 siderische Umläufe	=	28 941,80 Tage		

Venus:

8 *Jahre*	=	2 921,94 Tage	Differenz:	— 2,34 Tage
5 synodische Umläufe	=	2 919,60 Tage		
13 siderische Umläufe	=	2 921,11 Tage		

Mars:

15 *Jahre*	=	5 478,63 Tage	Differenz:	— 19,07 Tage
7 synodische Umläufe	=	5 459,57 Tage		
8 siderische Umläufe	=	5 495,84 Tage		
32 *Jahre*	=	11 687,75 Tage	Differenz:	+ 11,32 Tage
15 synodische Umläufe	=	11 699,07 Tage		
17 siderische Umläufe	=	11 678,66 Tage		
47 *Jahre*	=	17 166,38 Tage	Differenz:	— 7,74 Tage
22 synodische Umläufe	=	17 158,64 Tage		
25 siderische Umläufe	=	17 174,50 Tage		
79 *Jahre*	=	28 854,13 Tage	Differenz:	+ 3,58 Tage
37 synodische Umläufe	=	28 857,71 Tage		
42 siderische Umläufe	=	28 853,16 Tage		

Jupiter:

12 *Jahre*	= 4 382,91 Tage	}	Differenz: + 4,82 Tage
11 synodische Umläufe	= 4 387,73 Tage		
1 siderischer Umlauf	= 4 332,59 Tage		
71 *Jahre*	= 25 932,20 Tage	}	Differenz: — 4,70 Tage
65 synodische Umläufe	= 25 927,50 Tage		
6 siderische Umläufe	= 25 995,53 Tage		
83 *Jahre*	= 30 315,10 Tage	}	Differenz: + 0,13 Tage
76 synodische Umläufe	= 30 315,23 Tage		
7 siderische Umläufe	= 30 328,12 Tage		

Saturn:

29 *Jahre*	= 10 592,02 Tage	}	Differenz: — 5,42 Tage
28 synodische Umläufe	= 10 586,60 Tage		
1 siderischer Umlauf	= 10 759,20 Tage		
59 *Jahre*	= 21 549,29 Tage	}	Differenz: + 2,00 Tage
57 synodische Umläufe	= 21 551,29 Tage		
2 siderische Umläufe	= 21 518,40 Tage		

Historisches zu den Planetenperioden

Das Wissen um die periodische Wiederkehr von Himmelserscheinungen gehörte zu den wichtigsten Erkenntnissen schon der alten Sternkunde. Neben Sonnen- und Mondrhythmen waren von den Planetenperioden den Spätbabyloniern nachweislich schon bekannt: die 8jährige Venus-, die 79jährige Mars-, die 83jährige Jupiter- und die 59jährige Saturnperiode. — Um den Venusrhythmus von 8 Jahren wußte man sicher schon in Altbabylon.

Hipparch (120 v. Chr.) kannte nach dem Zeugnis des Ptolemäus (Almagest, IX. Buch, 3. cap.) für Saturn die Periode von 59 Jahren, für Jupiter die von 71 Jahren, für Mars die von 79 Jahren, für Venus die von 8 Jahren und für Merkur die von 46 Jahren.

Die mittelalterlichen Planetentafeln, die auf Anregung des Fürsten Alphons von Kastilien um 1250 entstanden, die *Alphonsinischen Tafeln,* enthielten die Ephemeriden der einzelnen Planeten für die Zeitdauer ihrer Zyklen: Es wurden angegeben die Stellungen des Saturn für 59 Jahre, des Jupiter für 83 Jahre, des Mars für 79 Jahre, der Venus für 8 Jahre und des Merkur für 46 Jahre.

Die Berücksichtigung der Planetenperioden war in den alten Kulturen für die Einteilung der Zeit wichtig und kam in der Anordnung des Kalenders zur Geltung. Zum Beispiel diente in ganz Ostasien, in Indien, Tibet, China und Japan seit alters der 12jährige Jupiterzyklus zur chronologischen Bezeichnung von Zwölferrunden von Jahren. Noch heute erfolgt danach in China und Japan die Jahreszählung und -benennung. — In Amerika fanden bei den Mayas in Mexiko schon in vorchristlichen Jahrtausenden zur Zeitgliederung neben Sonne und Mond insbesondere die Venusrhythmen Beachtung.

Die Planetenkörper

Himmelskörper	Farbe	Visuelle Helligkeit	Albedo*	Visueller Durchmesser	Abplattung	Rotationsdauer	Neigung des Äquators gegen die Bahn	Zahl der Monde
Erde	—	—	0,34	—	1/297	$23^h\ 56^m\ 4^s$	23° 27′	1
Mond	weiß	Vollmond -12^{mag}	0,07	29′ 22″ — 33′ 31″	0	$27^d\ 7^h\ 43^m\ 12^s$	6° 40′	—
Merkur	weiß rötlicher Einschlag	$-1{,}6^{mag}$ bis $+3{,}5^{mag}$	0,06	4,5″ — 13″	0	$58^d\ 16^h$	7° ?	0
Venus	glänzend weiß, grünlicher Einschl.	$-4{,}5^{mag}$ bis $-3{,}5^{mag}$	0,61	10″ — 65″	0	243^d rückläufig	6° ?	0
Sonne	weiß	$-26{,}7^{mag}$	—	31′ 31″ — 32′ 36″	0	25^d bis -34^d	7° 10′	—
Mars	rötlich	$-2{,}8^{mag}$ bis $+2{,}0^{mag}$	0,15	3,5″ — 26″	1/200	$24^h\ 37^m\ 23^s$	25° 10′	2
Jupiter	gelb-weiß	$-2{,}4^{mag}$ bis $-1{,}2^{mag}$	0,41	30″ — 50″	1/15	$9^h\ 50^m$	3° 7′	13
Saturn	matt, weißlich	$-0{,}2^{mag}$ bis $+1{,}5^{mag}$	0,42	15″ — 20″	1/10	$10^h\ 14^m$	26° 45′	10
Uranus	grünlich	6^{mag}	0,45	3″ — 4″	1/14	$10^h\ 49^m$	97° 59′	5
Neptun	bläulich	8^{mag}	0,54	2,5″ — 2,7″	1/40 ?	$15^h\ 40^m$	29°	2
Pluto	gelb	15^{mag}	~0,4	unter 0,3″	?	$6^d\ 9^h\ 17^m$	?	?

*Albedo = Rückstrahlvermögen, d. h. Verhältnis der zurückgeworfenen Lichtmenge zur einfallenden; Mond 0,07 besagt 7 Prozent werden reflektiert.

Die Monde der Planeten

Planet	Mittlere sid. Umlaufszeit d	h	Abstand in Planeten-durchmessern
Marsmonde:			
Phobos	0	7,6	1,4
Daimos	1	6,3	3,5
Jupitermonde:			
V Amalthea	0	11,9	1,2
I Juno	1	18,5	3
II Europa	3	13,2	4,7
III Ganymed	7	3,7	7,5
IV Castillo	16	16,5	13
VI	250	15	80
VII	260		85
X	260		85
XIII	282		86
XII	625		147
XI	696		157
VIII	739		165
IX	755		175
Saturnmonde:			
Janus	0	18,0	1,3
Mimas	0	22,6	1,5
Enceladus	1	8,9	2,0
Thetys	1	21,3	2,4
Dione	2	17,7	3,1
Rhea	4	12,4	4,4
Titan	15	22,7	10,1
Hyperion	21	6,6	12,3
Japetus	79	7,8	29,5
Phoebe	550	11	107,2
Uranusmonde:			
Miranda	1	10	2,7
Ariel	2	12,5	4,0
Umbriel	4	3,5	5,6
Titania	8	16,9	9,4
Oberon	13	11,1	12,3
Neptunmonde:			
Triton	5	21,1	7,7
Nereid	500		125

Kalendarische Hinweise*

Das julianische Jahr = 365,25 Tage wird für chronologische Zwecke vielfach verwendet.

Das Kalenderjahr der bürgerlichen Zeitzählung hat 365 Tage und alle 4 Jahre durch das Einfügen eines Schalttages 366 Tage. Schaltjahre sind alle durch 4 teilbaren Jahre. Eine Ausnahme bilden die Anfangsjahre der Jahrhunderte, welche nur alle 400 Jahre zu Schaltjahren werden: so 1600, 2000, 2400 n. Chr. (Gregorianische Kalenderreform von 1582).

Die 33jährige Ausgleichsperiode von Sonnen- und Mondjahr. Wählt man für die Kalenderordnung als Jahreseinheit nicht das Sonnenjahr, sondern das Mondjahr, wie z. B. die Mohammedaner, so verschiebt sich dessen Neujahr allmählich durch alle Jahreszeiten des Sonnenjahres hindurch, und zwar in jedem Jahr um 11 Tage. Ein voller Ausgleich wird nach 33 Sonnenjahren erreicht, worin mit einer sehr kleinen Differenz 34 Mondjahre aufgehen.

33 Sonnenjahre	=	12 053,0	Tage
34 Mondjahre	=	12 048,5	Tage
Differenz	=	4,5	Tage

Die Osterdaten werden aus Stellungsverhältnissen zwischen Erde, Sonne und Mond bestimmt. Die Sonne muß die Frühlingspunktstellung vom 21. März überschritten haben, der darauf folgende erste Frühlingsvollmond muß eingetreten sein; der hierauf folgende Sonntag ist der Ostersonntag. Das früheste und späteste Datum des Ostersonntags sind 22. März und 25. April. Es gibt für die Osterdaten keine zyklische Wiederholung.

Die Regel von Gauss zur Berechnung des Osterdatums für beliebige Jahre: Die gegebene Jahreszahl sei z. Man sucht die Divisionsreste a von $\frac{z}{19}$, b von $\frac{z}{4}$ und c von $\frac{z}{7}$. Zur Berücksichtigung des Gregorianischen Kalenders entnimmt man folgender Tabelle entsprechende Werte von x und y.

für die Jahre	x	y
1583 — 1699	22	2
1700 — 1799	23	3
1800 — 1899	23	4
1900 — 2099	24	5

Anhand von diesen Werten bezeichnet man den Divisionsrest von

$\frac{19a + x}{30}$ mit d und $\frac{2b + 4c + 6d + y}{7}$ mit e

Der Ostertag ist dann am (22. + d + e) ten März
bzw. am (d + e — 9) ten April

Beim Resultat ist stets an Stelle des 26. April der 19. April einzusetzen, und für den 25. April hat der 18. April einzutreten, wenn der Wert für d = 28 und der Wert für a größer als 10 ist.

* Das Kalenderwesen soll in einem weiteren Bande ausführlicher behandelt werden.

Osterdaten 1971—2000

1971	11. April	1981	19. April	1991	31. März
1972	2. April	1982	11. April	1992	19. April
1973	22. April	1983	3. April	1993	11. April
1974	14. April	1984	22. April	1994	3. April
1975	30. März	1985	7. April	1995	16. April
1976	18. April	1986	30. März	1996	7. April
1977	10. April	1987	19. April	1997	30. März
1978	26. März	1988	3. April	1998	12. April
1979	15. April	1989	26. März	1999	4. April
1980	6. April	1990	15. April	2000	23. April

Astronomische Zeichen und Abkürzungen

Tierkreisbilder

♈	Widder	♎	Waage
♉	Stier	♏	Skorpion
♊	Zwillinge	♐	Schütze
♋	Krebs	♑	Steinbock
♌	Löwe	♒	Wassermann
♍	Jungfrau	♓	Fische

Sonne, Mond, Planeten

☉	Sonne	☿	Merkur	♄	Saturn
☾	Mond	♀	Venus	♅	Uranus
♁	Erde	♂	Mars	♆	Neptun
		♃	Jupiter	Pl	Pluto

🌑	Neumond	Pg	Perigäum (Erdnähe)
☽	Erstes Viertel	Ag	Apogäum (Erdferne)
🌕	Vollmond	☊	aufsteigender Knoten
☾	Letztes Viertel	☋	absteigender Knoten
☌	Konjunktion	s. t.	Sternzeit
☍	Opposition	[illegible]	Magnitude = Sterngröße
□	Quadratur	Rz	Sonnenflecken-Relativzahl
AR	Rektaszension	λ	Länge (auf der Ekliptik)
δ	Deklination	β	Breite (von der Ekliptik)
^{a}	Jahr	°	Grad
^{d}	Tag	′	Bogenminute
^{h}	Stunde	″	Bogensekunde
^{m}	Minute		
^{s}	Sekunde		

MEZ	Mitteleuropäische Zeit
WEZ	Westeuropäische Zeit
OEZ	Osteuropäische Zeit
WZ	Weltzeit

Stichwortverzeichnis

Abendstern 133
Aphel 43
Apogäum 84
Apsidenbewegung des Mondes 84
Apsidenbewegung der Sonne 43
Äquinoktialpunkte 38
Aristarch von Samos 198
Aschgraues Mondlicht 73
Asteroiden 186

Bahnelemente der Planeten 199
Breite 42, 191

Ceres 186

Deklination 21, 42
Drachenkopf 103
Drachenschwanz 103

Ekliptik 40, 42
Elongation 133
Erdferne des Mondes 84
Erdnähe des Mondes 84
Exelegismus 98

Fackeln 63
Finsternisperiode 91
Frühlingspunkt 27
Führungslinien der Sonnenfinsternisse und Mondfinsternisse 98

Geozentrischer Weltaspekt 198
Granulation 63
Größenklassen 26

Heliakischer Aufgang 104
Heliakischer Untergang 105
Heliozentrischer Weltaspekt 198
Herbstpunkt 27
Himmelsachse 19
Himmelsäquator 20, 42
Himmelsgleicher 20
Himmelsnordpol 18
Himmelssüdpol 19
Horizont 21
  Landschaftshorizont 21
  mathematischer 21

Juno 187

Jupiter 104, 108
  Bahnneigung 127
  Entfernung 124
  Knoten 127
  Monde 124
  Rotation 124
  Schleifen 127

Kalendarische Hinweise 218
Kepler 199
Konjunktion 104
  obere 134
  untere 134
  wahre 191
  zentrale 189
  in Länge 189
  in Rektaszension 189
  Große (Saturn-Jupiter) 195
  Rhythmen der Planeten 195
Kopernikus 198
Korona 65
Kulmination 17

Länge 42, 45, 190
Libration 78
Lichtkurven
  der obersonnigen Planeten 132
  der untersonnigen Planeten 176
Lunation 74

Magnitudo (^{mag}) 26
Mars 104, 114
  Bahnneigung 127
  Entfernung 119
  Knoten 127
  Monde 125
  Rotation 125
  Schleifen 129
Meridian 24
Meridiankreis 24
Merkur 133, 153
  Bahnneigung 167
  Diagramm 161
  Durchgang 167
  Entfernung 158
  Knoten 167
  Phasenwechsel 158
  Schleifen 170
  synodischer Umlauf 154

Metonischer Zyklus 77
Mittag, mittlerer 56
Mittag, wahrer 56
Mondfinsternisse 87, 100
-jahr 76
-knoten 81
-phasen 70
-rotation 78
-umlauf, anomalistisch 84
drakonisch 81
siderisch 74
synodisch 74
tropisch 78
Morgenstern 133

Nadir 23
Neptun 182
Nutationsperiode 83

Opposition 104
Ortszeit 56
Osterregel 218
Osterdaten 219

Pallas 187
Perihel 43
Perigäum 84
Planetenperioden 214
Planetoiden 186
Pluto 182
Polarkreis 49
Polarstern 18
Polhöhe 18
Präzession 69
Protuberanzen 63
Ptolemäus 198

Quadratur 105

Rechtläufigkeit 106
Rektaszension AR 24, 42
Rückläufigkeit 106

Sarosperiode 91
Saturn 104, 108
Bahnneigung 127
Entfernung 120
Knoten 127
Monde 124
Ring 120
Rotation 120
Schleifen 129
Schleifen der Planeten 106, 125, 170
siderisch 46
Solstitium, Sommer 37
Solstitium, Winter 37
Sonne, mittlere 57
Sonne, wahre 56
Sonnenbahn 27
-flecken 61
-finsternisse 87, 88
-jahr, siderisch 69
tropisch 69
-tag, mittlerer (m) 55
wahrer (w) 55
-uhren 55
-wende 37
Stationärpunkte 110
Sterntag 24
Sternzeit (s. t.) 24
Stillstände 110

Tierkreis 37
Tierkreissternbilder 37, 44
Tierkreiszeichen 45
Trojaner 188
tropisch 46
Tycho de Brahe 199

Uranus 182

Venus 133, 136
Bahnneigung 166
Diagramm 147
Durchgang 166
Entfernung 146
Größter Glanz 138
Knoten 166
Phasenwechsel 144
Schleifen 170
synodischer Umlauf 137
Vesta 187

Weltenjahr, Platonisches 65
Weltzeit WZ 60
Wendekreise 37

Zeitgleichung (z) 55
Zenit 23
Zirkumpolarsterne 22
Zodiakus = Tierkreis 37
Zonenzeiten 60

Tafeln

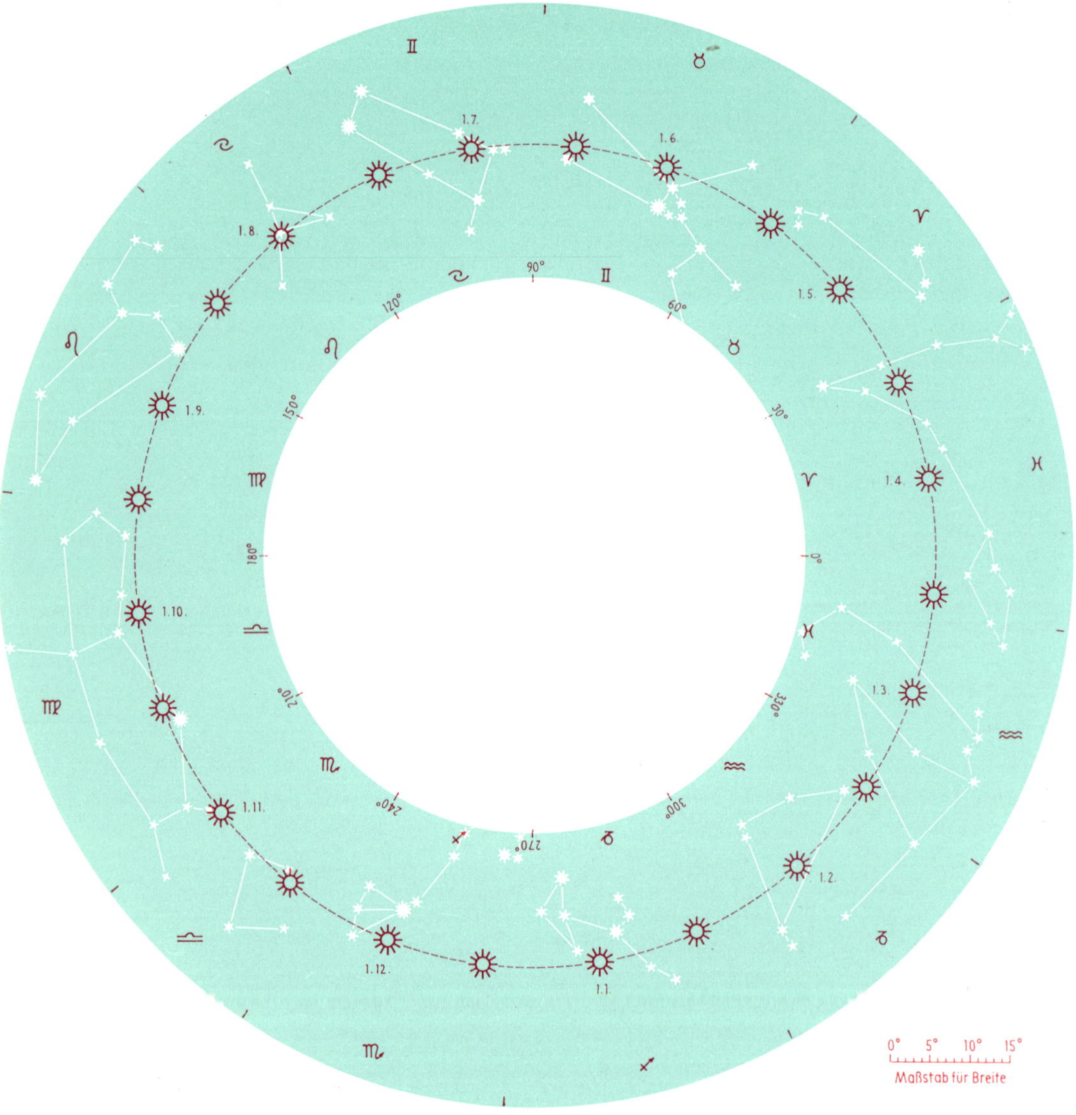

Tafel I *Sonnenbahn im Tierkreis* (Ekliptik) mit den Stellungen der Sonne am 1. und 15. jeden Monats. Am äußeren Rand sind die Grenzen der Tierkreissternbilder angegeben, innen zwischen den Graden der ekliptikalen Länge die Bereiche der Tierkreiszeichen. Die Verschiebung der Zeichen gegenüber den Bildern infolge der Wanderung des Frühlingspunktes (0° Länge) wird deutlich.

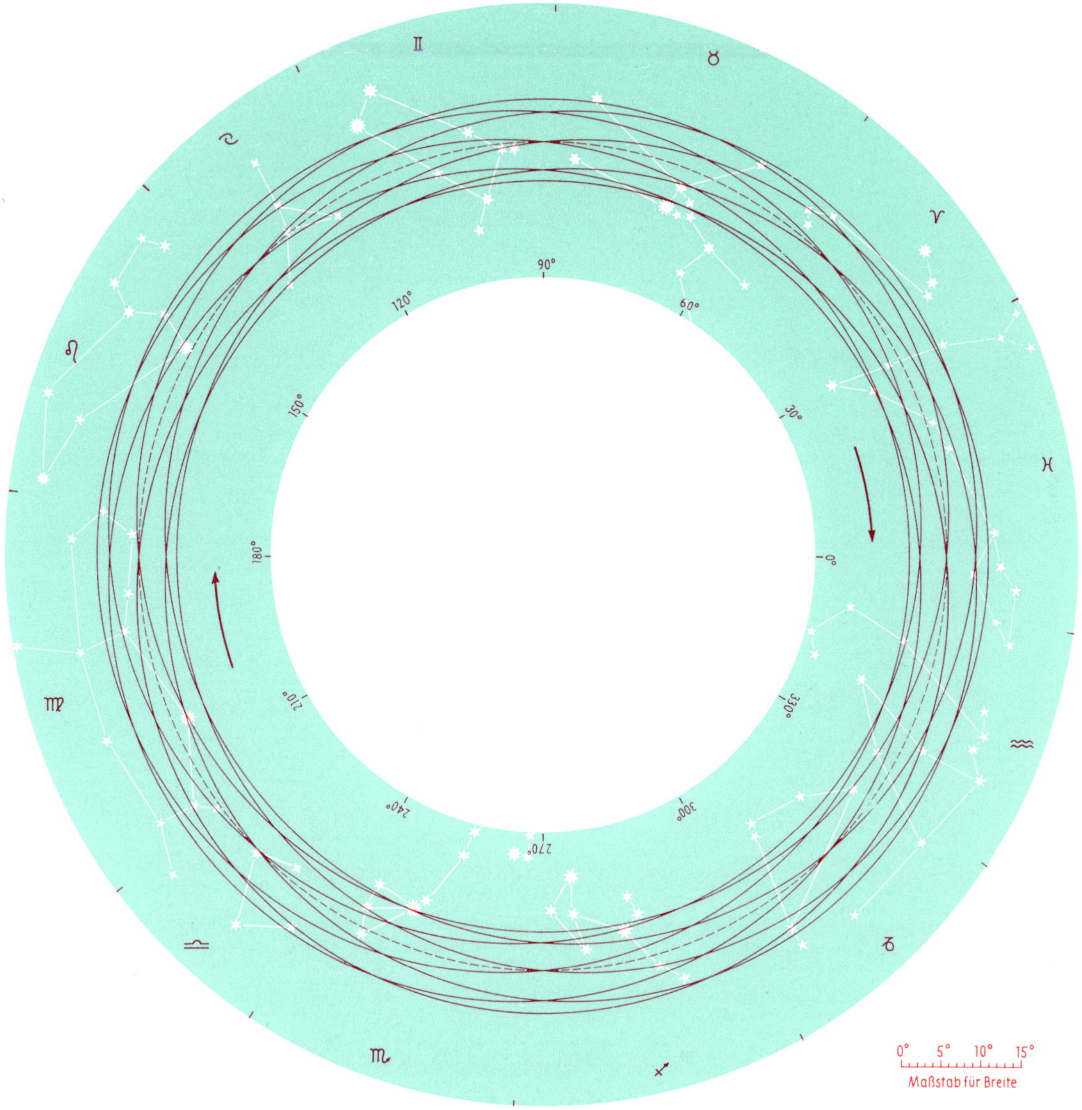

Tafel II *Mondbahn im Tierkreis* und ihre Verlagerung in 18 Jahren 7 Monaten durch die Wanderung der Mondknoten. Die Verschiebung, die in Wirklichkeit kontinuierlich verläuft, erfolgt in Richtung der Pfeile. ———— = Ekliptik.

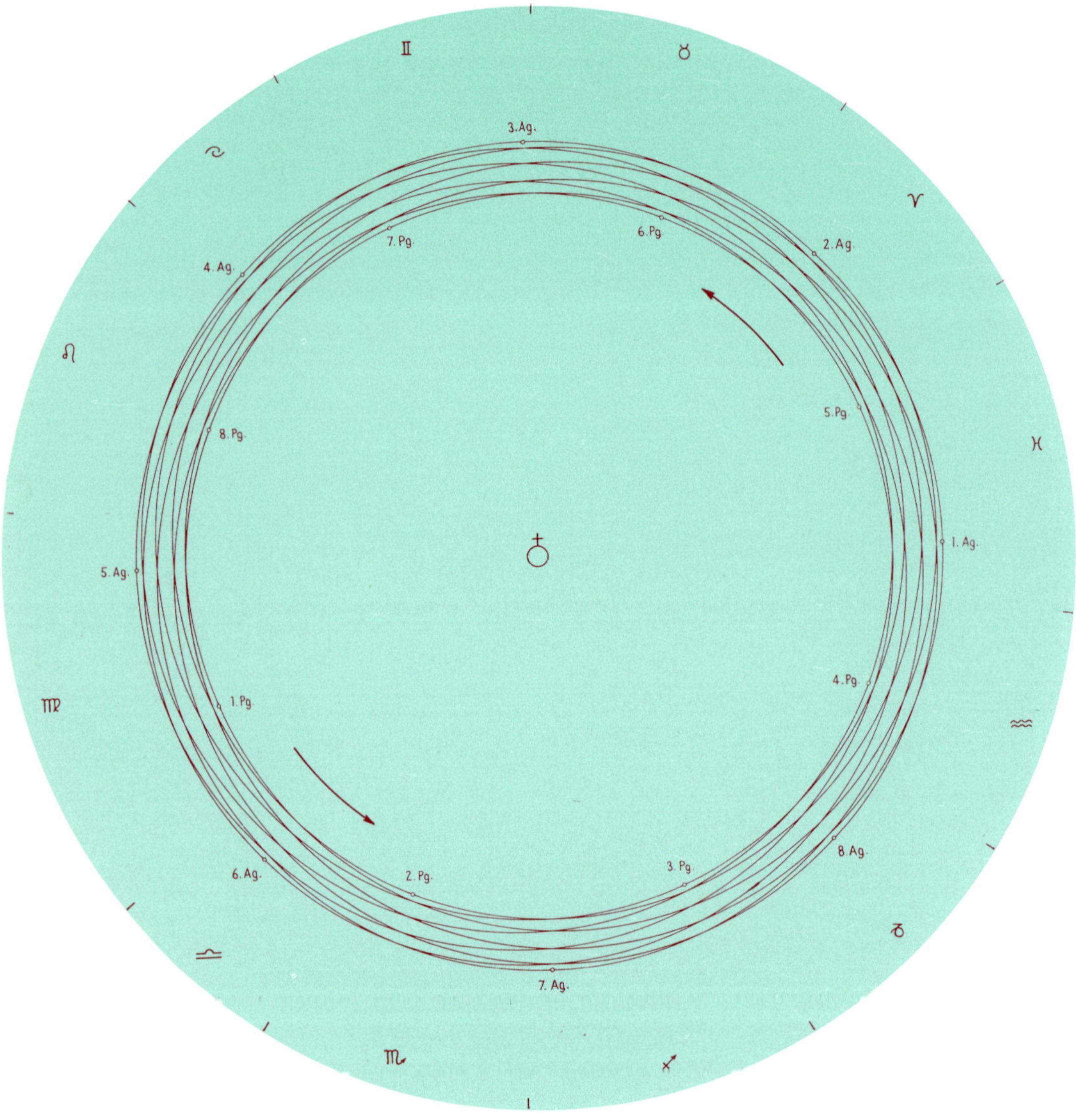

Tafel III *Geozentrische Mondbahn.* Verlagerung infolge der Wanderung von Apogäum (Ag) und Perigäum (Pg) in der Pfeilrichtung. Der Bahnverlauf ist also 1. Ag — 1. Pg — 2. Ag — 2. Pg — 3. Ag — usw. Die Verschiebung des Apogäums von 1. Ag nach 2. Ag entspricht einem Zeitraum von zirka 2¼ Jahren. Die Zwischenlagen sind der Deutlichkeit halber übergangen.

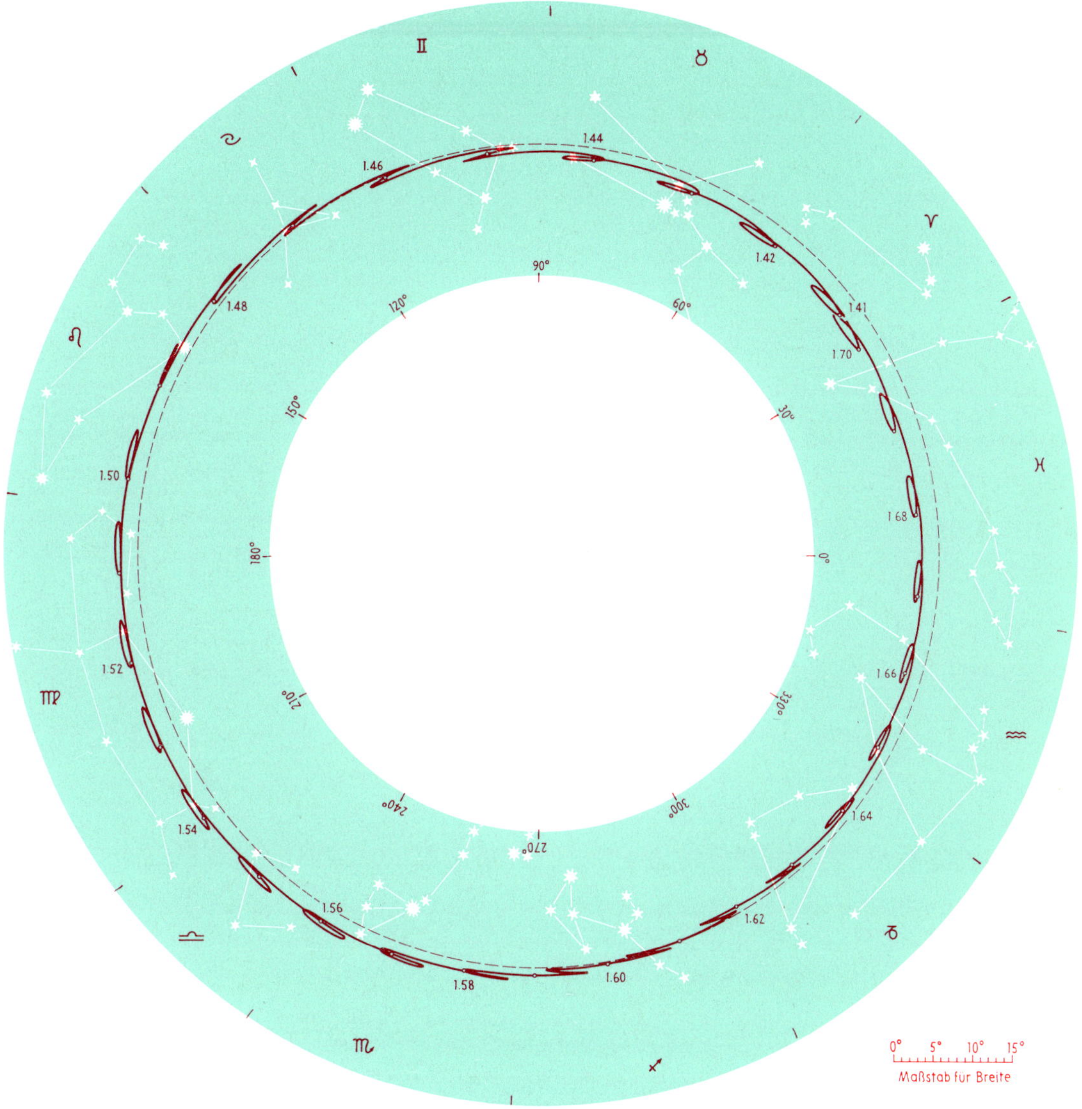

Tafel IV *Saturnschleifen 1940 – 1970.* Die Stellung am Beginn jeden Jahres ist angegeben. – Die rückläufigen Bahnteile sind etwas überhöht gezeichnet. ——— = Ekliptik.

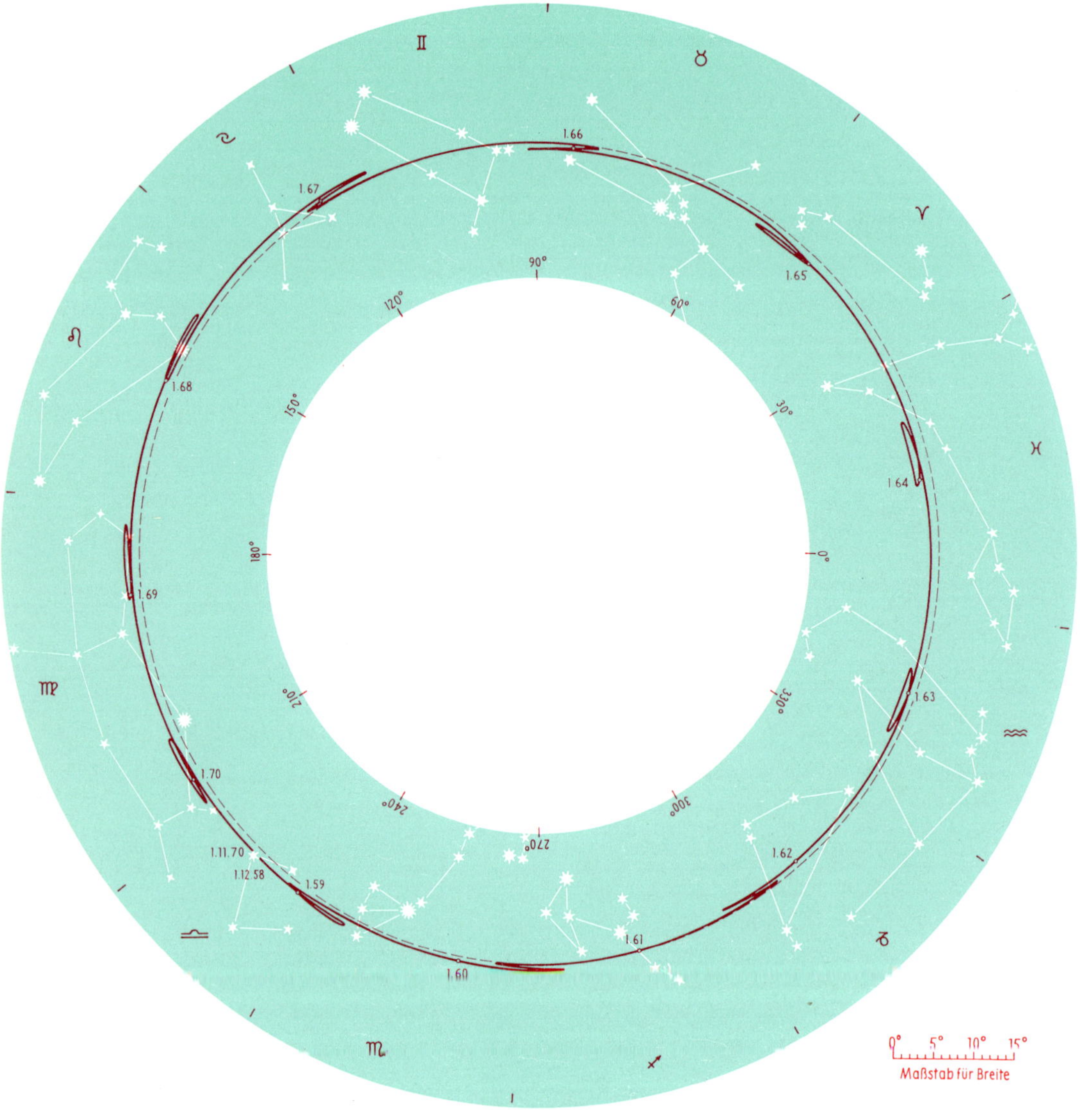

Tafel V *Jupiterschleifen 1959 – 1970.* Die Stellung am Beginn jeden Jahres ist angegeben. – Die rückläufigen Bahnteile sind etwas überhöht gezeichnet. ———— = Ekliptik.

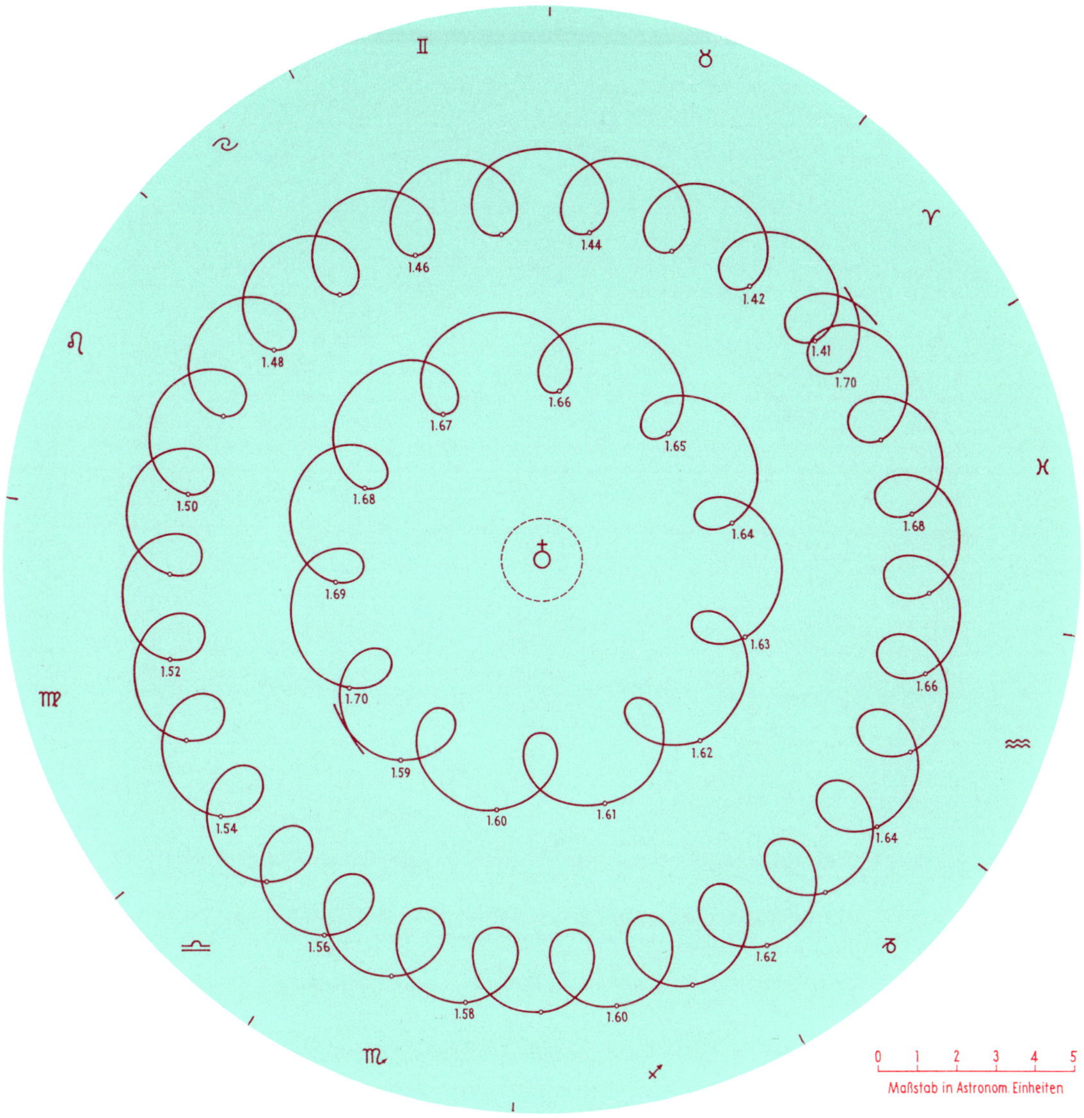

Tafel VI *Geozentrische Saturn- und Jupiterbahn* (1940 – 1970 bzw. 1959 – 1970) entsprechend Tafel IV und V. Am äußeren Rand sind die Richtungen zu den Sternbildern angegeben. Der gestrichelte Kreis gibt die Sonnenbahn an. Der Abstand Erde—Sonne wird als 1 Astron. Einheit bezeichnet.

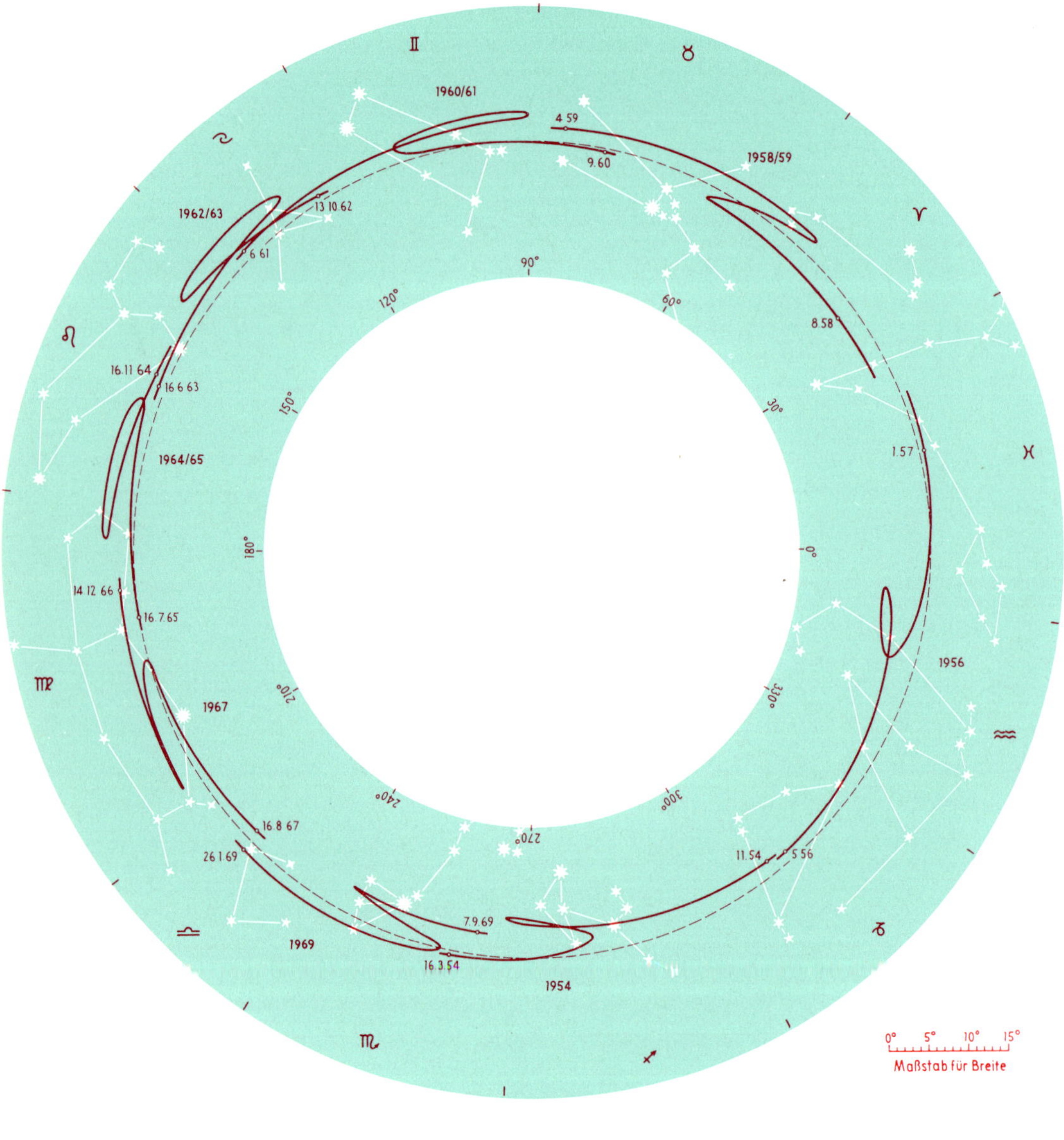

Tafel VII *Marsschleifen 1954 – 1969.* Zwischen zwei sich folgenden Schleifen durchwandert Mars einmal den ganzen Tierkreis. ——— = Ekliptik.

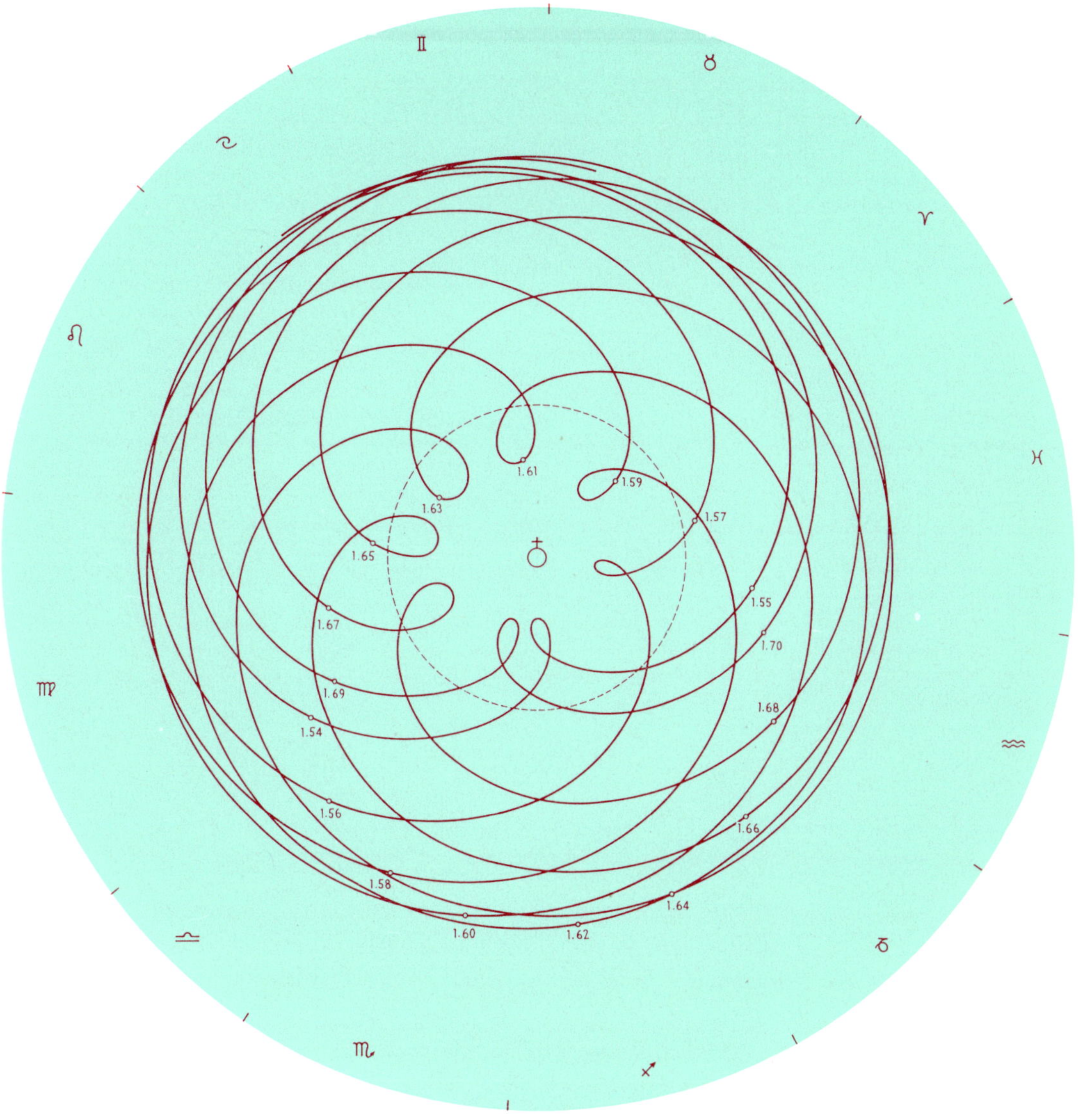

Tafel VIII *Geozentrische Marsbahn 1953 – 1970*, entsprechend Tafel VII. Die Zahlen geben die Stellung beim jeweiligen Jahresbeginn an. Am äußeren Rand sind die Richtungen zu den Sternbildern eingezeichnet. – Der gestrichelte Kreis gibt die Sonnenbahn an; sein Radius entspricht 1 Astron. Einheit.

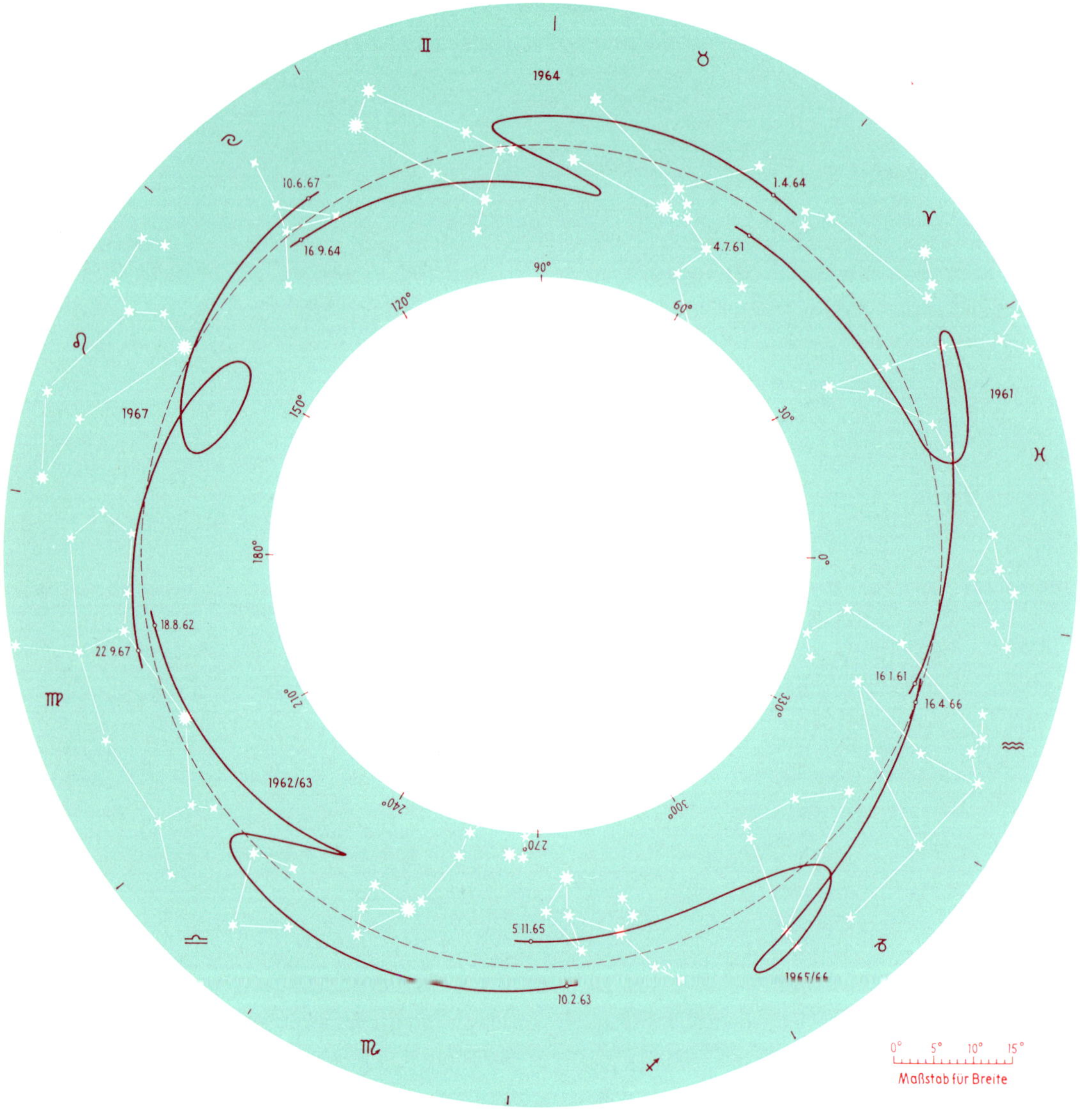

Tafel IX *Venusschleifen 1961 – 1967.* Zwischen den sich zeitlich folgenden Schleifzügen durchwandert Venus 1³/₅ mal den ganzen Tierkreis. ————= Ekliptik.

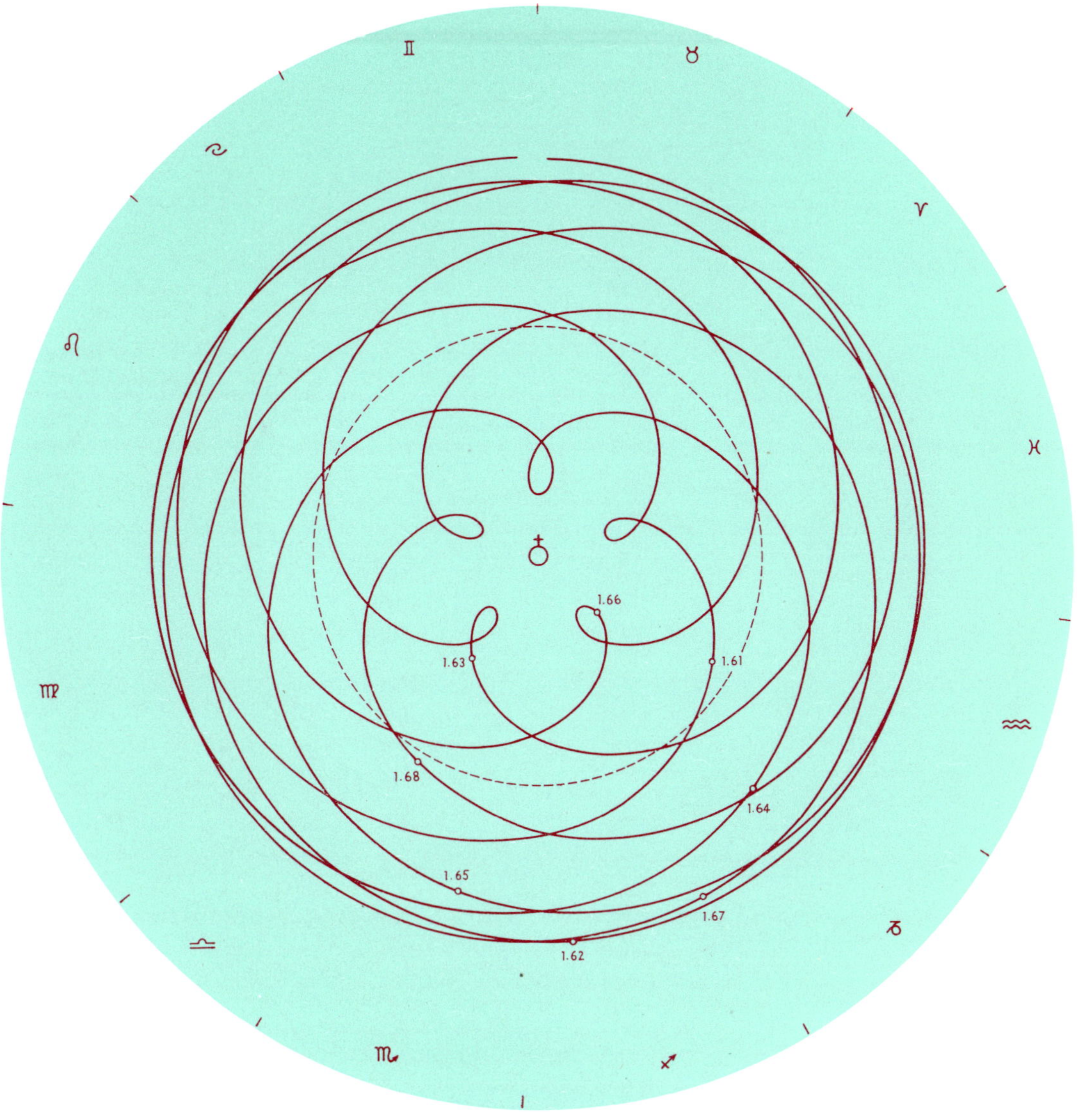

Tafel X *Geozentrische Venusbahn 1960 – 1968* entprechend Tafel IX. Die Zahlen geben die Stellung beim jeweiligen Jahresbeginn an. Am äußeren Rand Sternbilder-Richtungen. – Der gestrichelte Kreis gibt die Sonnenbahn an; sein Radius ist gleich 1 Astron. Einheit.

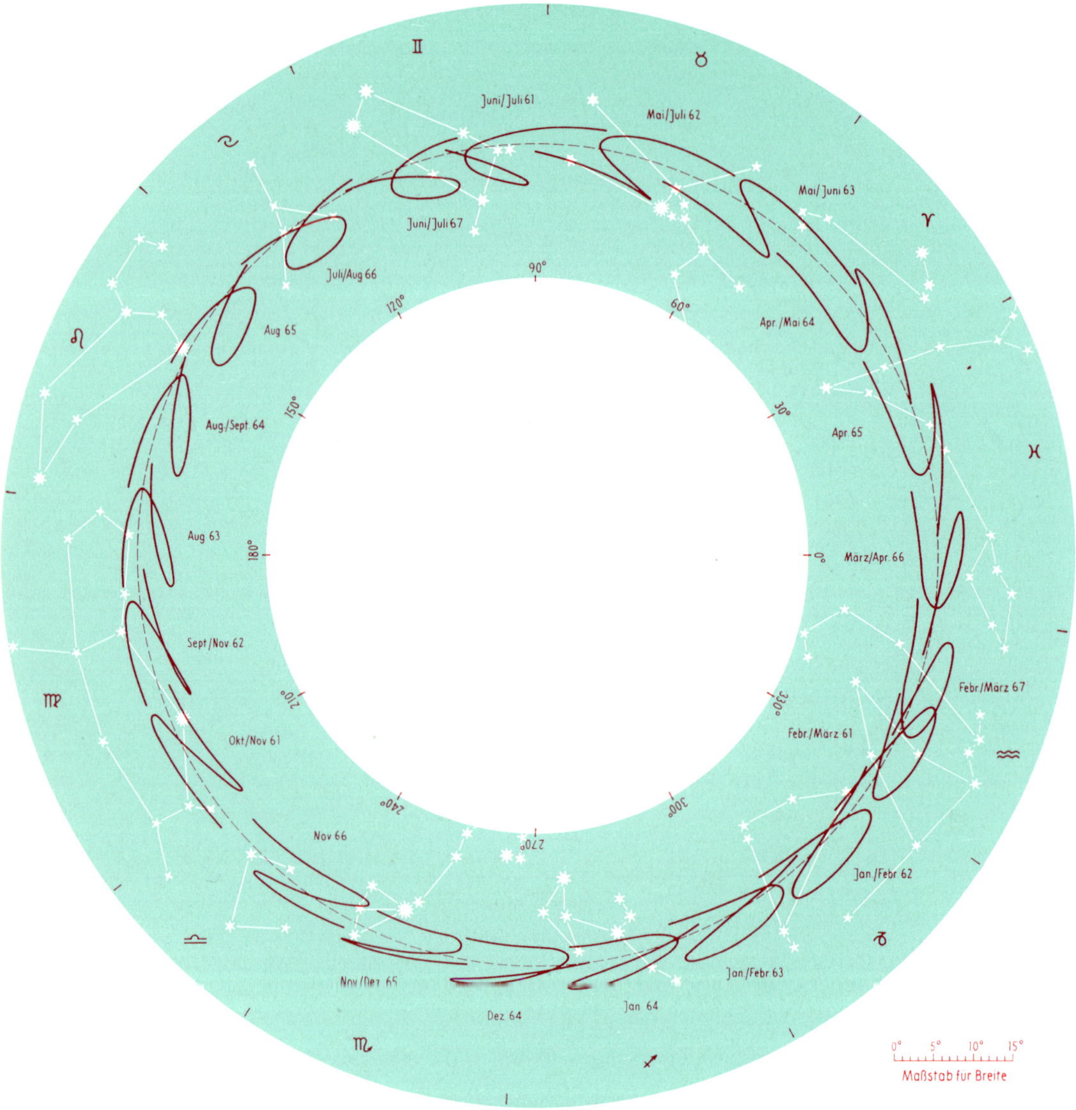

Tafel XI *Merkurschleifen 1961 – 1967.* Die Bahnteile von ca. 115° zwischen den sich zeitlich folgenden Schleifen sind weggelassen. ——— = Ekliptik.

Tafel XII *Geozentrische Merkurbahn 1961 – 1967* entsprechend Tafel XI. Die Ziffern bedeuten die jeweiligen Jahreszahlen. Am äußeren Rand Sternbilder-Richtungen. – Der gestrichelte Kreis gibt die Sonnenbahn an; sein Radius ist gleich 1 Astron. Einheit.

Raum und Gegenraum

Einführung in die neuere Geometrie. Grundlagen – Schulung – Lehre – Hinweise.

Aus dem Inhalt: Die gemeinsamen Elemente zweier Grundgebilde – Die polare Gestaltung des Raumes – Ebene Hüllen und Kerne – Räumliche Hüllen und Kerne – Das vollständige räumliche Fünfeck und Fünfflach – Zwei Grundübungen zum Erfassen des Gegenraumes.

2. Auflage, 220 Seiten, mit zahlreichen Abbildungen, Leinen

Urphänomene der Geometrie

Aus dem Inhalt: Grundelemente und Grundgebilde – Die Phänomene der Verknüpfung – Das Unendlichferne in der Geometrie – Raumzerlegungen – Die einfachsten Figuren des Raumes und der Desarguessche Satz – Dreier- und Vierergebilde – Moebius-Netze und der Fundamentalsatz – Die Cassinischen Kurven – Sachregister.

2. Auflage, 172 Seiten, Leinen

Projektive Geometrie

Aus dem Inhalt: Die Anordnung der Grundelemente im Raum: Zerlegung der Ebene durch vier Geraden oder vier Punkte – Der Zyklus der Fünfheit in der Ebene – Die Hauptsätze der projektiven Geometrie: Harmonische Würfel – Kreuzlinien- und Kreuzpunktsatz – Pol und Polare bei den Kurven Zweiter Ordnung – Koordinatensysteme – Sachregister.

296 Seiten mit zahlr. Abb., Leinen

Geometrische Metamorphosen

Beiträge zu einer geisteswissenschaftlichen Metamorphosenlehre.

Aus dem Inhalt: Die Bedeutung des Imaginären für eine erweiterte Metamorphosenlehre – Licht, Form und Raum – Polarsysteme und damit zusammenhängende Berührungstransformationen. Das Prinzip von Huygens in der nichteuklidischen Geometrie – Das Imaginäre in der Geometrie.

112 Seiten, mit Abbildungen, Leinen

Mathematik als Vorschule zur Geist-Erkenntnis

Aus dem Inhalt: Über das Verhältnis der Mathematik zu Kunst und Religion – Das Denken und der Gedanke – Von der Geometrie der menschlichen Gestalt – Kepler, Newton und dessen Nachfolger – Die Bedeutung der Technik im Entwicklungsgang der Menschheit – Erkenntnisse höherer welten und moderne Mathematik – Erkenntnis-Erlebnisse in der Wissenschaft der Neuzeit.

2., erweiterte Auflage, 250 Seiten, kartoniert

NEUERSCHEINUNGEN

Sternkalender 1985/86
Erscheinungen am Sternenhimmel

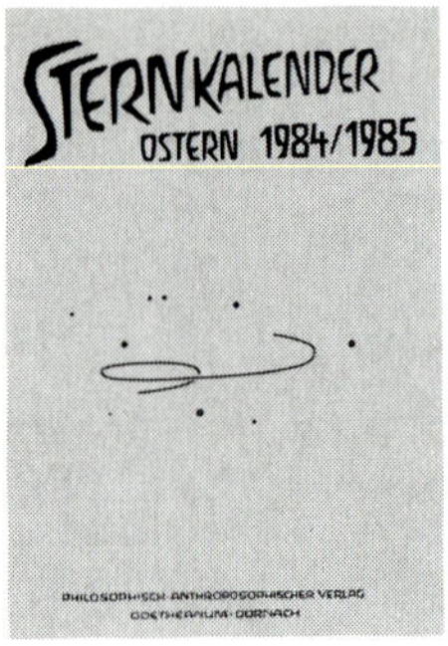

Herausgegeben von der Mathematisch-Astronomischen Sektion am Goetheanum durch Suso Vetter.
96 Seiten mit zahlreichen Abbildungen

Der Kalender, der von Ostern zu Ostern geht, erfaßt den Jahreslauf auch vom spirituellen Gesichtspunkt. Indessen wird er aber seit mehr als einem halben Jahrhundert auch wegen seines ausführlichen Kalendariums mit astronomischen Monatsübersichten von zahlreichen Benutzern geschätzt.
In den Beiträgen dieses Jahrgangs behandeln Heinz Eckhoff, G.W. Schmidt und Suso Vetter aktuelle Symptome oder Ereignisse wie die Erscheinung des Halleyschen Kometen.
Heinz Eckhoff stellt die großen Motive im Wirken Rudolf Steiners dar, wie sie im Jahre 1919/20 – also vor zweimal dreiunddreißig Jahren – Monat für Monat sich ergaben, sowie die Bedeutung, die diese Impulse zur Lösung der gegenwärtigen sozialen Probleme haben können.

Drehbare Sternkarte «Zodiak»

System Joachim Schultz

Zweiseitig mit Gliederung in nördlichen und südlichen Himmelsanblick, mit durchsichtigen Deckscheiben.

12. Auflage, Format 32×32 cm